BEAUTY

미용과 건강

HEALTH

최영희 · 전영선 · 현경화 · 최화정 · 이화정 공저

光文閣
www.kwangmoonkag.co.kr

수백 년 전, 조상들이 살아오던 시대에서 과학의 급성장으로 첨단시설과 정보통신 기술이 고도로 발달함에 따라 현대인들은 자동화, 정보화된 사회에서 물질적 풍요, 생활의 편리함과 많은 혜택을 누리며 살아가고 있다. 이러한 생활 환경은 환경 오염, 정신적 스트레스 증가와 신체 활동 기회 부족 등으로 많은 문제가 발생되며, 우리의 건강을 위협하는 요인이 된다.

우리의 정신과 신체는 과거에 비하여 더 많은 생존 경쟁 속에서 부담을 가지고 살아가야 한다는 것도 부정할 수 없는 현실이다. 사람들은 주변 환경이나 의약품을 통해 자신도 모르게 여러 가지 중금속에 노출되며, 시간이 지나면 인체에 침착되는 위협에 직면한 생활 속에서 살아가면서도 누구나 건강을 보장받으며 살고 싶어 한다.

이러한 생활 환경은 건강을 기초로 할 때, 사람들에게 아름다움은 그 진가를 발휘할 수 있다. 대학에서 미용 관련 학과에 미용과 건강은 서로 밀접한 관련성이 있으며, 전공 교과목의 하나로 중요하게 인식되고 있으나, 미용과 관련된 건강학 교재는 많이 부족한 상태이다. 좀 더 폭넓게 우리의 생활 환경과 밀접한 내용의 미용과 건강학 교재의 필요성을 절감하고, 미용과 건강 관리 학습이 요구되는 건강학 분야를 다양하게 심사숙고하여 정리하고자 하였다.

이 책에서 건강을 위하여 과거 동·서양은 물론, 우리 조상들의 건강 관리의 태동기와 '체질을 알아야 건강을 안다'는 사상체질과 더 업그레이드된 팔체질에 대하여 깊은 관심을 가지고 어떻게 시작되어 왔으며, 개개인의 체질을 정확하게 알 수 있는지 알아보아야 될 것이다. 또한, 생활 습관 및 생활 환경과 스트레스와 비만의 관계에 이르기까지 건강에 대한 변천과 실전의 당면 과제를 이해와 실천을 통해 폭넓게 미용과 건강 생활은, 현대 사회에 직면한 건강 문제의 원인을 올바르게 인식하고, 미용 활동과 건강 문제를 합리적으로 해결하여 건강 관리를 스스로 해결할 수 있는 실천 능력과 학습에 도움이 되길 바란다.

"돈을 잃으면 조금 잃고, 명예를 잃으면 많이 잃고, 건강을 잃으면 전부를 잃는다."라는 말은 건강을 잃어보지 않는 사람은 뒤늦게 후회가 따를 것이라 생각된다. 또한, 아름다운 외모는 타고나야 하는 것도 있지만, 건강하지 못한 외형적인 아름다움은 우리가 바라는 아름다움이 아니다. 건강은 건강할 때 지켜야 한다는 말은 명언이라 말할 수 있다. 또 "소 잃고 외양간 고친다"는 속담을 간과해서는 절대 안 된다. 다시 말해 미용학과 건강학 교재로 호평과 필요성을 느끼며, 90만 미용인들의 필독서가 되어 건강한 미용인의 아름다운 모습으로 진가를 발휘하길 기대한다.

끝으로 이 책이 출간되기까지 힘써 주신 광문각출판사 박정태 회장님과 조화묵 전무님을 비롯한 임직원분들께 감사를 드린다.

그리고 이 책의 감수와 교정을 보아 주신 동남보건대 안현경 교수님께도 감사드리며, 이 책을 쓰기까지 많은 의학 서적을 사서 읽고, 직접 병원에 내원해 상담과 자문을 구했으며, 팔체질을 알기 위해 직접 체질 침을 맞으면서 효과를 체험하고 체질 감별법에 호감을 가졌다. 또한, 팔체질의 창시자 권도원 박사님의 건강 회복을 기도하며 존경하는 믿음으로 감사를 드린다.

9 | 미용 건강과 생활습관

서양
건강 의학의
이해

서양 건강 의학의 변천

건강의 정의는 계속 변화하면서 질병이 없는 상태를 말하게 되었고 또한 시대적 환경을 반영한 것으로 보인다. 인간은 누구나 질병 없이 건강하게 장수하며 행복한 삶을 영위하고 싶어 한다. health의 의미는 시대적 · 역사적 변천과 생활 환경의 많은 변화에 따라 그 의미가 달라질 수밖에 없다.

health의 어원으로 whole에서 시작되어 hale로, 다시 health로 변형되어 왔다. 서양 건강 의학의 변화 과정에서 고대 시대의 메소포타미아 · 이집트 · 그리스 · 로마의 의학이다. 이 여러 나라 중 가장 오래 된 메소포타미아 의학은 BC. 5000~BC. 4000년경에 시작된 것으로 알려졌다.

인체의 여러 가지 질병을 별의 영향 때문이라 믿고 질병의 진단이나 예후를 별의 운행과 관련시켰다. 이른바 점성설이 그것이다. 이러한 생각은 신비 의학의 범주를 벗어난 것은 아니지만, 합리적이라고 생각되는 점도 있다.

※ 인간의 이러한 병의 문제는 육체, 신경, 정신에서 일어나며, 또한 그 심각성이 날로 증대되고 있어, 인간은 병을 이해하고 병에 종속된다.

1. 원시시대의 건강관리

원시 의학은 더욱 강한 종교적, 주술적 색채를 띤 것이며, 여러 가지 많은 것이 미지의 베일에 가려져 있다. 원시 종족들은 주술적인 의술을 많이 쓰고 있다. 혼이 악귀에 의해 사로잡히거나 빼앗기면 목숨에 심각한 영향을 준다. 악귀가 몸에 들어와

홀려도 그 사람의 심신의 자유가 저해된다. 또한, 이 세상의 모든 것은 생명 있는 정령의 화신이다. 나무나 돌, 동물과 식물, 무생물이 원시인에게는 모두 '살아 있는' 존재들로서 자기에게 좋고 나쁜 여러 가지 영향을 끼치고 삶을 간섭한다. 이러한 animism의 세계관에 입각하여 귀령과 혼령의 힘을 좋은 방향으로 작용하기 위하여 주술이 필요한 것이며, 주술적 전문가들이 등장한다.

2. 고대 메소포타미아의 건강관리

메소포타미아는 '두 강 사이의 땅'이란 뜻으로 비옥한 반달 모양의 티그리스강, 유프라테스강 유역을 중심으로 번영한 고대 문명이다. 바빌로니아·아시리아 문명을 가리키며 넓게는 서남아시아 전체의 고대 문명을 지칭하는 경우도 있다.

지중해 남동부의 중동아시아 페르시아만으로 흐르는 하나는 아득한 아르메니아에 기원한 티그리스(Tigris)강과 다른 하나는 시리아 강변에서 출발한 유프라테스(Euphrates)강 사이의 삼각지대, 비옥한 메소포타미아 평원에는 수메르인이 들어와 도시를 이루고 국가를 형성하고 있었다. 오늘의 이라크가 그 땅이다. 여기서 꽃핀 수메르 문명은 기원전 3000년에서 2400년 사이라고 전한다. 메소포타미아 문명의 의학은 종교적인 색채가 농후했다.

메소포타미아 사람은 병의 관념과 인간과 신과의 관계를 구별하지 못했다. 의사들이 경험적으로 관찰과 치료를 통해 얻은 지식을 축적하고 있기는 하였으나 종교적인 전통의 테두리 속에 갇혀 있어 고대 이집트에서 시작되었던 종교와 의술의 분리, 주술종교적 의술과 경험적·합리적 의술의 분리는 보이지 않았다.

3. 고대 이집트 시대의 건강관리

이집트는 나일강의 범람으로 비옥해진 옥토를 중심으로 발달된 문명이다. 기후, 풍토 때문에 식물과 광물에 대한 지식이 풍부했다. 농업뿐 아니라 성학, 역학, 수학, 토목학 등이 발달했고, 이런 배경은 질병의 원인론이나 치료법에 직접 관계가 있다.

질병의 원인이 초자연적·종교적인 것이었기 때문에 치료 또한 인간만의 힘으로 이루어지는 것이 아니었다. 원시적인 질병관에서 보듯 이집트에서도 영혼이나 악귀가 질병을 일으킨다는 생각이 있었고 주문, 부적 등으로 이에 대항하는 처치법이 있었다. 그러다가 신들이 악귀를 물리치는 존재로 등장한다. 어떤 신은 병도 주고 치료도 한다. 주술적인 치료는 기도요법으로 바뀌게 된다.

고대 이집트인은 메소포타미아인과는 달리 죽음을 결말이라 생각하지 않았다. 밝은 내세를 상상하고 이를 위해 시체의 영구 보존을 시도하였다. 철학보다 과학적 소질이 많다고 평가되던 이집트인이었다. 역사학자 지게리스트(H. Sigerist)의 의견처럼 이집트 의학에서는 분명히 주술-종교적 의술과 경험적·합리적 의술이 구별되면서 그 발달을 촉진했다고 하는 점이 다르다.

특히 놀라운 것은 고대 이집트에서 지난 1991년 기자 피라미드 동쪽 유적터에서 무려 4600년 전 뇌종양 수술을 받았던 두개골이 발굴됐기 때문이다.

당시의 정교한 수술 도구, 마취 기술, 살균 시설 등이 미비한 상태에서 뇌수술이 이루어져 더욱 놀라운 의학 수준을 보여 준다. 이집트 의학 기원은 메소포타미아 의학보다 늦지만 훨씬 오랫동안 계속 번창하였다.

4. 고대 그리스 시대의 건강관리

그리스의 의학 역시 메소포타미아, 이집트의 의학과 마찬가지로 경험을 바탕으로 하여 시작되었다. BC. 600~500년경에 출현한 그리스 자연철학자 중에는 의학에 관심을 보인 이가 적지 않았으며, 의학의 합리적 연구에 힘썼다. 히포크라테스는 이때에 나타난 명의이며, 서양 의학의 시조라 말할 수 있다. 그는 BC· 5세기경의 사람이며, 의학의 각 분야에서 업적을 남겼다. 그의 할아버지와 아버지는 의학의 신인 아스클레피오스(Asklēpios)를 섬기는 제사장이자 의사로 역할하였다. 히포크라테스는 할아버지와 아버지로부터 의학의 실제에 대하여 전문적인 지식을 배웠다. 당시 환자들은 아스클레피오스 신전에 와서 기도와 제사를 올리면 자신의 병이 치료된다고 믿었다.

히포크라테스는 성장하면서 주변 국가인 소아시아·그리스·이집트를 여행하며 의술에 대한 많은 지식을 쌓았고 견문을 넓혔다. 그가 고향인 코스섬으로 돌아와 할 아버지와 아버지가 맡았던 아스클레피오스 신의 제사장을 맡지 않고 의술을 가르 치는 학교를 세웠다. 그리고 자신의 경험을 바탕으로 의학 책을 저술하여 발표하였 다. 그는 임상에서 관찰을 자세히 하고, 병이 났을 때에 나타나는 여러 현상, 즉 증 세, 그중에서도 발열을 반응 현상이라 생각하여 그것은 병이 치유로 향하는 하나의 과정에 불과한 것이라고 보았다. 병적 상태에서 회복해 가는 것을 '피지스(physis)' 라고 불렀고, 병을 치료하기 위해서는 이것을 방해하지 않는 것이 치료의 원칙이라 고 하였다

히포크라테스 의료의 윤리적 지침으로 의사가 될 때, 선서를 한다.

히포크라테스 선서

- 이제 의업에 종사할 허락을 받으매 나의 생애를 인류 봉사에 바칠 것을 엄숙히 서약하노라.
- 나의 은사에 대하여 존경과 감사를 드리겠노라.
- 나의 양심과 위엄으로서 의술을 베풀겠노라.
- 나의 환자의 건강과 생명을 첫째로 생각하겠노라.
- 나는 환자가 알려준 모든 내정의 비밀을 지키겠노라.
- 나의 위업의 고귀한 전통과 명예를 유지하겠노라.
- 나는 동업자를 형제처럼 생각하겠노라.
- 나는 인종, 종교, 국적, 정당정파, 또는 사회적 지위 여하를 초월하여 오직 환자에게 대한 나의 의무를 지키겠노라.
- 나는 인간의 생명을 수태된 때로부터 지상의 것으로 존중히 여기겠노라.
- 비록 위협을 당할지라도 나의 지식을 인도에 어긋나게 쓰지 않겠노라.
- 이상의 서약을 나의 자유의사로 나의 명예를 받들어 하노라.

5. 고대 로마 시대의 건강관리

　로마 시대의 의학자이며 철학자인 갈렌(AD · 129~199)은 17세에 의학을 공부하기 시작하여 28세에 페르가뭄의 콜로세움에서 투우사를 치료하는 외과의사가 되었다. 그는 치료와 관련해 다양한 경험을 쌓는 한편 43권의 저서를 남겼다. 갈렌은 의사생활을 하면서 상처를 포함한 위생, 식단만이 아니라 심한 외상 치료의 중요성을 배움과 동시에 상처가 난 피부 속의 근육, 신경, 인대를 자세히 관찰하였고, 한쪽 뇌가 손상을 입으면 그 반대쪽이 마비가 된다는 것을 알았다.

　갈렌은 사체 해부가 금지된 그 시대에 많은 동물 해부를 통한 실험적 연구와 관찰을 통해서 많은 업적을 쌓아갔다. 근육과 뼈 조직을 정확히 관찰했으며, 12쌍의 뇌신경 중 7쌍의 뇌신경을 발견하는 위대한 업적을 남기기도 하였다. 심장의 구조와 심장의 수축과 이완을 기술하고 호기와 흡기를 구분하며, 정맥과 동맥을 구분하였고, 동맥 속에 공기가 흐른다고 알려진 바와는 달리 혈액이 흐름을 증명하였다.

　또한, 뇌가 목소리를 조절한다는 사실을 설명하기 위해 되돌이 후두신경을 묶고, 횡경막신경과 횡경막 기능의 관계와 소변이 내장에서가 아니고 신장에서 만들어져서 요관을 통해 방광으로 모아짐을 요관 결찰로 증명하였다. 척수를 위치별로 절단하여 마비 부위를 찾아냈으며 많은 동물의 해부 실험을 통해서 장기의 기능을 밝히는 등 실험적 지식을 의학에 도입하는 실험생리학을 확립하였다.

　고대 그리스 의학의 성과를 집대성하여 해부학, 생리학, 병리학에 걸친 방대한 의학 체계를 세워놓고 그 위대함은 바로 자신이 실험적으로 관찰한 사실 위에 그의 학설을 통합하였던 점이며, 그래서 우리는 그를 실험생리학의 창시자라고 할 수 있다. 갈렌은 히포크라테스 의학의 동적인 병리관과 체액설을 받아들였다. 또 다른 한편으로는 알렉산드리아 의학에서 발달한 해부학 지식도 적극 받아들였다. 그는 시대적 상황 때문에 동물 해부로 만족할 수밖에 없었지만 해부학에도 많은 공헌을 했다.

　※ 갈렌의 질병 이론은 그 뒤 천 년 이상 서양 의학을 지배했으며, 여러 가지 면에서 고대 의학을 집대성한 사람이다. 특히 중세기의 의학은 온전히 그의 영향권에 있었다.

6. 중세 유럽 전·후기의 건강 의학

중세 초기는 서로마 제국의 멸망 475년부터 시작되며, 이 후에 중세 중기가 시작된다. 이 시기는 게르만족의 민족 대이동이 시작된 시기를 암흑시대라 했으며, 민간에서 널리 쓰이는 의학은 주술적이고 종교적인 성격이 강한 의학이었다. 학문의 발달 측면으로 보면 종교적으로 중세기 의학에 미친 영향은 매우 부정적이지만, 의술의 사회적 실천으로 본다면 종교의 긍정적인 측면도 컸다.

많은 수도원과 기독교의 보편적 사랑의 실천 대상으로 가난하고 병든 사람을 위해 전문 의학 지식을 갖춘 의사들이 모여 최첨단 의료를 환자들에게 시술하는 장소가 지금의 병원이지만, 당시의 병원은 치료보다는 가난하고 병든 사람들을 돌봐주는 구호소 기능이 강했다고 볼 수 있다. 그러나 그 당시 가난한 사람들은 질병이 늘 따라다녔으며, 영양 상태가 좋지 않기 때문에 적당한 영양을 공급해 주고 잠자리를 마련해 주는 것만으로도 환자들은 많은 질병에서 회복할 수 있었다.

암흑시대를 지나고 12세기경부터 사체 해부가 서서히 행해지고 있었으며, 13세기 이후에는 사례가 점점 증가하였다. 14세기 중엽 페스트가 창궐하던 동안 교황의 후원을 받아 아비뇽에서도 인체 해부가 실시되었다. 볼로냐 출신의 문디누스 (Mundinus, 1300년 무렵)의 저서 『해부학』에서 보듯이 갈레노스 이래 해부학 지식은 더욱 발전되질 않았다.

베살리우스는 브뤼셀에서 여러 대에 걸쳐 의사와 약 재료상으로 활동하던 가문의 아들로 태어났다. 어렸을 때부터 작은 동물을 해부하기를 즐겼던 베살리우스는 벨기에의 루뱅대학과 프랑스 파리대학 의학부에서 공부하면서 본격적으로 여러 가지 동물과 인체를 해부하였다. 시체를 구하기 어려웠던 관계로 교수형을 받은 죄인의 뼈로 연구를 많이 했는데, 처형당한 사람들의 뼈를 추려내어 식초에 담갔다가 냄새를 없앤 뒤에 도시로 밀반입하여 연구하였다고 한다.

루뱅대학에서 의학 학위를 받은 베살리우스는 그 뒤 당시 해부학 분야에서 이름이 날렸던 이탈리아의 파도바대학에서 외과 강사로 근무하다 곧 1537년 23세의 나이로 외과 및 해부학 교수로 임명되었다. 그 뒤 여러 해 동안 준비하여 베네치아에서 동향인 화가 반칼카르와 공동으로 작업하여 1543년 스위스 바젤에서 7권의 해부학 책을 출간하였다.

7. 17~18세기 자연주의 건강 의학

17세기에는 영국의 의사 W. 하비(William Harvey,1578~1657)가 혈액순환설 (1628)을 제창하였으며, 베살리우스의 해부학과 더불어 현대 의학의 기초를 구축한 사람으로 평가되었다.

W. 하비는 심장이 마치 펌프와 같이 수축 운동을 하면서 피를 온몸에 순환시킨 다는 것은 잘 알려진 사실이다. W. 하비가 피의 '순환 이론'을 밝히기까지 사람들은 로마 시대의 위대한 의사 갈레노스의 이론으로 피는 간에서 만들어지고, 신체의 각 부분으로 보내지며 영양분을 공급하고 사라진다는 이론을 추종했었다.

영국 포크스톤의 부유한 사업가의 집안에서 태어난 W. 하비는 케임브리지대학 에서 의학을 공부하고 당시 유럽 의학의 중심지였던 이탈리아의 파도바대학에서 유학한 후 1602년 영국으로 돌아와 의사로 활동하였다. 1628년에 간행된 『심장과 피의 운동에 대하여』에서 W. 하비는 피가 심장을 중심으로 순환한다는 사실을 밝 혀냈다. 수세기 동안 믿어 왔던 갈레노스의 생리학 이론이 뒤집어진 것으로 후대에 근대 과학의 주요한 성취로 평가받았다.

W. 하비는 아리스토텔레스의 영향을 받아 간보다 심장이 더욱 중요하다고 생각 했으며, 이전의 관찰 결과를 바탕으로 피가 순환한다는 것을 확신하게 되었다.

그는 철사로 팔목을 묶는 실험을 통해 피가 순환한다는 것을 사람들에게 보여 주 었다. 이것은 진공펌프에 대한 보일의 실험과 함께 역사상 가장 유명한 시범 실험이 었다.

W. 하비는 맥박이 뛸 때마다 방출되는 피의 양과 맥박의 횟수로부터 적어도 하 루에 300Kg 이상의 피가 방출된다고 계산해 내고, 사람의 체중의 몇 배가 되는 이 많은 양의 피가 매일 생성되고 소모되는 것은 불가능하다는 결론을 내렸다. 여러 실 험적인 증거를 통해 그는 피가 심장에서 나와 동맥을 지나 온몸을 돌고, 정맥을 타 고 다시 심장으로 돌아온다는 주장을 펼쳤다. 하지만 W. 하비의 업적은 그 혼자만

의 것은 아니었다.

동시대 또는 그 전 시대에 살았던 르네상스 시대의 많은 해부학자에 의해 갈레노스의 이론으로는 해명하기 어려운 많은 관찰, 실험 사실들이 축적되었던 것이다. 현재도 별다른 수정 없이 인정되고 있는 위대한 발견이다. 현미경은 17세기 초에 네덜란드의 얀센 부자가 발명하였으나, 현미경을 통하여 의학상으로 중요한 발견을 한 것은 역시 네덜란드의 레벤후크(Anton van Leeuwenhoek, 1632~1723)이다. 현미경을 발견한 후 코르크나 목탄이 작은 상자 모양의 집합체라는 것을 처음 관찰하고 이 작은 상자를 세포(cell)라고 이름을 붙였다.

17세기 중엽에는 림프관을 발견하였고, 계속해서 현미경에 의한 세포 구조의 검색이 시작되었으며, 모세혈관과 적혈구가 발견되었고 미생물의 세계도 모습을 드러내기 시작하였다.

18세기에는 프랑스를 중심으로 한 계몽 시대였다. 과학의 영역에서는 눈부신 진보가 있었는데, 의학에서는 이탈리아의 G.B. 모르가니(1682~1771)에 의한 병리해부학의 수립(1761), 영국의 E. 제너(1749~1823)의 우두 접종법의 발견(1798) 등 업적들이 현저하게 나타났다.

8. 19세기 건강 의학의 질병관리

19세기 현대 병리학의 아버지라고 하는 R. 피르호(1821~1902)는 세포 분열을 관찰하고 생물체가 세포로부터 성립된다는 것을 알아냈다. 그의 학설은 세포를 인체 구성의 단위로 하였으며, "모든 세포는 세포로부터 생긴다."라는 세포병리학(1858) 설을 주장하고 질병의 본태를 세포의 영양적·기계적 및 형태적 변화에 의한 것이라 결론을 내려 고전적인 세포학설의 3가지 교리가 완성되었다. 이 생물속생설로 수정된 세포학설은 1년 뒤 발표된 다윈의 진화론(1859)과 멘델의 유전법칙(1865)과 함께 의학은 물론 현대 생물학의 3대 기둥이 되었다.

19세기 후반에서야 새롭게 개척된 세균학 분야는 의학 발전에 많은 기여를 하였다. 병원성 미생물의 존재를 결정적으로 확인한 현미경의 개량은 19세기에 이르러 시작하였으며, 미생물학의 정확한 시도 역시 19세기 후반부터이었다. 이 분야에서 L. 파스퇴르는 1862년 처음으로 미생물의 기초를 닦고 체계를 세웠던 업적은 실로 대단하다. 파스퇴르와 더불어 등장한 인물이 독일의 R. 코흐(1843~1910)이다.

코흐는 1870년부터 미생물학 연구를 시작하여 1876년에 탄저병균의 포자를 발견하고 그 감염 경로를 명백히 밝히었다. 코흐는 1882년에 결핵균을 발견하고 그 다음해는 콜레라 병원체를 발견하였다. 파스퇴르와 코흐는 이 분야를 급속도로 발전시켰으며 많은 병원체가 발견됨으로써 질병의 본태가 명백하게 확인되었다.

그 후에 의학은 각 분야에 걸쳐 눈부신 발전이 거듭되었으며, 위생학에서는 독일의 페텐코퍼(1818~1901)가 대표적이다. 그는 뮌헨대학의 위생학 교수로서 환경위생학 연구에 주력하였고 교과서와 위생학 잡지를 출간했다.

19세기의 임상의학(내과·외과·피부과·산부인과·소아과·비뇨기과·이비인후과·정형외과·안과·정신과·방사선)을 진단 분야 및 치료 분야로 나누어 보면, 진단은 화학·물리학·기술의 진보에 따른 새로운 방법이 개발되었다. C. 뢴트겐(1845~1923)이 1896년에 발견한 X선은 19세기에 발견된 의학적으로 가장 주목할 만한 보조 진단 방법 중 하나인데, 20세기에 들어와서 실질적인 개발을 이루었다. 치료 분야에도 예전과 다른 방법으로 발전되었다.

9. 20세기 건강 의학의 질병관리

20세기를 맞이하여 시대를 거듭할수록 서양 의학은 영향 범위가 넓어져 나가고, 인류의 건강관리가 전체적으로 호전돼 가는 것은 인간 삶의 질이 향상되고 있다는 것이다. 생활 환경 및 위생 환경 등이 개선되었으며, 공중보건상의 규제가 취해진 덕택에 인류의 건강이 향상되었다. 그동안 세기의 변화 속에서 의술의 개선, 예방접종의 시행, 병원성 미생물의 발견과 항생제의 개발, 다양한 외과 수술의 발전 등 많은 의학적 경험에 의한 지식들이 인간의 건강을 개선할 수 있었던 것도 틀림없는 사실이다. 인간 생활이 전반적으로 향상된 위에 의학의 발달이 부가됨으로써 인간은 과거 어느 시대보다 건강한 삶을 누리게 된 것을 증명한다.

20세기에 생리학의 연구가 심화되어 세부 전문 분야가 생겨나기 시작하여 생리학 분야만이 아니라 모든 의학 영역에 해당되는 것이다. 연구의 깊이가 심화되고 더욱 세부적으로 전문화되면서 인접 분야와의 소통이 어려워지고, 스스로의 위치와 전망에 대한 정확한 인식을 갖는 것이 어려워져 그에 따라 여러 가지 방법들을 시도하고 있다.

홉킨스(Frederick Gowland Hopkins, 1861∼1947)는 생화학 및 영양학 분야에서 그는 1901년 트립토판(tryptophan)을 먼저 발견하고 몇 가지 아미노산(amino acid)을 더 발견하게 되었다. 홉킨스는 생체 내에서 합성되지 않고 반드시 섭취해야만 하는 필수아미노산들이라고 명명하였으며, 생체 단백질 대사 기능을 위해 반드시 필요하다는 사실도 함께 밝혔다.

또한, 비타민(vitamin)이라는 물질도 발견했으며 당시까지 인체 기능에 필수적인 물질로 알려져 있던 단백질, 지방, 탄수화물, 미네랄(mineral)과 물 이외에 비타민도 필수적인 영양물질임을 밝힌 것이다. 홉킨스가 비타민의 존재를 제시함으로써 그때까지 막연히 임상적 특징만을 알고 있던 야맹증, 괴혈병, 각기, 구루병, 펠라그라(pellagra) 등 각종 비타민의 결핍 때문에 생기는 질병의 정체에 대해 보다 정확히 알게 되었으며, 치료법도 찾게 되는 계기가 마련되었다.

의학과 생물학 분야의 연구에서 20세기 최대의 업적은 DNA(deoxyribonucleic acid) 등 핵산의 구조에 대한 해명 자료가 많이 있었다. 세포핵 속에서 생체의 유전정보를 간직하고 있는 DNA의 이중 나선 구조를 밝혀내는 크릭(Francis Crick)과 왓슨(James Watson)이 대업적을 만들었다. 이 연구는 20세기 전반을 통해 꾸준히 지속되었다. 멘델의 연구에서 본격적으로 밝혀지기 시작하면서 유전 현상의 물질적 실체라고 할 수 있는 DNA의 구조가 네 가지의 간단한 뉴클레오타이드(nucleotide)의 배합이라는 사실이 크릭과 왓슨의 연구에서 밝혀졌다고 말할 수 있다.

1902년 영국의 생리학자 스탈링(Ernest Henry Starling, 1866∼1927)과 베일리스(William Bayliss, 1860∼1924)는 십이지장에서 분비되어 비장액의 분비를 증가시키는 물질을 발견하고 세크레틴(secretin)이라고 불렀다가 2년 뒤에 그런 특성의 물질을 호르몬(hormone)이라고 명명하였다. 그 후 내분비학의 기초과학적 연구가 시작되면서 여러 가지 호르몬이 발견되어 그 특성을 밝혀내어 생물체 내의 여러 기관, 조직, 세포 사이의 내분비 질병의 비밀이 밝혀진 것이다.

20세기의 처음 20년 동안 여러 가지 내분비선에서 분비되는 물질을 분리하여 특성을 밝히는 연구가 꾸준히 진행되었지만, 그중 가장 뛰어난 업적은 1921년 밴팅(Frederick Banting, 1891~1941)과 베스트(Charles H Best, 1899~1978)가 발견한 인슐린(insulin)일 것이다. 그 위대한 발견으로 인해 당뇨병 환자들의 운명은 죽음에서 생존만이 아니라 건강하게 지속된 삶으로 순식간에 변화되었다.

CHAPTER

02

동양
건강 의학의
이해

고대 중국 건강 의학의 변천

1. 고대 중국의 건강관리

중국은 양쯔강 유역 중심으로 독창적인 문명을 만들어 가면서 인도와 아랍의 고대 문명과 활발한 교류를 하면서 더욱 발전하였다. 많은 문헌을 통하여 증명되는 것은 무속인이 환자의 몸에 든 악귀를 화살이나 창을 써서 내쫓는 치료를 한 것이라 했다. 주술 대신에 술을 이용하여 치료도 하였으며 그 당시까지 주술적 의료가 얼마나 성했는지 짐작할 수 있다.

2. 춘추 전국 시대의 건강관리

고대 중국 의학이 체계를 이루기 시작한 시대는 BC. 5~6세기경 춘추 전국 시대라고 생각된다. 이 시대에 유가와 도가학파의 주축으로 일어났으며 음양오행설이 유행하면서 원시적인 자연숭배 사상이 자연 철학 사상으로 발전하는 시기로서 고대 의학의 근본 이론의 형성에 크게 기여했던 시대였다. 그 동안 중국 대륙의 각 지방에서 자연 발생적으로 실시되어 오던 경험 의술을 체계적으로 집대성한 『황제내경』 저술의 기틀을 세웠다고 짐작한다.

전설적인 의학의 제왕으로 불리는 『황제내경』은 황제와 의사 기백의 대화 형식의 의서로서 의학 원론 및 내과학으로 볼 수 있는 소문과 침술의 실제 이론으로 다룬 영추(의학에 관한 서적으로 내경구성 부분)의 두 가지로 구성되었으며, 황하 유역의 한민족 사이에서 발달된 의학을 중심으로 이루어졌다고 짐작한다. 『신농본초경』은 중국 서부 산간 지방에서 발달한 약물에 관한 지식이 신선가의 사상과 결합되어 이루어졌다고 하였다. 황하 유역에서 발달한 의학에 대하여 양쯔강 이남에서 또 다른 의술이 발달하고 있는 『상한잡병론』은 후한, 장중경, 건안 연간의 저작이라는 것은 약물 치료에서 용법을 기술한 것이다.

3. 전·후한 시대의 건강관리

전·후한 시대의 명의는 순우의, 장기, 중경, 화타이다.

장기(장중경, 150~219)은 중국의 히포크라테스라고 하는 사람이다. 그는 급성 열성질환의 치료에 관한 의서인 『상한론』을 편집한 사람이다. 질병은 고정된 것이 아니고 늘 변화하므로 변화 과정에서 일어나는 증후를 귀납적으로 파악하여 치료법을 정해야 한다고 하여 몇 가지 증후군을 분류하여 태양병, 양명병, 소양병을 삼양이라 하고, 태음병, 소음병, 궐음병을 삼음으로 나누었다.

화타는 후한의 순제(136~141)치하에서 태어난 유명한 외과의로서 마비탕이라는 마취제를 사용하여 개복, 개흉, 또는 장절제, 안종공절개 수술을 행하였다고 전해지지만, 수술 기구가 밝혀지지 않아 신빙성이 희박한 이야기라고 할 수 있다.

4. 삼국 시대(위, 촉한, 오)의 건강관리

위, 촉한, 오, 시대는 폭정, 기아, 전염병, 전쟁이 거의 일상으로 일어나 계속 인구가 감소되어 인구가 큰 증가 없이 정체가 지속되어 갔다. 그만큼 시대가 혼란스러웠다는 것을 강조한 기록이다. 국가 자체는 온전한 듯이 보여도 폭정이나 심지어 자연조건에 따라 인구 변동은 있어 왔다. 결국, 삼국 시대는 서기 220~280년 후한에서 서진 사이에 있던 시대를 말한다. 중국의 통일 왕조인 후한이 멸망하면서 군벌들의 세력 싸움 끝에 위, 촉한, 오, 세 나라로 갈라졌으나 결국 위나라를 계승한 서진이 삼국을 통일시켜 삼국 시대는 종식되었다.

서진의 태의 왕숙화는 뛰어난 내과 의사로 『맥경』을 지었다. 그는 오랜 진단 경험을 바탕으로 맥상 24종을 기록하였다. 또한, 황보밀은 침구 요법의 경험을 살려 고대 의서를 종합했는데, 『침구갑을경』 12권 속에 생리, 병리, 진단, 치료, 예방 등이며, 침구 치료법 이론과 방법, 경혈의 분포와 경혈에 관련된 70편과 모두 128편을 편집하였다. 남조의 도홍경은 의약을 연구하여 『본초경집해』를 편집했으며, 한대의 『신농본초경』에 소개된 365종에 또 다시 365종을 추가하여 의사들의 약 사용에 큰 도움을 주었다.

수(581~618) 당(618~907) 시대에 위대한 의사로서 당초의 손사막(581~682)이 있다. 당나라 태종 등이 예를 갖추어 불러 맞아들여 국자박사로 인정하려고 했지만 거절한 사람이다. 그는 어릴 때부터 노장과 제자백가(학자와 학파의 뜻)설에 통달했다. 태백산에 은거, 의서의 저술에 몰두하면서 그가 저술한 『천금방』에는 약의 성능, 효용, 분량, 용법 등이 상세히 기록되어 있다. 소박하게 살면서 약재를 채취하고 의학을 연구하여 사람들의 병을 고쳐 주고 책을 지어 의학 이론을 세웠다. 당나라 이전의 중국 의학 발전의 풍부한 경험을 체계적으로 총결하고 개인의 80년간의 임상 경험을 결합하여 두 권의 유명한 의학 책을 지었는데 『천금요방』 30권과 『천금익방』 30권이다.

중국 의학은 7~8세기에 절정에 달했다. 624년에 생긴 태의서에서 의사국시(과거)가 의사 자격을 주기 위하여 실시되었다. 서구에서 처음 면허 제도가 시행되기 400년 전이었다 한다.

의학은 국가의 관리 대상이며 각종 전염병의 연구가 실시되었던 시대였다. 손사막은 이 시대의 사람으로 수많은 저서를 남기고, 많은 이론에 대하여 상세히 기록했으며 서로 감별하였다. 그의 의학은 인도의 4원소설과 오장론을 절충한 것이었다.

중국의 중세 의학

1. 송나라 시대의 건강관리

송나라 인종은 큰 병원을 만들어 가난한 사람을 보살폈고 1027년에는 인체의 모양을 본뜬 경혈 동인형이 만들어졌다.

영종의 치평 연간(1064~1068)에는 『동인수혈침구도경』(침구서, 5권)을 만들었는데, 이것은 동인형에 관한 경혈의 해설서이며 이로써 침구경혈학은 획기적인 발전을 하였다. 휘종은 스스로 『성제경』 10권을 지었고, 『화제국방』을 편집하도록 하였다. 남송의 송자는 『세원록』이라는 법의학서를 만들었다. 또한, 북송 말에는 가끔 인체 해부가 행해졌다. 1045년 광시(광서)에서 반역자 일당 50여 명을 이틀 걸려 부검했는데, 이때 만들어진 해부도가 『구희범오장도』라는 책이다. 또한, 1102~1106년 사이에는 도둑의 몸이 해부되었는데 이런 경험을 정리하여 해부서를 만들어 낸 것이 양개의 『존진환중도』다.

2. 금 · 원 시대의 건강관리

금(1115~1234)과 원(1279~~368) 시대에는 한의학이 전성기를 맞게 되었다.

금 · 원 시대의 유완소 · 장종정 · 이고 · 주진형, 이 시대에 유명한 의사 4명, 즉 금원 사대가가 출현하게 되었다. 학술상에서 그들은 저마다 특징을 가지고 있으며, 네 개의 다른 학파를 대표한다.

유완소는 질병은 대부분 화열로 말미암아 생긴다고 생각하여 "육기는 모두 화에서 변화한 것이다"는 견해를 주장하였으며, 질병을 치료할 때 성질이 차고 서늘한 약재를 많이 썼기에 세상에서 흔히 한량파라고 불렀다.

장종정은 질병을 치료할 때는 마땅히 사기를 몰아내는 데에 중점을 두어야 한다고 생각하여 "사기를 없애면 정기는 안정되며, 하법을 두려워하지 아니하면 질병을 치료할 수 있다"고 주장하였으며, 질병을 치료할 때, 한토하(汗吐下) 세 가지 치료 방법을 잘 쓰며, 세상에서 흔히 공하파라 불렀다. 이고는 "사람 몸은 위기를 근본으로 삼는다"라고 생각하여 비위를 따뜻하게 하고 튼튼하게 하는 법에 뛰어나고, 세상에서 흔히 보토파라고 불렀다.

주진형은 "양은 늘 남아돌고, 음은 항시 모자란다"고 생각하여 질병을 치료할 때, 음정을 자양하고 화사를 없애는 방법을 많이 썼다. 세상에서 흔히 양음파라고 불렀다. 그들의 학술 주장은 당시 및 뒤 세상에 모두 큰 영향을 끼쳤다.

3. 명·청 시대의 건강관리

한의학 이론과 임상 방법은 명나라 때 이시진의 『본초강목』과 같은 약학의 발달로 독자적인 발전이 계속되어 왔다. 명나라 말기의 유명한 오유성은 의학자이다. 지금의 강소성 소주 사람으로 창조적 정신이 풍부한 온역론을 지었다. 명나라 말기에 많은 지방에서 온역(전염병)이 널리 퍼져 돌아다녔는데, 그때의 의사들이 상한법으로 많이 치료하였으나 효과를 보지 못하였다. 그는 몸소 체험하고 꼼꼼히 실천하여 돌림병 기운의 이론을 제기하였다.

온역은 살펴볼 수도 없으며, 냄새도 없고, 감촉을 느낄 수도 없는 '돌림병'으로 입과 코를 통하여 인체에 전염된다. 또한 '여기'는 여러 종류가 있지만 '돌림병'은 한 종류의 역병과 관계가 있으며, 각 '돌림병'은 늘 일정한 장기를 쉽게 침범한다. 또 '돌림병'과 몇몇 외과 감염 질환이 서로 관계가 있음을 제기하였다. 온역의 전염 경로에 대하여 공기와 접촉 전염이 있다고 제기하였다. 그의 창조적 정신은 온 병학 발전에 매우 큰 촉진작용을 하였다. 그의 '돌림병' 이론은 세계 전염병학 사상에서도 앞선 것이다.

청나라에서 온병학의 새로운 장을 열게 되었다. 온병학은 현대의 열성 전염병을 포함한 급성병을 가리킨다. 온병학은 과거 의학 이론을 바탕으로 그 당시에 큰 문제의 전염병을 해결함으로써 한의학사상 중요한 일익을 담당하게 되었다. 섭계는 청나라의 저명한 의사이며, 강소성 오현 사람이다. 대대로 의원 집안 출신으로 그의 아버지 역시 의사로 이름을 날렸다.

03

우리나라
건강 의학의
이해

우리나라 건강 의학의 변천

1. 원시시대의 건강관리

우리나라 원시시대 의학에 관한 자료나 연구는 거의 없는 실정이다. 우리의 원시시대 의술은 다른 원시민족들과 마찬가지로 본능적 충동에서 일어나는 경험적 치료 방법으로 인간 사회에서 일어나는 모든 질병은 정령 또는 악마의 행위가 한때 인체에 침범하여 발생되는 것처럼 생각하므로 일정한 무의(주술) 방법으로 그것을 제거하면 병은 곧 치료될 수 있는 것으로 믿어 왔다.

우리나라 신석기 시대의 암각화에는 사람의 탈이 새겨져 있고, 탈은 주술적인 뜻을 가지고 있었으니 원시 사회의 무의, 아마도 무가 병귀를 내쫓는 수단으로 탈을 쓰고 춤을 추고 노래를 하지 않았겠는가 짐작된다. 그리고 사냥하는 동물에는 관심이 많았을 것이고, 그 구조에 대해서도 어느 정도의 지견을 가지고 있었을 것이라는 것은 추정할 수 있다.

석기 시대의 출토품 가운데는 석침, 골침, 석촉 등이 있어 중국의서『황제내경』소문에 적혀 있는 옛 동방의 돌 침술로 사용되던 기구가 아닐까? 하는 정도로 추정될 뿐이다. 원시시대 의사는 무였을 것이며 병은 주로 나쁜 귀신 세력의 침입이라 생각했다. 치료는 그 사를 물리치는 것이라고 보았고, 또한, 단군신화의 내용을 분석하면 쑥과 마늘이 식용뿐 아니라 약재로도 쓰였을 것이라 추측한다. 또한, 의약의 창시자로서 신화적 인물 환웅 '단군'은 '당골'(세습무당)이라고 보았다.

2. 고조선 시대의 건강관리

고조선 시대는 원시 상태의 이동 생활을 접고 정주의 촌락을 이루며 생활하기 시작했다. 농사와 가축을 기르고 의복의 재료도 생산하는 이외에 의식주의 생활이 진전되어 갔다.

이 시대의 의학도 그 생활 상태에 따라 발전되었다고 추상할 수 있다. 고조선 지방에 관한 기록 중에서 의학과 직간접으로 관련이 있다고 생각하는 부분을 간추려 고조선 시대의 의학 지식의 변천을 추정할 있다.

고대 동방인들이 돌로 촉과 노를 만드는 기술이 우수하였다는 것을 충분히 짐작할 수 있다. 근래 함경북도 경흥군 웅기면 송평리에서 석기 시대의 출토된 유물 중에 석촉·석침·골침 등을 발견하였다. 이런 특징 있는 석기 시대의 유물들이 남아 있다는 것은 고조선 시대의 폄석술을 연상할 수 있는 좋은 자료가 된다고 생각된다.

3. 삼국 시대의 건강관리

1) 고구려의 건강관리

고구려(BC 37?~AD 668) 때는 인삼에 관한 관심이 상당했던 것 같으며, 금이 제약에 사용되었다고도 전해진다. 고구려가 삼국 중 어느 나라보다도 중국의 한의방을 가장 먼저 받아들이게 된 것은 인접한 지역 조건이 좋아 쉽게 받아들일 수 있다고 본다.

561년에 중국 강남의 오나라 사람 지총이 『내외전』, 『약서』, 『명당도』 등 164권을 가지고 고구려를 거쳐서 일본에 귀화하였다고 한다. 이 의방서들은 한의학의 기초 지식에 속한 중요한 의약서이다.

고구려의 의방서로서 『고려노사방』이 752년에 왕도가 편술한 『외대비요』에 소개되었다.

고구려는 지역적으로 인접된 중국 북조 시대의 의학과 접촉 관계가 긴밀하였던 것을 추측할 수 있다. 고구려의 의료 제도는 불확실하지만, 시의 제도가 있었던 것이 분명하다. 손홍렬에 의하면 중국 같은 의학 교육 제도와 의료의 법제화가 있었다고 짐작된다.

2) 백제의 건강관리

백제는 한의방의 접촉이 고구려보다도 훨씬 늦은 데도 이보다 더 발달되어 있다고 본다. 주목할 것은 백제가 만든 의약서인『백제신집방』이다. 저자 및 연대는 알 수 없지만, 일본 엔유주 영관 2년(고려 성종 3년, 서기 984년)에 단바 야스노리가 편술한『의심방』에 이 저술에 들어 있는 약방문이 두 곳에 소개되었고, 그중 하나는 단바 마사타다의『약약초』에 옮겨 적혀 있는 것으로 보아 저서가 있다는 사실을 증명할 수 있다.

백제 성왕 32년(일본 서기 554년) 오의 지총이 중국 의서를 들고 일본으로 건너가기 7년 전 백제는 청에 의해 의박사 왕유릉타와 채약사 반량풍과 정유타를 일본에 보냈다. 김두종은 이것으로 미루어 백제 의술의 우수성은 물론 일찍부터 '의약 분리'가 되어 있다는 증거였다. 그는 백제가 서북을 통한 문화 수입과 함께 중국 남조의 연안과의 빈번한 접촉을 통하여 불교와 인도 의설을 도입하면서 독자적인 발전을 하였을 것으로 짐작된다.

백제의 의료 제도를 보면 내관 12부 중에 약부에서 의약의 문제를 관리한 것이고 의박사, 채약사, 주금사란 의직이 있었으며, 중국 남조의 제도를 도입한 것으로 보고 있다. 또한, 일본에 건너간 백제의 의인들 중에 의박사와 채약사가 따로 있어 그 지식이 전문적으로 서로 나누어 있으며, 의학에 능통한 승의들이 배출되어 남조 시대의 한의방과 불교를 통한 인도 의방들을 융합시켜 백제 의학의 독자적 발전 형태를 갖추게 되는 것으로 짐작된다.

3) 신라의 건강관리

삼국 중에서 신라 의학에 관해서 알려진 것은 많지 않으나 가장 늦게 중국과 교류한 것으로 알려졌다. 초기에는 주술로 병을 다스렸을 것으로 추정되며, 인도 의술의 영향을 받은 승의가 있었을 것으로 짐작된다.

초기에는 고구려·백제를 통하여 간접으로 중국의 한의방을 접촉하여 오다가 중국 남북조 시대의 말경에는 그 의방들을 직접 교류할 수 있게 되었다고 추정할 수 있다. 신라의 의인으로 일본의 초빙에 응한 김무가 414년(신라 실성왕 13) 일본에 건너가서 왕의 병을 고쳤다는 기록과 그가 약방을 깊이 알고 있다고 칭송한 내용이 『일본서기』에 기술되어 있다. 신라의 의술이 이미 당시에 상당한 수준이었고 중국 의학에 대해서도 많이 알고 있었다고 한다.

치료술은 주술적 종교적 방법 이외에 풍부한 약재에 의한 약물요법, 온천요법, 침술이 있었다고 보는데, 일본 침술가들 사이에 의하면 기하변기남마가 신라에 들어가 침술을 배워 일본 황극 원년(신라 선덕여왕 11년, 서기 642년)에 일본에 와서 척박사가 되었다고 한다. 불승들이 의약으로 효험이 없던 것을 독경이나 기도로써 왕의 병을 고쳤다는 기록이 『삼국유사』 신라 본기에 자주 나온다.

국가의 사회의료 정신은 삼국 시대에 이미 시작되었다고 할 수 있다. 과부, 홀아비, 홀로 된 노병자, 가난한 사람으로 자립이 어려운 사람들을 삼국의 왕들이 기관에 당부하여 먹이고 돕고 구해 주도록 했다는 기록이 있다.

4. 통일신라의 건강관리

통일신라는 삼국 통일을 완성한 뒤 의학 교육과 의료 제도를 주로 당나라에 의지하며, 불교의 융성과 함께 인도의 의설·의방 등 많은 관심을 가지게 되었다. 통일신라는 수·당 의학과 인도 의설에만 의존하기보다 양자를 융합한 의서를 자체 의방서로 편성하였다. 이 의방서들은 이미 소실되었고, 거우 그 방서의 이름과 3~4개의 방문이 남아 있을 뿐, 그 내용을 파악하기는 어렵지만, 한방 의학과 인도 의설을 토대로 자체 의학 전통을 보존하려고 힘써 온 것을 짐작할 수 있다.

『삼국사기』 직관지에 692년에 처음 '의학'을 두고 박사 5인으로 『본초경』, 『갑을경』, 『소문경』, 『침경』, 『맥경』, 『명당』, 『난경』 등을 교수하게 하는 의학 교육제도가 밝혀져 있다.

이런 의경들은 중국 한의방의 기초 지식에 속한 의서로 한·위 및 서동 양진·남북조 시대부터 수·당에 이르기까지 한방 의가들이 배우고 통달해야 하는 귀중한 고전의경들이다.

또한, 한방의학을 연구하고 그 술업에 종사하는 의인들은 반드시 학습해야 하는 고전이다.

이 기초 부문에 속한 의경들이 신라 의학 교육의 기초가 되었던 것을 짐작할 수 있다. 신라 사적에 기재된 국제 간의 중요한 수호품의 약재로서 인삼, 우황, 속수자, 노봉방, 차 등이 있는데, 특히 인삼과 우황은 국제 간의 증거품『삼국사기』에서 여러 번 보인다.

신라인들의 약품 재배나 채집에 관한 지식이 우수하다고 인정하는 것으로 볼 수 있다. 의학 이론의 생리설, 병리설, 해부학과 진단법, 치료 원리 등은 모두 당시 중국의학이나 우리 의학에서 쓰이던 고전 의서『황제내경, 영추』또한 수당 의학의 병리설로『병원후론』50권의 내용을 대상으로 추정할 수밖에 없는 것은 유감이다. 병의 내인(음식, 거처, 음양, 희노, 체질적, 선천적 요인), 외인(풍운, 한서 등 계절의 영향)설을 구분하고 음양오행에 입각한 병리설과 치료이론, 망, 문, 문, 촉진을 근간으로 하는 진단법 등을 들 수 있다.

통일신라에서도 가난한 사람들에 대한 국가적 차원에서 구료 제도는 계속 실시되었다.

5. 고려의 건강관리

1) 고려 초기 건강관리

고려 초기는 918년 태조 왕건이 나라를 세우던 때부터 약 제8대 현종 1018년까지를 말한다. 수·당 의학의 영향을 많이 받아 온 통일신라 의학의 전통을 거의 그대로 답습하였다고 기술할 수 있다. 의학 교육에서 개국부터 중앙 및 서경의 학원에 의과를 설치하여 관설재단의 학보를 두고 교육을 권장하였다. 그 후 987년(성종 6)에는 전국 12목에 경학과 마찬가지로 의학박사 1인씩을 배치시켜 의학 교육을 실시하도록 하였다. 의업 과거고시는 현재의 의사국가시험에 해당되며, 958년에 처음으로 실시되었다.

고시 제도가 의업식과 주금식으로 나누어져 있지만, 의업 고시과목은 통일신라시대에 의학 교육의 교제로 채용하던 수·당의 고전의경『소문경』, 『침경』, 『갑을경』, 『본초』, 『명당경』, 『맥경』, 『난경』, 『구경』 등이 거의 채택되었다. 그러나 주금식 과목으로는 『맥경』, 『명당경』, 『본초경』, 『유연자경』, 『대경침경』, 『소경창저론』 등이 보일 뿐이다. 의료제도는 중앙의료기관과 궁내의 어약을 담당하는 기구가 따로 나누어져 있었다.

2) 고려 중기 건강관리

고려 중기는 1018년 현종 9년경부터 1259년인 제23대 고종 말년까지이다. 이 시대는 중국의 신흥 국가인 송나라와 접촉이 빈번하여 송의와 송상들이 수시로 왕래하였고, 한편 주변 국가와 교통도 넓어져서 우리나라에서 산출되지 않는 희귀한 약재들이 많이 들어 왔다.

더불어 인도 의방서의 보급도 늘게 되었으며, 중기의 후반에는 그 지식들을 융합한 고려 자체의 경험 방서들을 편집하게 되었으며, 그와 함께 고려에서 생산되는 향약의 경험 방서들도 차츰 간행되어 고려 의학의 자주적 발전에 새로운 면모를 나타내었다.

고려 의학은 중기의 후반부터 자주적 발전의 태세를 갖추게 되었고, 1147년 의종 1년경에 김영석이 신라 및 송나라 의서를 참작하여 『제중입효』를 편술하였으며, 1226년에는 최종준이 약방에서 긴요한 경험 방들을 첨가하여 『신집어의촬요』 2권을 편성하였다.

이 방서들은 더러 유실되었으나 조선 세종 때에 편집한 『향약집성방』 중에 전자인 『제중입효방』은 겨우 한 방문이 보일 뿐인데, 후자인 『신집어의촬요방』은 십여

방문이 비교적 자세히 인용되어 있어 다소나마 그 면모를 짐작할 수 있게 하였다.

한편, 민간 고로들이 우리나라에서 산출되는 향약으로서 임시 구급에 쉽게 응용할 수 있는 경험 약방들을 수집하여, 1236년경에 강화에서 대장경판을 판각하던 대장도감에서 『향약구급방』 상·중·하 3권 1책을 간행하였다. 이 방서는 식독·육독·정창·옹저·부인잡병·소아잡병 등 59항목의 병명들을 상·중·하 3권에 나누어 열거하고, 그 아래에 구급 향약방들을 인용한 부록으로 향약목초부에 향약 180종에 대한 속명·약미·약독 및 약초의 채취 방법들을 간략하게 기술되어있다.

3) 고려 말기 건강관리

1260년 원종 1년경부터 1392년 공양왕 4년까지를 말기로 본다. 이 시대는 신흥 몽고 제국의 원나라와 특별한 관계로 왕래가 잦게 되면서 의학의 상호 교류를 하게 되었으며, 남방 열대산 약재들의 수입도 더욱 왕성해졌다. 또한, 중기의 후반기부터 연구해 오던 향약의 전문 방서들을 더욱 발전시켜 고려 의학의 자주적 기초를 더욱 굳게 다져나가며 원나라까지 고려 의학의 명성이 자자했다.

원나라에서 고려에 내조한 의인들의 수는 많지만, 충렬왕의 병환 때 보내온 태의 요생과 왕비의 병환 때 보내온 연득신, 태의 왕득중·곽경 등이 의인으로 알려져 있다.

원나라 쿠빌라이의 병환을 치료하기 위하여 원나라의 초청으로 고려에서는 상약 어의 설경성을 보냈으며, 그 후에 1267년에 원나라 성종의 병환으로 어의 설경성을 다시 원나라에 보냈는데, 설경성은 노세하여 본국으로 돌아오지 못하였다.

1275년부터 1374년 공민왕 23년까지 약 100년 동안 거의 20 여회에 걸쳐 약품들의 상호 교역이 있었다. 고려에서 원나라에 가져간 중요한 약품들은 주로 비실·오매·인삼·향다·수과·송자·탐라소유·곡육·우육이었다. 원나라에서 고려에 보내온 중요한 약품들은 포도주·앵무·공작·향약·황향 등을 들 수 있다.

소주는 고려 공민왕 때의 『최영장군전』에 처음으로 보이며, 조선에서도 1393년 태조 2년 12월에 맏아들 진안군 방우가 소주를 매일 마셔 병들어 죽었다고 왕조실

록에 적혀 있다.

1389년에 정도전이 병을 진단하는 맥법을 알기 쉽게『진맥도결』을 그려 편집한 그 방서들이『삼화자향약』,『향약고방』,『동인 경험방』,『향약혜민 경험방』,『향약 간이방』,『진맥도결』등이지만 이 방서들은 유실된 부분이 많으나 끝의『진맥도』를 제외한 다른 방서들은 근세조선 세종 때에 간행한『향약집성방』중에 그 방서들이 인용되어 있어 대략 짐작할 수 있다.

근세 건강 의학의 변천

1. 조선 시대의 건강관리

1) 조선 전기 건강관리

1392년 조선 건국 초기에 의학은 고려의 의료 제도를 그대로 계승하면서 필요에 따라 새로운 기관들을 설치하기도 하지만, 새 나라의 행정이 차차로 정돈되어 감에 따라 의료 제도들의 개혁, 의육 및 의과 취재의 혁신과 함께 새로운 전문 의방서들을 편성하기 시작하였다. 조선은 건국 후 그 제도들을 총괄하면 중앙에 있는 의료기관으로서 내약방·전의감·혜민국·동서대비원·제생원·종약색·의학 등이 있고, 지방 의료기관으로는 의원·의학교수관·의학교유·의학원·의학승들이 지방에 설치되었다.

내 약방은, 왕실의 내약을 전담하는 기관인데 세종 때에 내의원으로 개칭하였다. 전의감은 국내 의료행정을 총괄하는 중앙관서이며 의학교육 및 의과고시의 직무까지 병행하였다.

혜민국은 고려 때 이름을 그대로 이어온 것이며, 일반 민중들의 질환을 구치하는 기관이다.

동서대비원은 고려시대의 직명을 이어 오다 1414년 태종 14년에 동서활인원으로 고쳤다. 동서활인원에는 의사 외에 무당을 따로 두어 도내 환자들 가운데 의탁할 곳이 없는 자들과 전염성 환자들을 주로 취급하였다. 그러므로 이 활인원은 인구가 희소한 동소문 밖과 서소문 밖에 설치되었다.

제생원은 혜민국과 함께 일반 민중들의 구료기관(고려 문종 때 가난한 백성이 의료 혜택을 받도록 개경에 동서 대비원을 설치하여 환자 진료 및 빈민 구휼을 담당하게 하였다)이며, 주로 부인병을 치료하는 의녀의 양성과 각 도의 향약재의 수납과 편집 같은 중요한 의료사업을 병행하였다. 종약색은 약초들을 재배하는 곳이지만 설립된 뒤 얼마 되지 않아 전의감에 통합되었다.

1399년 정종 1년에 제생원에서 『향약제생집성방』 30권을 편성한 뒤에 향약에 대한 연구를 거듭하여 그밖에 침구법과 향약 본초 및 포구법 등을 종합시켜 『향약집성방』 85권으로 편집하였다. 이 책으로 의약의 자주적 발전과 향약의 전통적 지식을 고증하면서 커다란 공적을 남겼을 뿐 아니라, 우리나라의 자연과학 내지 일반 문화사 연구에도 귀중한 자취를 남겼다.

인용된 서적은 한·당 이래로 명에 이르기까지 164종의 고전 의서에서도 수록하였다. 그 당시의 한의방서들을 집대성한 한방 의학의 백과대사전 『의방유취』는 한의학의 원산지인 중국에서도 볼 수 없는 훌륭한 지보의 거질이다. 이 병문들의 분류에는 병증을 중심으로 한 병문과 신체 각 부위를 본위로 한 문들이 서로 섞여 있으나 대체로 근세 임상의학의 각 분과들이 거의 포괄되어 있다.

1592년 선조 25년에 일어난 임진왜란 때 두 나라 사이에 살벌한 참화가 벌어진 후, 서양 의학의 영향을 받아 지식을 접촉할 기회로 추상할 수 있다.

2) 조선 중기 건강관리

1596년 선조 29년에 태의 허준이 왕명을 받아 유의인 정작과 태의 이명원·양예수·김응탁·정예남 등과 함께 자료를 모아 분류하던 중, 정유재란으로 잠시 중단되었지만, 그 뒤에 선조가 허준에게 계속 편집하도록 명하였으며, 내장방서 500권을 내주어 고증하게 하였다. 허준이 전심전력을 다하여 『동의보감』을 내경편·외형편·잡병편·탕액편·침구편 등 5편으로 나누어 25권 25책으로 편성하였다.

1610년 광해군 2년에 완성하여 왕은 곧 내의원에 명하여 널리 반포하게 하였다. 1724년 경종 4년에 일본 경도서림과 1799년 정조 23년에 대판서림에서 번각되었다. 청나라에서도 1763년 영조 39년에 처음으로 간행된 뒤 여러 차례 복간되었으며, 현재까지도 계속 영인 출판되어 많은 의인들의 수요에 응하고 있다. 내경편, 주로 내과 소속인 각 장기들의 질병과 혈액병으로 되어 있고, 외형편, 두부로부터 사지골맥에 이르는 신체 각 부의 외과적 질환, 잡병편, 질병의 진단 및 전염성병·제창·제상·구급 및 부인과·소아과들이 포함된다. 탕액편, 약물학, 그 밖에 침구편이 따로 첨부되어 있어 근세 임상의학의 각 과가 거의 망라되어 있는 한방의학의 백과전서이다. 우리나라의『동의보감』처럼 중국 및 일본에서 널리 읽혀진 책은 보기드물다. 책명은『동의보감』이지만, 사실은 동양의학의 보감이라 할 수 있다. 1724년경에 주명신이 편술한『의문보감』, 1790년에 이경화의『광제비』, 1799년에 내의원 수의 강명길의『제중신편』등을 들 수 있다. 그밖에 소아과 전문서로서 조정준의『급유방』, 진역전문서로 임봉서의『임신진역방』, 이헌길의『마진방』, 정약용의『마과회통』, 홍석주의『마방통휘』, 이원풍의『마진휘성』등이며, 약물 및 본초학으로는 서유구의『임원경제지』중의 인제지를 비롯한 산림경제 및『고사신서』중의 의약방 등을 볼 수 있다.

3) 조선 말기 건강관리

조선 말기(1801~1910)는 서양 의학이 유입되면서 황도연은 당시 유행했던 콜레라 치료법 연구에 성과를 남겼으며, 의학과 본초학을 합해 질병 치료를 용이하게 한『부방편람』이라는 의서를 편찬하였다. 그러나 개화 정책의 실시 이후 국가 차원에서 서양 의학의 본격적인 보급에 나서면서 한의학의 영향력은 쇠퇴하고 서양 의학이 점차 발전하기 시작하였다.

1894년 갑오개혁을 계기로 관제가 개혁되어 내부에 위생국이 설치되어 전염병 예방사무, 의약사무, 우두사무를 관장하였다. 다음 해 내부 관제가 다시 개정되어 위생국이 위생과 및 의무과로 나누어져, 위생과는 전염병·지방병·종두, 기타 공중위생에 관한 사항을 다루고, 의무과에서는 의약 및 병원에 관한 사항을 관장하였다. 또한, 전염병 예방 규칙이 공포되었고, 1899년에는 관립의학교가 설치되어 의학교육이 시작되기도 하였다. 의학교장에는 지석영이 임명되었는데, 종두 보급에 앞장선 개척 인사로서 또한 의학 교육자로서 그의 공적은 한국 의학사상 획기적인 전기를 마련해 주었다. 서양 의료가 활발하게 수입되기 시작한 것은 1876년 병자수호조약 이후이다.

한국에 일본인들의 수가 많아짐에 따라 자기들의 의료 문제를 스스로 해결할 목적으로 조약 체결 후 1877년 부산에 제생의원을 설치하였다. 서양식 병원은 미국인 선교사 알렌을 통해 1885년에 우리나라 자체에서 세운 최초의 병원 광혜원이다. 사립의학교로서는 1899년에 제중원의 에비슨이 제중원의학교를 설립하고 의학교육을 실시하였으나 졸업생을 내지 못하였으며, 1904년에 미국 오하이오주 세브란스의 기부금으로 제중원을 세브란스병원, 제중원의학교를 세브란스의학교로 개칭하여 남대문 밖 도동 '복숭아골'로 현대식 병원을 지어 옮기고 세브란스병원이라 하였다. 1908년에 처음으로 제1회 졸업생을 내게 되었다. 그다음 해 1909년 정식으로 사립 세브란스병원의학교로 정부 인가를 받게 되었다. 이것이 연세대학교 의과대학의 사례이다.

대한제국 시대 1899년에는 국립병원 광제원이 세워지고 이 병원은 서양 의술과 한방 의술을 겸할 수 있는 병원으로 1900년 2월 26일 흑사병에 관한 주제로 최초의 학술 강연회가 열렸는데, 연사는 의학교장 지석영과 일본 교관이었다. 관립 의학교가 창설한 지 8년 만에 36명의 졸업생을 내고, 1900년 6월 30일 발족한 광제원과 통합되었으며, 을사늑약이 체결된 1905년 이후 일본인 의사들이 대거 광제원에 밀려들어온 것이다. 1907년 3월 10일 광제원은 관립 의학교와 통합되어 대한의원으로 개칭하면서 1907년 3월 11일 문을 닫았다. 여기서 배출된 의인들은 한국 근대 의학 개화에 크게 이바지한 의인들이다. 대한의원 교육부로 개칭되었다가, 1907년에 대한의원에서는 환자 치료뿐 아니라 의료 요원까지 양성했다.

대한의원은 진료부·교육부·위생부를 두고, 대민 진료를 실시하는 병원으로서 의사를 양성하기 위한 의학 교육 및 기능, 그리고 공중보건과 위생을 관장하고 연구 조사하는 목적으로 발족되었다. 새로운 것은 한방을 배제하고 순수 서양 의학의 방법으로 진료를 하게 된 점이 중요하다. 종전까지의 병원은 한방과 양방의 공동 진료를 하였으며, 병원 행정은 한의들이 관장하였다. 대한의원은 1907년 12월 27일에 1

차 개혁을 시작해서 1909년 2월 4일에 2차 개혁을 단행하여, 1차 개혁에서는 교육부의 명칭이 의육부가 되었고, 2차 개혁에서는 의육부가 부속 의학교로 개칭하였다. 이러한 개혁으로 일본인들에게 문을 열어 주려는 목적이었다. 1909년 대한의원의 새 건물이 준공되어 1910년에는 대한의원 부속 의학교로 되면서 의학교 안에 의학과와 약학과를 두었으며, 그밖에 산파 및 간호과도 병설하였다. 지금까지 남아 있는 서울대학 부속병원의 시계탑 건물이 중심이다.

4) 수난기의 건강관리

일제강점기 의료 행정은 조선총독부의 경무총감부 안에 위생과를 설치하고 의료사무를 전담하게 하면서 경찰에 의한 무단 정책으로 그 사무를 강행하고자 한 것이다.

의료 행정은 보건과 방역의 두 부분으로 나누어, 보건사업에 종사하는 의인들을 서의학의 의사와 종래의 한의학 의생으로 이원적 제도를 채택하고, 의사·한지의사 또는 치과의사 및 입치 영업자로 구분하였다. 한지의사와 입치 영업자는 그 당시의 부족한 의인들을 임시로 보충하기 위하여 일정한 시험을 치러 그 자격을 인정하였다.

그밖에 산파 및 간호부·안마술·침구술 등의 면허제도가 있어 약업에 종사하면 약제사·약종상·제약사·제약업자 및 매약업자 등으로 구분하였다. 또한, 그 당시의 의료사업을 보충하기 위하여 공의·촉탁의 제도를 두었는데, 공의(공무의료), 촉탁의(경찰 의무 전임자와 임시 촉탁의 2종이 있다) 전자를 촉탁경찰의, 후자를 경찰의촉탁의라 하였다. 공의와 촉탁경찰의들의 직무는 공통된 것이 많으나 공의는 주로 전염병 예방, 지방병 조사, 종두와 학교 및 공장 위생, 예기, 창기, 작부들의 건강진단, 사체 검안 등을 취급하고, 촉탁경찰의는 경찰관 및 지방 공무원들의 공무상의 상해, 질병, 진단, 행려병자들의 처치 등의 업무를 취급하였다.

방역은 전염병 예방에 관한 것인데, 예방령에 규정된 전염병은 콜레라, 적리, 장티푸스, 파라티푸스, 두창, 발진티푸스, 성홍열, 디프테리아, 페스트 등의 9종으로 되어 있었다.

이상의 9종전염병 이외에 만성 전염병으로 폐디스토마, 나병 등 지방병과 마진 및 폐결핵 등의 예방 규정도 반포되었다. 의학교육제도는 대한의원 부속 의학교가 조선총독부의원 부속 의학 강습소로 되었다.

1916년 이 강습소가 4년제 경성의학전문학교로 승격되면서 3분의 1은 일본 의학 생들을 수용하였다. 세브란스의학교는 그 후 4년제의 세브란스의학전문학교로 승격되었고, 제2차 세계대전의 말기에는 강압적으로 한때 아사히의학전문학교로 개칭하였다. 그리고 1932년에는 수업 과정이 예과 2년, 본과 4년, 6년제의 경성제국대학 의학부를 설립하여, 이 의학부는 일본 학생 중심으로 설치되어 우리 학생들은 겨우 4분의 1 정도에 지나지 않았다.

세계 의학의 지도권을 가졌던 독일 의학전을 일본을 통하여 간접으로 수용할 수 있었으며, 미국의 기독교 각 교파들의 전도 사업과 함께 직접으로 미국 의학을 수입할 수 있게 되었다.

그러나 이런 국치적 수난 중에도 일본, 독일 및 미국에 유학하고 돌아온 우리나라 의학생들이 적지 않았으며, 국내의 의과대학이나 각 의학 전문학교의 기초 교실과 임상학과에서 실지 의료에 종사하면서 현대 의학의 연구, 실험 논문들이 적지 않게 발표되었다.

2. 현대 건강의학 변화

1) 한국의 건강 의학 재창조

일제강점기하에서 고위직들은 철저히 배제당해온 우리나라 실정의 의학자들에게 광복 이후 우리 의학을 독자적으로 발전시키란 쉬운 작업이 아니었다. 또한, 정치, 경제, 사상적 대립과 역경 속에 1948년 8월 15일 대한민국이 탄생되면서 어느 정도 안정을 찾아가던 우리 의학계는 1950년 6월 25일 한국전쟁의 발발로 남아 있던 공립병원 시설 등 대부분 일제시대 물적 기반까지 송두리째 잃어버린 이후 약 10

년 동안 한국의 의학은 무에서 유를 창조했다.

모든 것을 다시 일으켜야 하는 많은 고난의 나날을 보내야 했다. 이런 어려움을 딛고 일어서는 데에는 제2차 세계대전 중 세계 일류의 의학을 이룩한 미국의 도움이 컸다. 특히 한국전쟁 중에 들어온 미국의 군진 의학, 스칸디나비아 3국의 의학, 그리고 미국해외재활본부(FOA), China Medical Board, 미국국제협조처(ICA), 미국민사원조처(CRIK) 등 각종 민간 원조 기관을 통한 교육기관의 재건과 교수들의 외국연수는 우리나라 의학과 의술이 국제화하는 데 크게 기여하였다. 또 이를 통해 보건행정기관이나 민간의 의료기관도 새로운 모습으로 재건되었다.

1980년에서 1990년대에 와서 우리 의학은 점차 국제화가 시작되었고, 우리 의학자들이 생산하는 의학 논문이 세계 유수 학술지에 속속 소개될 뿐 아니라 1995년 이후 그 수가 기하급수적으로 증가하였다. 특히 장기이식술, 암의 화학요법 등 첨단의학의 발전도 특기할 만하다. 하지만 의학의 장기적 발전을 위해서는 기초의학과 임상의학, 또한 한의학의 조화가 필수적임에도 불구하고 광복 이후 의학 발전이 임상의학에 치우친 것은 많은 안타까움으로 남는다. 전통 의학의 취약성은 폭발적으로 도입된 미국식 실용주의 의학의 조류에 편승하여 임상의학에 편중한 결과라고 본다.

2) 새로운 건강진료 관리

급성 전염병은 장티푸스 · 발진티푸스 · 파라티푸스 · 발진열 · 성홍열 · 이질 · 뇌막염 · 뇌염 등이 해마다 유행하였다. 만성 전염병은 폐결핵 · 복막염 · 늑막염 · 결핵성 · 복막염 등이 유행하였고, 그 치료는 대기요법 · 영양요법 · 천자 등이 이용되었다. 기생충이 만연하여 산토닌으로 치료하였다. 소아과 질환은 영양실조 · 위장질환 · 폐렴이 흔한 질환으로 대중요법으로 치료되었다. 급성질환은 홍역 · 백일해 · 디프테리아 등이 유행하였고, 만성 전염병은 결핵성 · 뇌수막염 · 결핵성 장관결핵 등이 유행하였으며, 디프테리아 치료혈장은 1930년대부터 사용되기 시작하였다.

(1) 1945년 이전 의학 건강관리

1913년 우리나라 최초 진단용 기재, 세브란스 병원에 X-선 기구가 도입, 설치되었다. 개인 병원에서는 문진·촉진·병력·청진기 등을 이용하여 환자 진료를 하였고, X-선이나 심전도는 대학병원에서나 이용되었다. 치료제로서는 중조·디아스타제·건말·에비오제·비오페르민 등의 소화제와 아스피린·노발긴·아미노피린·펜아세틴 등의 해열 진통제가 사용되었다. 1913년부터 수술에 클로로포름으로 전신 마취와 척추 마취가 시행되었고, 1914년부터 프로케인에 의한 국소마취가 임상에 도입되었다. 1915년에 처음 충수 절제술이 시행되었고, 1917년 간농양에 대한 수술로 천자배농법이 성공하였다. 산부인과에서는 자궁근종·난소종양·인공유산·임신중독증·난산·제왕절개술·자궁암 등의 수술이 시작되었다. 1930년에는 애버틴 등의 정맥 마취제가 도입되었고, 이와 함께 아편전 처치가 에테르(ether) 점적 마취와 병행하여 시행되었다. 1940년 35mm X-선 간접 촬영기가 도입되어 처음으로 X-선 집단 검진이 시작되었다.

(2) 1945~1960년 의학 건강

내과적으로는 쇼크에 대한 치료, 수분전해질 균형, 정맥주사요법, 비경구영양법, 수혈 등이 소개되었고, 항생제, 항암제, 항응고제, 항결핵요법, 홍역 및 폴리오 예방주사, 생백신, 항나병 화학요법 등이 소개되었다. 디기탈리스 치료법, 신경안정제, 방사성동위원소 등도 이 시기에 소개되었다. 항생제로는 페니실린과 스트렙토마이신 및 INH가 소개되어 결핵·임질·매독 등에 사용되어 좋은 효과를 보았다. 그 후 항결핵제로는 1960년대까지 스트렙토마이신·INH·PAS 등의 2자 병용요법이 시작되었다. 진단 방법은 생검법, 탈락세포진 검사, 투베르쿨린 테스트, 혈청 GOT, 혈청 GPT, 폐기능 검사, 조직배양, 형광항체면역법, C-reactive protein 등이 이용되기 시작하였다. 또 X-선 혈관조영 촬영이 국립의료원에 도입되었다.

외과적인 방법으로 수혈, 전기소작 등의 지혈법이 소개되었으며, 전폐절제수술이 국소마취하에 실시되었고, 위식도 문합, 공장을 이용한 전흉벽식도 성형술, 교약성 심낭염 환자에게 심낭절제술, 십이지장위궤양 환자에게 미주신경절단술, 비신

정맥문합술, 선천성 폐동맥협착증 수술, 개방성동맥관 수술 등이 시행되었다. 1959년에는 인공심폐기를 이용한 개심술이 국내에서 처음으로 성공하였고, 1950년대 말에는 간침생검(조직검사)이 시작되었다.

(3) 1960년대의 의학 건강관리

1960년에 간암 환자에서 간우엽 절제술이 시술되었고, 1962년에 인공심폐기를 이용하여 국내 최초로 선천성 폐동맥협착증에 대한 직시하판막 절개술을 성공하였다.

1962년 방사선치료 장비인 Cesium-137이 한일병원에 처음 도입되어 1963년에 방사선 원격치료를 시작하였다. 1965년 심도자검사법이 연세대학교 의과대학 내과에서 국내에 처음 소개되어 심기능 검사실을 개설하고 심질환 진단과 외과적 교정 수술이 시행되었으며, 1969년에는 생검용 위십이지장 fiberscope를 조기 위암 진단에 이용하였다. 1964년 전신 마취제로 할로탄이 보급되기 시작하였고, 1967년에 전신 마취기에 자동호흡기가 부착된 장치가 사용되었다. 1969년에는 심장 초음파 검사(가톨릭의대-김삼수교수)가 시작되었다. 1969년에는 국내 최초의 신장 이식이 가톨릭의대 이용각 교수팀에 의해 성공적으로 시행되었다. 이후 국내에서도 활발히 장기이식이 시도되고 있었다.

(4) 1970년대의 의학 건강관리

1975년 현미경 수술 미세기구가 소개된 이후 동맥물합술, 뇌동맥류, 뇌동맥 기형 등의 치료가 가능하게 되고 미세혈관 수술이 발달되어 1975년 절단 수지접합수술이 성공되었다. 그리고 인공 심박동기, 인공 신장기(혈액투석) 등이 사용되기 시작하였다. 초음파 진단법을 개발하여 소개되었으며, 담석증 진단 및 심초음파 진단에 이용되었다. 1977년 컴퓨터 단층 촬영기가 경희대학교와 연세대학교에 처음 도입되고, 감마 카메라가 소개되어 영상 진단의 큰 발전을 이루었다. 한편, 방사면역분석법에 대한 내분비 기능검사가 소개되어 내분비학에 발전시켰다. 한국형 출혈열의 원인인 한탄바이러스가 고려대학교 이호왕 교수에 의하여 발견되어, 면역학의 발달로 A형 간염과 B형 간염의 바이러스 표지자 검사가 시작되었으며, 1979년 B형 간염 바이러스 보유자 혈청에서 백신을 개발, 실용화하여 간염 퇴치에 큰 공헌을 이루었다.

(5) 1980년대의 의학 건강관리

1980년대에 관상동맥 조영술이 시작되고, 1983년 관상동맥 풍선성형술이 시술되어 우리나라에도 관상동맥질환에 대한 적극적인 진단 및 치료가 시작되었다. 이식수술의 면역 억제제인 cyclosporinc-A가 국내에 도입되었고, 1981년 국내 최초의 골수이식을 성공하였다. 1984년 경피적신쇄석술이, 1988년에는 우리나라 최초의 간장 이식수술이 성공하였다.

(6) 1990년대의 의학 건강관리

1990년에 복강경담낭 절제술이 시술되었으며, 1992년에는 심장이식이 수술이 시도되었고, 1996년에서는 폐이식 수술이 성공하였다. 1996년 유방암 환자에 내시경을 이용한 최소침습 수술법이 시행되었으며, 1998년에 심장수술에 최소 절개수술이 시작되는 등 점차로 치료 시 내시경 등을 이용한 비침습적 수술적 치료가 시도되고 있다.

한의학의 건강관리

1. 한의사에 대한 의의

1945년 8월 15일 일본이 패전하여 남한에는 미군에 의한 군정이 시작되었다. 갑오개혁 이후 50년간 침체되어 있던 한의사들이 광복과 더불어 1945년 11월 3일 조선의사회를 창립하고 우선 법적 지위의 복구와 한의학 육성에 발전에 촉각을 세우기 시작하였다.

6·25 동란으로 수도를 부산으로 옮기고 국정을 집행하고 있을 때인 1951년 9월 25일 '국민의료법'이 새롭게 제정될 때 한의사 제도가 탄생되었다. 새로 제정된 '국민의료법' 제53조에 의해 부산 지역 한의사들이 주축이 되어 부산한의사회를 결성하고 각 도에서는 도한의사회를 결성하였으며, 연합회 성격의 서울특별시 한의사회 회장이 중앙회장을 맡아 운영하였다.

1959년부터 한의사회의 분위기가 활성화되면서 사단법인 대한한의사협회로 개칭하고 11개 지부를 둔 중앙 의료 단체로 면모를 갖추게 되었다.

의과대학에서 한의학을 전공하는 제도이나 의과대학에 한의학과가 설치되지 않았다. 1962년 3월 20일 국가재건최고회의에서 법률 제1035호로 공포된 '개정의료법'도 역시 의사 일원화 제도였다. 1963년 12월 13일 개정, 공포된 '의료법'부터 현재의 한의사의 법적 지위가 확립되면서 의료 제도가 이원화가 되었다.

1) 한의학 개발사업 과정

1945년 11월 3일 조선의사회를 창립한 한의사들은 한의사 육성을 촉발시키며, 1947년 12월 행림재단에서 동양대학관을 설립하고 정부로부터 인가를 받았다. 한편 동양의학회를 창립하고 동양의학지를 발간하였다. 1963년 12월 13일, 종전의 의료법에서 '최종 2년'과 '국공립대학교'라는 문구를 삭제하고, "의과대학·한의과대학에서 한방의학을 전공한 자로서 한의학사의 학위를 받고 한의사 국가시험에 합격한 자"로 개정되었다. 이 '개정의료법'이 공포되자 동양의약대학은 동양의과대학으로 개칭되고 6년제 의과대학으로 승격되었다. 1965년 12월 17일 동서의학의 조화로 '제3의학'을 지향하기 위해 경희대학교는 동양의과대학을 합병하여 경희대학교 한의학부로 출범하여 한의과대학으로 승격하게 되었다. 1968년에는 세계 최초로 한의학 석사과정이 설치되었고, 1971년에는 경희의료원 부속 한방병원이 개원되었으며, 1974년에는 한의학 박사과정이 신설되어 동서의학의 교류와 한의학 연구 발전을 도모하게 되었다.

(1) 한의학

우리나라는 고대 시대부터 의료인을 의사라 하고 근세에 와서 동의학·동의라는 용어도 사용하였으나 개항 이후 일본인이 한국에 도래하면서 일본에서 사용되는 한방의·한방과 등 한의학이라는 낱말이 서양 의학과 구별하여 자연스럽게 사용되기 시작하였다.

1980년 변정환은 저서 『한의의 맥박』에서 일제의 잔유물인 '漢'자를 자주적 명칭인 '韓'자로 바꾸어야 옳다고 제창하였다. 이전에 전주한의사회에서 거론한 일이 있고, 관에서도 '韓'자를 사용한 일이 있었으나, 1985년 대한한의사협회에서 '한의학(韓醫學)'의 개칭 문제를 사업으로 공식 결정하고 문헌 조사와 사회 여론조사에 나서 절대다수의 개칭 찬성을 얻어냈다.

1985년 8월 대한한(漢)의사협회는 '의료법', '약사법' 등 보건 관계법 중 자구 표기에 관한 청원서를 보건사회부와 국회에 제출하여 1986년 4월 국회에서 심의 결의

되어 1986년 5월 법률 제3825호로 한의사(漢醫師)를 한의사(韓醫師)로, 한약사(漢藥師)를 한약사(韓藥師)로, 한의원(漢醫院)을 한의원(韓醫院)으로 한의학에 관계되는 모든 '漢'자를 '韓'자로 표기하는 자구 변경법이 공포되었다. 1904년 저술된 후지가와의 『일본의학사』에 '나라조 이전의 의학' 장 첫머리에 '한의방(韓醫方)의 수입'이라는 제목으로 한(韓)의학이 일본에 수입되었다고 기술되어 있다.

건강과 약물
요인

약물의 사용법과 건강

1. 약물의 정의 및 개념

약물은 인체와 약물의 상호작용에 의해 상처 또는 질병을 치료하는 데 쓰이는 물품을 말한다. 우리나라는 약의 개념이 광범위하지만, 의약품에 국한하기로 한다.

병을 치료하는 데 사용되는 물질이 약인 것은 분명하지만 좀 더 정확하고 구체적인 정의를 몇 가지 들어본다.

세계보건기구(WHO)에서는 "의약품이란 투여를 받은 사람의 생리 상태 또는 병적 상태를 수정 또는 검사하기 위해서 사용하는 것"이라고 정의하고 있다. 우리나라의 약사법의 제2조 제4항을 보면 "이 법에서 의약품이라고 함은 다음 각호의 하나에 해당하는 물품을 말한다.

① 대한약전에 수재된 것,

② 사람 또는 동물의 질병의 진단·치료·경감·처치 또는 예방의 목적으로 사용되는 것으로 기구·기계(치과 재료·의료용품 및 위생용품을 포함한다)가 아닌 것,

③ 사람 또는 동물의 구조·기능에 약리학적 영향을 주기 위한 목적으로 사용되는 것으로서 기구·기계가 아닌 것(화장품은 제외한다)"으로 되어 있다. 생명 현상은 화학적 반응에 의해서 이루어진다. 모든 생체 세포와 조직 또는 생물의 생활 기능은 무수한 화학 반응 체계로 구성되고 있다. 약은 세포의 생활 반응에 직접 관여하여 구조와 기능을 개선하는 화학물질이다. 약물요법은 의료의 중심이며 의약의 최대 목표는 육체와 정신적인 병에 유효한 약을 개발하여 활용할 수 있는 것이며, 의학의 발전은 약의 개발이 이끌고 있다고 말하여도

과언이 아니다.

2. 약물의 상호작용 원리

약물이 상호작용을 나타내게 되는 원인은 매우 다양하지만, 두 종류 이상의 약물을 적용하는 경우, 그 주된 목적은 주어진 약물의 상호작용에 의한 약효의 증강이나 부작용의 경감에 있다. 약물을 병용한 경우가 각각 단독으로 이용한 경우보다도 효과가 클 때를 협력이라고 한다. 프로카인과 아드레날린, 두 개의 약물이 서로 작용을 상쇄하는 것을 길항이다.

모르핀과 나롤편 같은 약의 길항작용은 약물중독의 처치에 불가결한 것이 많다. 또한, 한 약물의 흡수, 생체 분포 생체 내 변화, 배설이 다른 약물에 의해서 변화하는 상호작용도 있다.

그중 첫째는 배합되는 약물끼리 일으키는 물리 화학적 변화에 기인하는 경우를 말한다.

산성 물질과 알칼리성 물질이 서로 만나는 것과 같이 병용 효과로 인한 물리적 또는 화학적 변화가 일어나면 약물의 효과가 줄어들기도 하고 독성이 있는 물질이 생성되기도 한다.

배합된 약물들이 액체로 된 액상 제제, 가루로 된 산제, 주사제 등으로 사용되는 경우, 약제 안에서 킬레이트 반응과 같은 상호작용을 하면서 불용 물질을 형성하거나 침전물의 생성, 공융 혼합물의 형성 등으로 불활성화 또는 독작용을 나타낼 수도 있다. 이 같은 반응이 체내에서 일어날 가능성도 있으니 여러 가지 약물을 정맥 내에 동시 투여할 때는 물리 화학적 상호작용에 세심한 주의를 기울여야 한다. 이렇게 물리 화학적 변화를 일으킬 가능성이 있는 약물의 배합은 '조제상의 배합 금기'로 규정된다.

1) 상승작용(Potentiation)

두 가지 이상의 약물을 병용할 때 상호 간에 협동작용이 각 약물의 산술적 합 이상으로 현저히 효과가 증폭되는 경우를 말한다. 다른 종류의 살균성 페니실린계나 세팔로스포린계와 아미노글리코사이드계의 항생제 병용했을 때나, 모르핀과 스코폴라민, 코카인과 에피네프린을 혼용할 때 상승작용이 나타난다.

2) 길항작용(Antagonism)

두 가지 이상의 약물을 병용했을 때 서로의 작용을 감퇴시키거나 전혀 작용이 없어지는 경우를 말하며 여기에는 화학적 길항작용, 생리적 길항작용, 약리학적 길항작용 등이 있다. 약리학적 길항작용은 상호 경쟁적인 상경적 길항작용과 비상경적 길항작용으로 나누어진다.

살균성 항생제와 정균성 항생제를 병용하는 경우 길항작용이 일어나며 벤조디아제핀계의 진정제에 길항하는 플루마제닐이나 모르핀에 길항하는 날록손 같은 약물들은 약리학적 길항작용 중 상경적 길항제에 속한다.

3) 독작용(Poisoning)

병용 금기인 약물을 같이 사용하는 경우, 흡수의 저해나 부작용의 증가로 인한 환자를 위해 작용의 증가나 질병의 악화를 야기하는 독작용을 일으킬 수도 있다.

생체에서 물리·화학적 반응을 통해서 생리적으로 어떤 해로운 변조를 일으키는 것, 이로운 효용을 나타내는 것은 약이라 하며, 독은 약의 반대어가 된다. 그러나 동일한 물질이라도 투여량에 따라 독이 될 수도 있고 약이 될 수도 있으므로 독을 엄밀하게 규정 짓기는 어렵다.

3. 약물 오남용의 이해

약물이란? 일반적인 의약품을 포함하여 인간의 신체, 정신, 중추신경, 행동과 감정에 변화를 초래하는 모든 물질을 말하는 것이며, 즉 의사 처방 없이 약물을 사용 및 섭취하는 행위 자체를 오용이라 하고, 그리고 지나치게 많이 섭취하는 경우는 남용이라 말한다.

1) 약물 남용의 이유

정신분석 이론에 의하면 약물 남용은 일종의 자위행위, 동성애적 욕구의 방어, 구강기 퇴행의 표현으로 해석된다. 또한, 우울증의 표현이며, 손상된 자아 기능의 산물이라고도 한다. 불안정 아동기 이후에 스스로 치료 약물을 복용하는 것이다. 약물 남용은 인격장애의 한 증상인데, 특히 약물 남용자들은 반사회적 인격장애가 많고, 대부분 자아와 초자아 발달 과정 이전, 즉 구강기 상태에서 인격 발달이 정지되어 있는 사람이 많다. 따라서 즉각적 만족을 추구하며, 약물 남용자들은 그들의 어머니에 대해 소유와 거절의 감정이 있으며, 보통 강하고 지속적인 아버지의 상이 없다. 따라서 이들은 내면적 억제가 없으며, 심리적 욕구의 즉각적 만족을 추구하게 된다. 이러한 그들의 과장되고 무리한 욕구는 계속 좌절되게 되어 있으며 이들은 이 사회적 좌절감을 즉각적인 약물의 효과로 해결한다. 그러나 약물의 효과가 시간이 지남에 따라 사라지고 난 후 그들은 다시 불안하거나 우울해지며, 습관적인 절망감에 사로잡혀 이 같은 느낌을 피하려고 그들은 계속해서 반복적으로 더 많은 양의 약물을 사용하게 되는 것이다. 특히 청소년기의 약물 남용은 사회적 압력, 또래 압력 등으로 인해 유발된다.

엄격한 초자아를 갖고 있거나, 자기 징벌적인 사람들은 그들의 무의식적 스트레스를 감소시키기 위해 약물을 사용하게 되는데, 발달상 구강기에 고착되어 있는 사람은 약물을 사용함으로써 좌절감을 해소한다. 그러나 부모-자녀 관계의 응집성이 크고, 가족 분위기가 개인 중심적이기보다 가족 중심적일 때, 가족의 성향이 보수적일 때, 부모의 합법적 또는 불법적 약물 사용의 경력이 없을 때, 청소년의 약물 사용은 그렇지 않은 경우보다 적다.

행동 이론에 의하면 약물의 사용 전후의 약리적 작용이 약물 사용과 수반된 사회 상태와 아울러 약물의 사용을 강화함으로써 약물의 남용을 조장하게 된다. 즉 약물을 사용하면 일시적으로 불안, 공포나 우울증이 감소되지만, 이러한 결과가 향후 약물의 사용을 계속한다.

2) 약물 남용 행위

지속적 과용하는 행위와 정상적으로 사용하지 않는 행위를 말한다.

우리는 스스로 의식하지 못하는 사이에 우리의 기분 또는 행동을 변화시키는 다양한 종류의 약물들이다. 즉 정신 활성 물질을 자연스럽게 사용하고 있다. 많은 사람이 카페인의 자극적인 효과를 얻기 위해 커피나 홍차를 마시고, 긴장을 해소 또는 집중하기 위해 자신도 모르는 사이에 버릇처럼 담배를 피우며, 스트레스를 풀기 위해, 대인관계를 위해 자연스럽게 술을 마신다. 그리고 어떤 사람들은 의학적으로 불안이나 우울 또는 통증이나 식욕을 감소시키기 위해 약물을 사용한다. 우리가 쉽게 사용하던 약물을 어느 순간부터는 규칙적으로 사용하게 되고, 또 그로 인하여 우리의 신체적, 정신적 증상과 행동의 변화가 일어나 스스로 부적응을 느끼게 될 때 비로소 약물 사용이 약물 남용으로 진행되는 것이다.

3) 약물 남용의 문제점

약물의 남용은, 향정신성 약물의 의학적 사용을 의미하며, 의사나 약사가 권장해 준 기준치를 넘어서 마음대로 먹는 것을 말한다.

 ① 내성: 원하는 효과를 얻기 위해 약물의 용량을 증량하지 않으면 안 되는 경우 가 생김.

 ② 중독: 중독성이 있는 약물을 계속 사용하면 심한 집착을 보이고 일단 습관성 이 생기며 조절이 잘 안 된다.

 ③ 의존: 약물을 계속 사용하다 추가하면 약물에 대한 내성이 생기며, 약물 공급

의 중단 시 금단 증상이 일어난다.

④ 금단 증상: 어떠한 중독성이 있는 약물을 계속 사용하다가 습관성을 해소하려고 공급을 중단할 때, 생기는 여러 가지 불쾌한 증상들이 일어날 수 있다.

4) 약물 오용의 문제점

약물의 오용은 약물의 정확한 사용법을 모르고 쓰는 것이다.

약의 부적절하게 사용 또는 오용에 의해서 환자의 치료가 되지 않을 뿐만 아니라 부작용이 생겨 피해당한다. 이 같은 약화가 한국처럼 의약 분업 제도가 아직 확립되지 못하여 치료약을 일반 국민이 임의로 살 수 있게 되어 있는 상황에서 더욱 일어나기 쉽다. 약화 사고는 소비자 자신의 과오도 있겠으나 의사의 투약 과오, 약사의 조제 과오도 소홀히 볼 수 없다.

유해한 약을 부당하게 사용함으로써 생기는 해독으로는 마약을 비롯한 습관성 의약품에 의한 약물 의존성을 들 수 있다.

약의 올바른 사용을 위해서는 엄밀한 과학적 방법으로 안전성이 확인된 약이어야 하며, 약의 개발과 생산 단계에서의 책임이 따라야 한다. 안전성에 관한 정보의 수집과 전달이 신속하게 이루어질 수 있는 국가적 조직이 되어 있어야 하고, 안전성을 확보할 수 있는 공급 및 관리가 있어야 한다. 이와 같은 인식 없이 약을 과신하여 약화를 초래할 뿐만 아니라, 약의 남용으로 내성균의 조성, 자연 면역성의 결핍 등이 생기는 현상 등이 오늘날의 급속한 약의 발전 또 하나의 부작용이라고 할 수 있다.

더욱이 일반 대중의 건강에 대한 관심이 높아짐에 따라 간단한 약물요법의 상식이 언론매체에 범람하고 있고, 약의 선전 광고와 아울러 국민의 대중요법이 치료의 전부로 착각시켜 원인 요법을 소홀히 하는 폐단도 없지 않다. 대중요법으로 가장 흔히 사용되는 것이 해열제 · 진통제 · 혈압 강하제 · 자율신경 차단제 등이며, 이와 같은 약도 계속 사용하면 부작용 · 습관성 · 내성 등이 생기므로 약의 사용법 · 사용량 · 부작용 등을 사용 전에 충분히 숙지하는 것이 필요하다. 근래 발전되고 있는 임상약학에 의하면, 여러 가지 약의 병용에 의한 상호작용 및 약의 흡수·배설과 체질 등을 관련시킨 약물동태학의 충분한 기초 없이 약을 사용하면 뜻하지 않은 약화가 생길 가능성이 제시되고 있다. 체중·체질·나이 등을 고려한 약의 용량이 결정되어야 한다. 어른이면, 장년이나 쇠퇴한 고령자나 체격이 장대한 남자와 체격이 왜소한 여성, 일률적으로 대인 복용량으로 일정하게 하면 안 된다.

4. 약물의 올바른 복용법

1) 약은 언제, 어떻게, 복용

의약품의 복용법 준수는 약물의 인체 내 흡수 및 이에 따른 치료율 향상과 큰 연관 관계가 있으므로 반드시 의사, 약사의 지시에 따라 올바르게 복용하여야 한다. 환자의 준수 사항으로는 복용시간 정확히 지키기, 충분한 양의 물과 함께 복용하기 등 있다.

① 의사, 약사 처방에 따라 복용
② 식전 혹은 식후 투여
③ 같이 투여하지 말아야 할 식품: 우유나 알콜
④ 증상이 있을 때만 복용: 해열제 두통약
⑤ 증상이 치유된 뒤 2~3일 후까지 복용: 항생제

2) 약의 복용 시간에 따른 효능

① 일정하게 정해진 시간 준수 복용: 항생제, 심혈관 치료제, 신경안정계, 약
② 낮에 복용: 이뇨제, 갑상선 치료제, 부신피질호르몬제(생리 활동이 낮에 왕성)
③ 공복 시 복용: 제산제, 장용정, 진해 거담제
④ 식전 복용: 혈당 강하제, 협심증 치료제
⑤ 취침 전에 복용: 수면제, 철분 제제, 소염진통제, 지사제

3) 성인의 안전한 약 복용

약의 이름, 복용하는 이유, 동시에 같이 복용하면 안 되는 약, 음식이나 음료 또한 언제, 어떻게 복용법을 알고, 얼마나 오랫동안 복용해야 하는지 등을 알아두는 것이 좋다.

(1) 약품의 양과 복용법

약의 복용량은 환자의 나이, 체중, 질병의 정도에 따라 효과가 다르게 나타나기 때문에 의사의 결정이 중요하다. 마음대로 가감하거나 약간 호전되었다는 생각에 복용을 중지하지 말고 처방된 양, 지시된 기간 동안 확실하게 복용해야 한다. 반드시 처방한 양만을 복용해야 하며 약을 먹기 전에 항상 약 봉투의 라벨을 주의 깊게 읽어야 한다. 우유, 요구르트, 주스 등은 약의 효과에 영향을 미칠 수 있다. 약은 1컵 이상의 충분한 물로 복용하는 것이 좋다.

(2) 약 복용 전 알아야 할 사항

다음에 해당 된다면 의사 또는 약사에게 미리 이야기한다.
① 임신 중일 때, 임신 예정 또는 수유 중인 경우
② 다른 질병을 가지고 있어 약물을 복용할 수 없는 경우
③ 약 또는 기타 물질에 알레르기 및 이상 반응이 보이는 경우
④ 치과 진료 및 치과 수술을 받을 예정인 경우
⑤ 처방 약 이외의 다른 약을 복용하는 경우(예: 아스피린, 변비약, 비타민, 감기 약 등)
⑥ 특별한 음식을 복용하는 경우

(3) 복용 시간 철저히

약은 언제 먹어야 효과적일까? 복용하는 약의 위장장애 여부 및 약의 인체 내 흡수와 관계되는 소화기관 내의 pH 정도, 그리고 인체의 생체리듬에 따라 다음과 같

은 복용 시간대로 크게 나누어 볼 수 있다

① 식전 30분: 식사 후 복용으로 약의 흡수가 떨어지거나, 식전 복용할 때 효과가 더 좋은 이유에 해당된다. 그러나 공복 때 복용으로 속이 쓰리거나 거북함이 나타날 경우 식후에 복용할 수도 있다. 또한, 식전에 복용하는 약 중에는 식욕을 증진시키는 약이나 구토를 억제시키는 약도 있다.

② 식후 30분: 대부분 약은 식후 30분에 먹는다. 복용 시간을 식사와 연관 지으면 잊어버릴 염려가 적고 음식물이 소화관의 점막을 보호해 위 점막에 대한 자극을 줄일 수 있기 때문이다.

③ 식사 직후: 위장장애가 심하게 나타나기 쉬운 해열 진통제의 경우와 소화기관 내의 식사 직후 pH가 약물 흡수를 더 용이하게 할 경우(예: 일부 항진균제)는 식사 직후에 복용하게 된다. 철분 제제, 소염 진통제 등 위장장애가 있는 약은 식사 직후 지시된 것도 있다.

④ 식간: 음식물이 소화된 후 공복을 느끼는 시간대, 즉 공복 시에 복용하라는 의미로 식사 전후 1~2시간을 말한다. 음식물과의 상호작용을 최소화하고 약효가 빨리 나타나게 하고 싶은 경우에 이용한다. 강심제(심장 기능을 강하게 하는 약), 제산제(위산을 중화 시켜주는 약)

⑤ 정해진 시간 복용: 식사와 관계없이 약효를 유지하기 위해(인체 내 약물의 농도가 일정하게 유지) 일정한 시간 간격을 두고 복용해야 하는 약도 있다. 6시간, 8시간, 12시간 간격이 대표적이다. 매시간은 아침부터 취침 전까지를 균등하게 나누어서 복용하는 것을 잊지 않고 복용하는 것이 중요하다. 8시간 간격이라면 아침 7시, 오후 3시, 밤 11시에 복용하면 된다. 예) 항생제, 화학요법제 등

⑥ 기타 지시된 시간: 취침 전, 식전 20분, 아침 식사 후, 1일 ( )회 등의 복용 지시가 있는 경우 약의 효과를 최고로 나타나게 하거나 약의 효과가 나타나야 하는 시간이 정해져 있는 경우, 인체의 생체리듬과 약물의 인체 내 혈중 반감 시간 등을 고려하여 지시하므로 충실히 따르면 된다. 예) 고지혈증 치료제, 검사 전 복용하는 약 등 일부

만약 약의 복용 시간을 잊어버렸다가 생각이 나면 즉시 복용한다. 그날 복용해야 할 남은 약은 균등한 간격으로 나누어 복용해야 하며, 만일 다음 복용해야 할 시간에 생각이 나면 잊은 양은 생략하고 규칙적으로 지시된 양만을 복용한다. 한꺼번에 2회분을 복용하면 절대로 안 된다.

⑦ 약을 먹을 때, '물': 약은 음식물에 따라 영향을 받을 수 있는 만큼 특별한 지시가 없는 한 충분한 양의 물(1컵, 200㎖ 정도)과 함께 복용하는 게 가장 좋다. 정제를 먹을 경우 물의 양이 많을수록 약의 흡수 속도가 빨라진다. 간혹 물 없이 약을 먹는데, 자칫 약의 성분에 따라서는 약이 식도에 잔류하면서 식도를 자극, 식도궤양이 생길 수 있다. 가급적 따뜻한 물로 복용하는 것이 좋다. 너무 찬물로 복용하면 위 점막의 흡수력이 저하될 수 있기 때문이다. 차나 커피 등의 음료수로 약을 먹어서는 안 된다. 가령 차나 음료수 중에는 탄닌의 성분이 있을 수 있는데, 이 탄닌은 약물을 흡착하여 효과를 저하시킬 수도 있다. 사이다, 콜라 같은 발포성 음료수 중의 탄산가스는 위장벽을 자극하여 위장장애의 위험을 더 크게 만들 수 있다. 우유나 오렌지 주스도 약효와 흡수에 영향을 줄 수 있으므로 따로 지시된 경우 외엔 피하고 약은 물로만 먹도록 한다.

(4) 약 보관의 원칙(남은 약)

① 약은 변질을 방지하기 위해 직사광선을 피해 서늘하고 건조한 곳에 보관해야 하고, 또한 '원래 포장 그 자체'로 두라는 것이다. 원래 포장은 제약회사에서 약에 가장 적합한 보관법을 고려해 만든 것이기 때문이다. 특히 뒤에서 눌러 빼내는 방식의 포장에 들어 있는 알약은 꺼내서 알약만 두어서는 안 된다. 알약은 본래 담겨 있는 용기에 보관이 최적이다

② 조제한 가루약은 비닐이나 기름종이에 간이로 넣기 때문에 사용 기한이 짧다. 때문에 2주 안에 먹는 것이 좋다. 조제 가루약을 오래 두고 먹기 위해 냉장 보관하는 사람들도 있다. 그러나 냉장고는 습기가 많은 곳이다. 의사나 약사의 특별한 복약 지도가 없는 한 가루약을 냉장 보관해서는 안 된다. 일부 건조 항생제의 경우 냉장 보관이 필요하다.

③ 시럽은 사용 기한이 짧다. 사용 기한은 대부분 1~2주. 그 후엔 버려야 한다. 시럽도 보통 실온에서 보관한다. 냉장 보관하면 침전물이 생겨 약효가 떨어지는 경우가 있다. 집에서 가루를 직접 시럽에 섞은 후 현탁액을 만들어 복용하게 되어 있는 일부 항생제 계열 약은 냉장 보관해야 한다. 아이에게 시럽 약을 먹일 때는 아이의 침이 들어가지 않도록 깨끗한 플라스틱 계량컵이나 스푼에 덜어 먹인다.

④ 연고와 안약은 개봉 전에는 사용 기한이 2년이나, 일단 개봉하면 6개월로 줄어든다. 기간이 지나면 폐기 처분하도록 한다. 안약이나 귀약은 사용 용도에 맞게 용기가 제작되어 있으므로 투액 후 약 나오는 부분을 알코올로 잘 닦아 두면 변질을 막을 수 있다. 약을 면봉에 묻혀 사용하는 것도 방법이다.

⑤ 좌약은 개봉하지 않았으면 3년까지 둘 수 있다. 하지만 개봉한 좌약은 한 달 정도 지나면 버려야 한다. 좌약은 실온에서 녹도록 만들어졌기에 녹는점이 낮다. 집 안에서도 온도가 높은 곳에 두지 않아야 한다. 역시 냉장고에 넣지 말고 햇빛이 비치지 않는 상온에 둔다. 기한 지났거나 변질된 약은 약국으로 의약품에 표기된 사용 기한은 처음 약물의 효과를 100%라고 할 때, 점점 소실되어 90%까지 유지되는 기간을 의미한다. 일반적으로 약통이나 케이스에는 쓰여 있다.

⑥ 대부분 의약품들의 사용 기한은 2~3년 정도이다. 변질이 되지 않았더라도 2년 이상 지난 약들을 버리도록 하는 것이 좋다. 사용 기한이 지났거나 변질된 의약품은 약국에 비치된 '폐의약품 수거함'에 버려야 한다.

⑦ 모든 약은 본래의 약병이나 약 봉투에 보관하는 것이 좋다. 사용하던 약을 다른 약병이나 약 봉투에 섞어 넣지 말아야 한다.

⑧ 모든 약은 어린이의 손에 닿지 않는 안전한 곳에 보관한다.

4) 약물의 종류와 분류

(1) 약효별 분류

① 중추신경계에 작용하는 약 : 전신마취제 · 수면제 · 진정제 · 트랭퀼라이저

(정신 안정제) · 항경련약 · 진통제 · 해열제 · 중추신경 이완약 · 중추신경 흥분약 등

② 체성신경계 및 골격근에 작용하는약 : 국소 마취제약 · 근 이완약

③ 자율신경계 및 평활근(내장의 기관들 · 혈관 및 힘줄 벽에 운동으로 작용)약 : 교감신경 흥분 약 · 교감신경억제 약 · 부교감신경흥분 약. 부교감신경억제 약 · 자율신경절 차단약

④ 알레르기에 작용하는 약 : 항히스타민제

⑤ 순환기 계통의약 : 강심제 · 심근억제약 · 부정맥치료약 · 관상동맥확장약

⑥ 호흡기관에 작용하는 약 : 진해약 · 거담약,

⑦ 소화기관에 작용하는 약 : 소화약 · 건위약 · 제산약 · 소화성 궤양치료약 · 토제 · 진토제 · 하제(설사약) · 제담약

⑧ 비뇨 기관에 작용하는 약 : 이뇨제

⑨ 성기에 작용하는 약 : 피임약 · 최음약 · 자궁수축제 등

⑩ 혈액 및 조혈기 계통에 작용하는 약 : 혈액대용약 · 조혈약 · 항응혈약 · 지혈제

⑪ 물질대사에 관여하는 약

⑫ 비타민

⑬ 외피 및 점막에 작용하는 약

⑭ 호르몬 및 항호르몬제

⑮ 병원미생물에 작용하는약

⑯ 악성 종양에 관한 약,

⑰ 기생충에 작용하는 약

옛날에 약이 너무 귀해서 문제가 되었는데, 반대로 현대는 지나치게 범람하게 되어 광고와 가격 등으로 과당경쟁을 조장하여 대중들에게 약 사용의 일상화와 대량소비를 부채질하고 있어, 말 그대로 과유불급이라는 느낌이 든다. 약을 재료에 따라서 분류하면 생약 계통과 합성 또는 추출하여 만든 화학의약품으로 나눌 수 있다. 생약은 동물 · 식물 · 광물의 자연계에서 채취된 것으로 원형대로 건조 · 단절 또는

정제하여 만든 의약품을 말하며, 한약이 이에 속한다. 의약품의 제제라 함은 의약품을 가공하여 복용하는 데 편리하도록 만든 것이다.

(2) 약의 제제를 제형에 따라 분류

약은 질병 및 부상, 기타 신체의 이상을 치료 또는 완화하기 위해 먹거나, 바르거나, 직접 주사하는 등의 방법으로 생물에게 투여하는 물질을 통틀어 말한다. 영양분 보충을 위한 영양제나 기분이 좋아지기 위해 투여하는 마약, 생물을 죽이거나 해를 입히기 위한 독약, 고통을 줄이기 위한 진통제나 마취제, 심지어는 음식 등도 약의 범주에 포함될 수 있다.

- 네비레트: 혈압강하제
- 오팔몬: 순환계용제
- 심바스타틴: 동맥경화용제
- 크레나스시럽: 진해거담제
- 무코스타: 소화성궤양용제
- 엔테론: 순환계용제
- 셀벡스: 소화성궤양용제
- 리큅: 중추신경용제
- 클로자릴: 정신신경용제
- 스타레보: 중추신경용제
- 비오플: 정장제
- 니세틸: 순환계용제
- 알다라크림: 피부연화제
- 자누메트: 당뇨병용제
- 리피토: 동맥경화용제
- 퀴낙스점안액: 안과용제, 세비카 : 혈압강하제
- 란스톤LFDT: 소화성궤양용제

- 포시릴: 혈압강하제
- 사미온: 순환기관용제
- 부스파: 정신신경용제
- 플라빅스: 동맥경화용제
- 각성제: 몸의 중추신경계를 자극하며 교감신경계를 흥분시키는 약물이다.
- 마취제: 몸의 감각기능 마비와 의식을 상실, 힘줄의 긴장과 반사를 제거하는 약물이다.
- 비타민제: 비타민을 주성분으로 몸의 중요한 기능을 살리는 영양제다.
- 소화제: 음식물의 소화를 촉진시키는 약물이다.
- 진통제: 몸이 쑤시고 아픈 증상을 제거 또는 경감시키는 목적으로 사용하는 의약품이다.
- 항생제: 다른 미생물의 발육을 억제하거나 사멸시키는 물질이다.
- 항염제: 국소에 작용하여 염증을 제거하는 약제다.
- 해열제: 체온이 비정상적으로 높아졌을 때 낮출 수 있는 의약품이다.
- 호르몬제: 호르몬의 생리학적 특성을 이용해 특수한 질환의 치료에 사용하는 약제다.

약사법의 분류에 따라 매약이라 하는 것이 있다. 사람 또는 동물의 구조ㆍ기능에 위해를 가할 염려가 적으며 사용법 또는 사용량에 대한 전문적 지식이 필요하지 않은 의약품으로서 보건복지부 장관이 지정하는 것을 말한다.

약전 약은, 그 나라에서 가장 흔히 사용되는 의약품에 대하여 정부가 품질ㆍ강도 및 순도의 기준을 정하고 있는 『대한약전』에 수재되어 있는 의약품이다.

또한, 약의 위험성에 따라 극약, 독약, 중독성ㆍ습관성 의약품 등의 구별이 있으며, 독약 및 극약은, 극량이 치사량에 가깝거나 축적작용이 강하거나 약리작용이 강렬하여 사람 또는 동물의 구조ㆍ기능에 위해를 가하거나 가할 염려가 있는 약으로 지정되어 있다. 독약은 극약보다도 더 독성이 강한 것이다.

중독성·습관성 의약품은, 인체에 작용하여 중독성이나 습관성을 일으킬 염려가 있는 의약품으로 역시 품목이 지정되어 있으며 필요한 절차를 밟지 않고는 저장이나 판매를 못하게 되어있다. 또 아편·모르핀·코카인 등과 그 유도체는 습관성과 탐닉성이 있으며, 사용을 중단하면 격렬한 금단 증세가 생겨서 끊고 싶어도 끊지 못하고 드디어는 몸과 마음이 황폐하게 되어 패가망신하고 사회에까지 크게 누를 끼치기 때문에 마약법으로 지정하여 엄중하게 단속하고 있다.

마약보다 정도의 차이는 있으나 남용에 의하여 습관성이 생겨서 정신적 및 육체적 금단 현상이 생길 수 있는 향정신성의약품도 따로 지정된 것이 있다. 필로폰도 그 중의 하나이다. 이 밖에 마취작용 및 환각작용 때문에 사회적으로 문제를 야기시키고 있는 대마초를 단속하기 위한 특별한 법도 제정되어 있다.

(3) 민간약의 올바른 인식 및 특성

동물들도 병이 생기면 치료 본능을 발휘하여 외부의 상처이면 혓바닥으로 핥고, 속이 거북하면 풀을 뜯어 먹어 구토를 일으키게 하는 것을 볼 수 있다. 하물며 만물의 영장인 사람이 아무리 원시시대 일지라도 질병에 대한 치료 본능이 없었을 리가 없다. 사람이 세상에 태어나면 그의 주변에서 먹을 것을 찾게 되고, 또 자연의 섭리가 먹을 것을 마련하고 있는 것이다.

이같이 병이 생기면 주변의 자연물 가운데 병을 고치는 약이 있게 마련이다. 어느 민족이나 약을 처음으로 개발한 약 조신을 가지고 있지만, 꼭 어느 한 사람이 약을 개발한 것이 아니라 오랜 원시시대부터 수많은 사람이 본능적 직관과 시행착오를 통한 경험의 축적이 지금까지의 약의 체계를 세우게 된 것으로 생각할 수 있다.

① 민간약이 되는 재료는 생활 주변에서 얻을 수 있는 것들이 많다. 말 그대로 우수마발, 즉 소 오줌이나 말똥 같은 우스운 것이 약이 된다는 식의 것이다.
② 작용이 대체로 완화하고 격렬한 것은 거의 사용되지 않는다. 그러나 예외도 있어서 과학적으로 볼 때 위험천만한 것을 겁 없이 투약하는 경우도 있다는 것을 경계해야 한다.

③ 합리적인 것도 있는 반면 불합리한 것도 많다.

④ 민간약은 모든 질병에 대응할 수 있을 만큼 그 종류가 수없이 많다.

그러므로 현대 의약으로서는 속수무책인 병에 대해서도 특효약이 있다고 과장할 수 있다. 암·심장병·정신병·신경통·당뇨병 등에 대한 민간약이 유포되어 있어 환자들의 심리적 약점에 편승해 현혹과 맹신을 자아내어 낭비뿐만 아니라 정상적인 치료를 희생시키는 일이 있다고 본다.

현시대에도 과학적인 임상 연구 결과가 있는 것처럼 허위 선전을 하는 것도 있으며, 민간약을 현대 약학적으로 엄격하게 검토, 연구함으로써 취사 선택을 하여 올바른 생약의 위치로 끌어올리는 사명이 바로 약학의 당면한 과제라고 할 수 있다.

우리나라에서 그와 같은 목적과 사명을 위하여 운영되고 있는 기관이 서울대학교 생약연구소이다. 동서양 또는 선·후진을 막론하고 어느 나라이든 간에 전승되는 민속이 있는 이상 반드시 민간 치료법도 존재하게 마련이다.

약물요법의 특성화로 현대 의약품의 놀라운 발전이 감염병을 극복하고, 사람의 수명을 연장시키고 있는 것을 아무도 부정하지 못할 일이다. 그러나 약의 긍정적 이득이 있는 반면, 반드시 부정적 약해도 있게 마련이다. 약을 잘못 써서 생기는 약원병, 의료를 잘못하여 생기는 의원 병이 늘어가고 있다. 약은 원칙적으로 인체에 대하여 이물이며 독성 물질이다.

옛날에 약은 효과가 신통하지 않은 반면 독성에 의한 부작용도 대수롭지 않았다. 그러나 요즘의 화학적 약은 효과가 정확한 만큼 독성도 예리하다. 마치 무기와 같아서 적을 물리치기 위하여 부득이 뽑아내야지 함부로 휘두르다가는 크게 다친다.

약은 유효성과 안전성의 두 개의 바퀴 위에서 전진하는 존재이다. 약으로 인정되려면 표방하고 있는 약효가 정확하여야 하는 동시에 치료 또한 위험성 없이 할 수 있는 안전성이 있어야 한다. 그러므로 새로운 약을 개발하여 실용화하려면 유효성과 안전성에 대한 정확한 근거가 있어야 하며, 제약 허가에는 유효성을 입증할 수 있는 임상실험 결과와 안전하게 투약할 수 있는 안전성의 연구가 필수적이다.

우리나라에서 국립보건원과 국립보건 안전연구원 및 보건사회부 중앙약사심의 위원회가 의약품의 유효성과 안전성을 관리하고 있다. 이미 제약이 허가되어 있는 의약품일지라도 의약의 발전과 더불어 약효나 안전성에 대한 기준이 변동되기 때문에 일정한 기간마다 약효 재평가를 실시하도록 되어 있다.

(4) 약은 일반 소비재 상품과는 달라야 한다

① 생명 관련성
② 고품질성
③ 공공 복지성
④ 고도의 전문성
⑤ 외관상 상품 특성의 비명시성
⑥ 상품 차별성 전달의 곤란성
⑦ 다종 다양성 등의 특성을 지니고 있다.

약은 유통 구조나 유통 질서 또는 과대광고나 난매 등 조건에 따라서 약의 남용과 오용이 생길 수 있는 상품이다. 그러므로 일반 소비재 상품과는 구별하여 초상품으로 특별한 유통 구조와 질서 또는 윤리 가운데 다루어야 하는 것으로 되어 있다. 우리나라 의료 구조는 의료 공급자가 복잡하고 다양한 것이 특징이다.

약의 남용 및 오용에서 가장 두려운 것은 약물 의존성이 생기는 문제이다. 의존성은 마약 및 습관성 의약품에 의해서 생기는 것이 아니라, 흔히 개인적으로 자유롭게 구입하여 복용하는 진통제나 두통약들 때문에도 생긴다. 장기적으로 복용하면 위장·신장·간장·조혈 등의 기능을 손상시키며, 정신적 의존성이 생겨서 약을 지니고 다녀야 안심이 되는 심리 상태가 된다. 그 단계가 지나가면 육체적 의존성이 생겨서 약을 복용하지 않으면 여러 가지 육체적 고통이 생기며 약을 먹어야 고통이 멈추는 단계가 된다. 이와 같은 두 단계를 거치면 완전한 약물 중독 상태라고 말할 수 있다.

이 밖에도 임신 중의 복약으로 태아 형성에 미치는 영향, 항생제의 남용으로 내성균의 조성, 균교대현상, 태아에 미치는 해독 등이 생긴다. 이와 같은 문제를 방지하려면 의약품을 공급하는 전문가들이 소비자인 국민들을 올바르게 지도, 계몽하는 것이 무엇보다도 필요하다. 근래 발전되고 있는 임상약학에 의하면 복용한 약의 체내에 있어서의 흡수 · 분포 · 배설, 즉 약물 대사 속도가 가장 중요한 문제라는 것을 밝히고 있다. 복용하는 사람의 체중 · 체질 · 연령 등을 고려하여 투약하는 약 용량과 투약 횟수를 정확하게 결정해야 하는데, 일반 대중은 대수롭지 않게 어림짐작으로 약을 복용하는 의식 구조를 지니고 있어 우려가 된다. 개발된 지 얼마 되지 않은 신약은 장기적인 안전성 평가가 이룩되지 못한 상태이기 때문에 뜻하지 않은 역효과가 생기는 수가 있다. 그런 일을 적발하기 위해서 전국적으로 약 부작용 모니터 제도가 확립되어야 한다. 소비자는 뜻하지 않은 부작용이 생겼을 때에 보건기관에 알리도록 하는 것이 필요하다.

식생활과
미용 건강

건강과 영양

인간은 숨을 쉬며 일하고 휴식과 수면을 취하는 등 여러 가지 생리적으로 기본이 되는 일을 계속하며, 일하기 위해서 영양소를 필요로 한다. 또한, 인간은 생리적으로 기본이 되는 기능 이상의 것을 요구한다. 인간은 생물적 존재 이상으로 영양소를 공급해 주는 식품에도 보다 넓은 뜻이 있다. 인간의 건강은 크게 두 가지 측면에서 생각해 볼 수 있다.

■ 생리적인 건강

필수영양소가 인체 내의 세포나 조직 내에서 상호 연관 시켜 관계를 원만히 맺음으로 유지되는 건강을 말한다. 이러한 관점에서 볼 때 자신이 먹은 식품이 바로 영양소 자체라고 말할 수 있다.

■ 심리적인 건강

개인적으로 사회적이며 문화적인 측면의 요인을 고려해야 하는 건강을 말하는 것으로, 이 요인들은 모두 한 개인의 건강 유지에 심오하게 영향을 미치게 된다. 이같이 생리적인 건강 및 심리적인 건강 사이에는 밀접하게 상호 관련이 맺어져 있어, 이 분야를 전공하는 사람들은 식품이나 영양소에 대한 폭넓은 견해를 가지고 깊은 연구가 필요하다.

1. 우리 식생활의 변천 및 건강

우리나라 사람들의 전통적 시각에서 볼 때, 식생활의 특징은 세 가지를 들 수 있다.

첫째, 배합의 식탁으로 주식인 밥과 반찬이 조화를 이룬다.

둘째, 밥에 간을 맞추기 위해 염도가 높은 주로 발효식품이 반찬의 기본을 이룬다.

셋째, 사시사철 채소와 산나물이 우리 식탁을 꾸며 주고 있다.

1960년대 이후 산업화로 인해 국민 소득이 향상되면서 식생활이 변하고 있다. 식생활의 변화 중에서 가장 두드러진 현상은 한국 전통의 음식 문화 및 음식들이 전체 식사에서 점차 감소하고 대신 비 전통식이 우리의 식탁에서 중요한 역할을 담당하고 있다는 점이다. 점점 우리의 전통 요리가 사라져 가고 서구식의 식사가 늘어나고 있는 실정이며 편의식품이나 외식의 빈도도 증가하고 있다.

이런 이유는 교통, 저장, 운송, 가공법 등의 발달로 타 지역에서 생산된 식품을 손쉽게 시장에서 구매할 수 있고, 정보의 발달과 교육, 국제화의 여파로 외국여행의 경험이 있는 사람 또는 외국에서 생활한 경험이 있는 사람들이 많이 늘어나기 때문이다.

바쁜 현대인들이 식사 시간을 단축하거나 가사 노동을 줄이기 위해 외식이나 편의식품을 더 많이 이용하는 것도 한 요인이 된다.

전통적인 식생활 내용 중 두드러지는 것은 주식의 변화이다. 아침 식사의 변화가 가장 많이 새로워졌으며, 특히 직장인의 아침 식사 형태는 햄버거·김밥·빵·죽 등의 간단한 식사 형태로 변화되고 있으며, 이러한 식사들은 새로운 주식 형태로 과거 우리의 식생활은 주로 식품의 원재료를 구매하여 집에서 조리해 먹었지만, 현대 한국인들의 식생활은 산업화의 발달에 따라 크게 변화되면서, 가공식품의 이용과 외식 산업이 많이 발달되었다. 이러한 식품 산업의 발전에 따른 변화는 보수적인 영역에 속하는 식생활에도 상당한 영향을 미치게 되었으며, 미래의 식생활을 예견하는 가장 강력한 영향 요인으로 대두되고 있다.

1) 식생활의 특성과 건강

식품 산업의 발달로 우리가 접할 수 있는 음식의 형태는 엄청나게 다양해졌다. 현재 우리나라의 대형 슈퍼마켓을 보면, 식품의 종류는 수천여 종에 달하며, 식품들은 대개 가공식품인 경우가 대다수일 것이다. 급격한 외식산업의 발달로 인한 입맛의 변화는 점차적으로 식탁에서 가공식품이 차지하는 비율을 증가시키고, 경제 수준의 변화에 따른 식생활 패턴의 변화를 잘 반영하고 있는 현상이다.

소득은 가격이 높은 식품의 소비에 끼치는 영향이 크고, 특히 단백질 · 칼슘 · 철분 등의 섭취량과 상관관계가 클 뿐만 아니라, 식사 형태에서도 소득 수준이 낮을수록 주로 주식 위주의 식사를 하게 된다. 전통적 식사 형태에서는 크게 문제되지 않았지만, 현재는 우리 국민들은 영양 과잉의 문제를 불러일으킬 위험률이 높아졌으며, 우리가 겪고 있는 열량 과잉으로 인한 건강 문제의 비만 인구의 증가 및 성인병 발생 증가 등은 이러한 식생활의 변화와 밀접한 관계가 있다고 본다.

현재 우리나라 사람들이 섭취하는 식사의 내용을 열량소로 분석해 보면 열량의 탄수화물에서 약 65~70%, 지방에서 20~25%, 단백질에서 15~20%를 섭취한다.

이러한 현상은 영양학자들의 견해에서 볼 때 이상적인 열량소의 배합이라고 하지만, 기타 동물성 식품의 섭취량도 평균적으로 보면 적당량을 섭취하고 있는 실정이며, 비타민 · 무기질의 섭취량도 권장량에 육박하는 수준으로 섭취하고 있다. 그러나 저소득 계층이나 노약자들은 예외 없이 저열량, Ca, Fe, 비타민 등의 섭취가 권장량에 미달되고 있는 현상이 공존한다.

식생활은 한 지역 내의 사회 현상, 나아가서 인류의 역사와 더불어 변화해 가고 있지만, 그 변화의 결과가 인류의 건강 유지와 수명 연장에 도움이 되어 노년층의 높은 증가 추세가 일어나고 있다. 그러므로 식생활의 문제는 한 개인과 그 개인이 처해 있는 환경 사이에서 무리 없이 조화롭게 해결되어야 건강을 유지할 수 있다.

(1) 우리 식생활과 건강 상태의 변화

식생활 변화에 따라 만성 퇴행성 질환의 추이가 높아지고 현대인의 주된 사망원인으로 대두되면서 건강 및 영양 문제에 대한 관심이 변화되고 있다. 식생활의 서구화와 관련이 깊은 만성 퇴행성 질환들의 발병 추이는 1990년대 이후부터 우리나라의 주된 사망 원인으로 자리 잡게 되었다. 전 국민의 질병, 영양, 건강에 대한 일반인의 관심이 증가했으며, 과거에는 특수 영양 위주의 것으로 점차 질병과 영양, 건강식품에 대한 관심이 높아지고 있다.

특정 질환과 식생활에 관한 기사는 암, 심장순환기계 질환, 당뇨병, 비만, 소화기계 질환, 간질환과 골다공증, 신경계통 질환의 순으로 나타나서 일반인들의 성인병에 대한 높은 관심을 알 수 있다. 우리나라의 경우 건강 증진에 대한 국민의 욕구가 급증하면서 여러 가지 건강식품, 기능성 식품, 보약들이 범람하고 있다.

다수의 기타 식품류가 건강식품으로 판매 및 유통되고 있으며, 그 시장 규모도 대단히 커서 정부에서 관리하는 건강보조식품의 연간 생산량은 소비자 권장 가격으로 약 9,000억에 달하고, 이 중 약 1,000억 이상에 건강보조식품은 수입 원료로 생산되고 있는 실정이다.

그러나 이 통계는 정부의 허가와 품질검사를 받는 제품에 한한 것이며, 기타 식품류 중에 건강식품으로 판매되는 것과 불법 유통되는 제품을 합하면 시장 규모는 통계치보다 2~3배가 넘을 것으로 생각한다. 우리나라의 식생활과 건강 상태의 변화에 영향을 미친 사회적 요인으로 구분해 보면,

① 지식 및 인구학적 요인
② 생활 수준 향상 요인
③ 사회적 경제성장 요인
④ 식품 관련 산업 발달 요인 등이다.

특히 체중의 증가는 열량과 단백질의 섭취가 많아지는 식생활의 서구화와 밀접한 관련이 있다고 생각할 수 있다. 물론 체중의 증가가 체력의 증가를 의미하는 것은 아니지만, 과거의 영양 부족으로 인한 성장 지연 및 성장 부진은 사라진 것으로 보이며, 또한 성장기 학생들을 대상으로 연구조사 측면에서 점차 체형 역시 서구화되어 가는 경향이다.

체력의 증가는 영양 상태가 충족되었다는 점에서 일단 바람직하게 받아들일 수 있지만, 한편으로 점차 체중 과다에서 비만으로 판정되는 인구수가 점차 많아진다

는 것을 간과해서는 안 될 것이다. 특히 소아 및 학생 시절의 비만은 곧바로 중장년 이후 체중 과다 및 비만으로 이어지게 될 확률이 높고 과체중은 성인병으로 진전되어 매우 심각하게 건강을 해칠 수 있다고 보고되고 있다.

(2) 사회적 인자와 영양 상태의 변화

질병의 패턴도 서구 사회와 마찬가지로 만성 퇴행성 질병이 주된 사인으로 자리 잡고 있으나, 주요 사인이 되는 질병을 다른 나라들과 비교해 보면 아직도 그 비율은 낮은 편이다.

성인병에 의한 사망률이 낮게 유지되고 있는 이유는 현재 우리나라가 서구 사회에 비해 높게 섭취하고 있는 탄수화물, 불포화지방산, 포화지방산량, 설탕의 섭취량의 차이를 들 수 있다.

현재 지방이나 단백질의 양은 적절한 수준이며, 또한 탄수화물의 섭취량이 현재의 수준에서 감소되어서는 안 되는 가장 적정한 수준에 도달하는 것은 특기할 만한 사항이지만, 지질의 섭취량뿐 아니라 노화에 큰 영향을 주는 것이 바로 만성 퇴행성 질병들이다. 흔히 동물성 기름은 포화지방산이 많아 나쁜 기름이고, 식물성 기름은 불포화지방산이 많아 좋은 기름이므로 가능한 한 동물성 기름은 먹지 말고 식물성 기름은 많이 먹어도 되는 것처럼 인식되고 있다. 일반적으로 동물성기름은 상온에서 고체이고, 식물성 기름은 상온에서 액체이다.

포화지방산은 주로 쇠고기, 돼지고기, 버터 같은 동물성 기름에 많이 들어 있다. 야자유, 팜유 등은 식물성 기름이지만 동물성 기름과 마찬가지로 포화지방산이 많아 상온에서도 고체 상태다. 반대로 생선 기름은 동물성 기름이지만 불포화지방산이 많아 식물성 기름과 같이 상온에서도 액체 상태다. 불포화지방산 중에서 이중결합이 1개 있으면 단일불포화지방산이라고 부르는데, 올리브유에 많은 올레산이 대표적인 예다. 이중결합이 2개 이상 있으면 다중불포화지방산 또는 다가불포화지방산이라고 한다. 이중결합이 2개이며 대두유, 옥배유, 면실유 등에 많은 리놀레산, 이중결합이 3개이며 들기름에 많은 리놀렌산 등이 이에 속한다. 특히 리놀렌산은 인체에서 합성되지 않아 외부에서 섭취해야 하므로 필수지방산이라고 부른다.

포화지방산은 간에서 콜레스테롤을 합성하는 원료로 사용되어 혈중 콜레스테롤 수치를 높여 동맥경화증, 뇌졸중, 협심증 등의 원인이 될 수 있으며, 나쁜 기름이라고 오명을 쓰고 있다. 그러나 포화지방산은 체내에서 효율적인 에너지 형태이고, 체온을 조절하고, 중요한 장기를 보호하고, 세포막을 만들며, 기타 여러 가지 생리기능 물질을 만드는 중요한 영양소다. 포화지방산을 비롯한 지질의 섭취가 부족하면 피부병에 걸리거나 성장기에 있는 경우에는 성장이 잘되지 않게 된다.

불포화지방산은 혈중 콜레스테롤 수치를 낮추어 주므로 좋은 기름이라는 호평을 받고 있으나, 화학적으로 불안정한 물질이므로 세포가 에너지를 만들면서 필연적으로 발생하게 되는 활성산소와 반응하여 과산화물을 형성하기 쉽다. 인체에 과산화물이 쌓이면 세포막을 파괴시키고, 암을 유발할 수 있으며, 퇴행성 변화로 노화를 가져올 수 있다.

모든 사람이 건강을 위해서 가장 문제가 되는 만성 퇴행성 질병의 예방이 시급한 문제로 대두되고 있다. 이 질병들은 우리의 식생활의 영양 상태와 밀접한 관계가 있으므로 올바른 정보와 식생활 태도가 필요하다.

영양소

영양소는 우리 몸의 건강을 지키기 위해 반드시 섭취해야 하는 물질로 인체의 성장 발달과 유지에 이용된다. 우리 몸에 필요한 영양소는 탄수화물, 단백질, 지질, 비타민, 무기질, 물이다. 이들 영양소는 에너지를 제공하는 영양소, 인체의 성장 발달 및 유지에 중요한 영양소, 인체 대사 과정을 조절하는 영양소로 구분된다.

우리가 먹는 음식물 속에는 다양한 영양소가 들어 있어서 건강을 유지하게 하고, 일상생활에 필요한 에너지를 공급해 준다. 탄수화물, 단백질, 지질은 에너지를 제공하고, 비타민, 무기질은 인체의 기능을 조절하는 효소의 작용이 원활하도록 도와주는 작용을 한다. 탄수화물, 단백질, 지질이 아무리 많아도 비타민과 무기질이 부족하면 제대로 에너지를 만들지 못해 제 기능을 하지 못하게 된다. 따라서 균형 있는 영양소의 섭취는 건강을 위해서 매우 중요한 것이다.

1. 영양소의 기능

성장기에 정상으로 성장을 하고 또한 일생을 통하여 심신의 건강을 유지하기 위해 필요한 영양소는 현재까지 밝혀진 바로 약 50여 개 정도의 것으로 알려져 있다. 이 많은 영양소는 그 구조와 성질 및 기능에 따라 여섯 개의 영양소로 크게 분류할 수가 있다. 이 중에서 세 가지는 신체에 에너지를 제공하는 탄수화물, 단백질, 지질이며, 특히 탄수화물과 지질은 에너지의 주된 영양원이 된다. 또 다른 세 가지 영양소는 무기질, 비타민, 물로 위의 영양소와 달리 에너지원은 되지는 못하지만 신체에 꼭 필요한 영양소이다.

1) 몸의 구성 물질의 영양소

우리 몸은 영양소에 의해 좌우된다. 그 영양소는 우리가 매끼 먹고 있는 음식물에서 얻을 수 있고, 사람은 정자와 난자가 만나서 생성된 수정란이 분열·증식하여 형성된 것이지만, 신체의 조성과 체격은 수정란이 형성될 때 유전 인자와 성장 과정에서 영양 상태에 의해 구성이 된다. 우리 몸을 건축물에 비유하면, 주택을 구성하는 몸체이며 실내장식 등을 만드는 여러 가지 자제 등의 물질이 좋은 품질이어야 훌륭한 주택을 만들 수 있는 것과 같이 우리 몸을 이루는 신체와 각 장기들의 건강한 상태를 위해서 양질의 영양소가 필요하다.

2) 에너지 공급원의 영양소

영양소 중에 탄수화물, 단백질, 지질 등 유기물질은 우리 몸속에서 서서히 연소하여 열을 발생하기에 '열량소'라고 말한다. 탄수화물, 단백질은 각각 1g이 4kcal, 지질은 9kcal의 에너지를 발생한다. 에너지는 대부분 활동 에너지와 체온 유지를 위한 열에너지로 사용된다. 또한, 일부는 전기 에너지로 전환되어 뇌와 신경 활동을 원활하게 하고 기계 에너지(근육의 수축·이완작용), 전기화학 에너지(삼투압을 조절), 전자 및 빛 에너지(시력의 명암 조절로 낮과 밤에 물체를 보게 함) 등으로 전환되어 일을 할 수 있도록 한다.

3) 생리적 기능 조절의 영양소

비타민과 무기질의 영양소 결핍으로 인하여 열량소가 우리 몸속에서 완전 연소하지 못하고 불완전 연소되거나, 영양소들이 제대로 잘 이용되지 못하면 건강에 나쁜 영향을 일어난다. 즉 기계가 잘 움직이려면 좋은 윤활유를 가끔 넣어 주는 것이 필요하듯이, 생리적 조절작용을 하는 영양소가 부족할 경우에는 우리 몸도 기능이 원활하지 않거나 질병이 생길 수 있다. 우리가 건강을 잘 유지하려면 일생을 통하여 섭취하는 영양소와 각자의 신체 조건과 건강 상태에 따라 하루에 필요로 하는 양은 체격에 따라 다르지만, 모든 영양소를 골고루 섭취해야 한다.

2. 우리 몸에 필요한 영양소

1) 탄수화물(carbohydrates)

탄수화물(carbohydrates)은 우리가 식사를 통해 얻는 총 섭취 열량의 약 60%를 차지할 정도로 주된 열량 영양소이면서 매우 중요하다. 탄수화물은 탄소 한 분자에 수소와 산소가 결합한 유기 화합물로 식물체나 동물에 의해 만들어지기도 하나 주로 식물체에 의해 형성된다. 식물체는 아주 중요한 반응인 광합성(photosynthesis)을 통하여 공기 중의 이산화탄소(CO_2)와 토양 중의 물(H_2O)로부터 탄수화물을 합성한다.

탄수화물은 지구상에서 가장 광범위하게 공급되는 영양소로 주요 기능은 에너지를 공급하는 것이며, 인간의 식품 에너지 중 가장 중요한 공급원으로 1g당 4kcal를 공급한다. 탄수화물을 자동차 연료에다 비교하면 휘발유에 속할 것이다. 그만큼 효율이 좋고 찌꺼기가 적기 때문에 강도 높은 운동이나 짧고 폭발적인 힘을 필요로 할 때 에너지로 쓰인다.

우리가 섭취한 탄수화물은 일련의 생화학 반응을 통하여 에너지가 된다. 여분의 탄수화물은 간과 근육에서 글리코겐으로 저장되어 있다가 신체 활동에 쓰이게 된다. 특히 간에 저장된 글리코겐은 혈액 포도당 농도가 저하될 때 혈당을 일정하게 유지한다. 최근 탄수화물을 줄이는 다이어트가 유행하면서 탄수화물을 적게 먹으려는 경향이 있는데 뇌와 적혈구는 탄수화물의 최종 분해산물인 포도당을 에너지원으로 쓰기 때문에 필요량은 꼭 섭취해야 하는 영양소이다.

(1) 탄수화물의 분류

탄수화물은 탄소, 수소, 산소가 각각 1:2:1의 비율로 구성되어 있다. 분자의 크기에 따라 크게 단당류, 이당류, 소당류(올리고당류), 다당류로 분류한다. 단당류와 소당류는 단순당이라 하며, 다당류는 복합당이라고도 한다.

1 단당류

단당류는 더 이상 작은 분자로 분해될 수 없는 최종 산물을 말한다. 탄소 수에 따라 3탄당, 4탄당, 5탄당, 6탄당 등으로 분류할 수 있는데 동물 체내에서 영양상 중요한 것은 6탄당이다.

① 5탄당: 대표적인 것으로는 동물의 핵단백질이며 리보플라빈의 구성 성분인 리보오스(ribose), 고무의 주성분인 아라비노오스(arabinose), 옥수수 줄기, 땅콩 껍질 등에 들어 있는 자일로오스(xylose) 등이 있다.

② 6탄당: 식품 내에 단당류 형태로 존재하는 경우는 드물고 주로 이당류, 전분, 식이섬유 등의 구성 성분으로 존재한다. 포도당, 과당, 갈락토오스 등이 있다.

- 포도당(glucose): 포도당은 탄수화물의 최종 분해산물로 가장 중요한 단당류이다. 자연계에 널리 존재하고 사람의 혈액 중에 약 0.1% 함유되어 혈당을 유지한다. 두뇌와 적혈구는 포도당을 에너지원으로 사용한다. 성인 남자의 경우 글리코겐으로 간에 100g, 근육에 200~300g 저장되어 있으며, 혈액에 혈당으로 10g 정도가 있다. 글리코겐으로 저장하고도 남는 여분의 포도당은 중성지방으로 저장되므로 과량 섭취하는 것은 바람직하지 않다. 포도당의 감미는 설탕의 70%로 젖당, 맥아당보다 달다.

D-glucose

- 과당(fructose): 과일과 벌꿀에 많이 함유되어 있고 설탕과 이눌린(inulin) 등의 구성 성분으로 존재한다. 신체 소장에서 흡수된 후 간으로 운반되어 대부분 포도당이나 해당 과정(glycolysis)의 중간산물로 전환된다. 과당은 포도당으로 전환되어 체내에서 글리코겐으로 저장된다. 과당을 과잉 섭취하게 되면 포도당보다 빠르게 지방산을 합성할 수 있고 혈중 중성지방의 농도를 증가시킬 수 있으므로 과량 섭취하는 것은 바람직하지 않다. 과당의 감미는 천연 당류 중에서 가장 강하여 설탕 100에 대하여 약 170 정도 된다. 상쾌한 단맛을 내며 물에 대한 용해도가 제일 크다.

D-fructose

- 갈락토오스(galactose): 포도당과 결합하여 이당류인 유당을 만드는 성분으로 우유, 유제품에 함유되어 있다. 감미는 포도당보다 약하고 물에 녹기 어려우며 단당류 중에서 장내 흡수 속도가 가장 빠르다.

D-galactose

② 이당류

이당류는 2개의 단당류가 결합된 형태의 탄수화물이다. 자연계에서 흔히 볼 수 있는 것으로는 자당, 맥아당, 유당이며 이들 모두 포도당을 함유하고 있다.

① 자당(sucrose): 자당은 서당이라고도 하며 설탕을 말한다. 가수분해 하면 포도 당 1분자와 과당 1분자가 생성된다. 사탕수수, 사탕무, 단풍시럽과 같은 식물 에 다량 함유되어 있다.

sucrose

② 맥아당(maltose): 맥아당은 포도당 2분자가 결합된 것으로 가수분해 하면 포 도당 1분자와 포도당 1분자가 생성된다. 주로 전분의 소화 과정에서 형성된 다. 쉽게 포도당으로 분해되므로 체내에서 소화흡수가 잘된다. 맥아당은 단 맛이 설탕 100에 비해 약 33이 되므로 소화기관이 약한 사람에게는 자극이 적 으므로 설탕보다 좋다.

maltose

③ 유당(lactose): 유당은 우유와 유제품에 들어 있는 동물성 이당류로 소장에서 분비되는 lactase에 의해 포도당 1분자와 갈락토오스 1분자로 가수분해 된다. 단맛은 설탕 100에 비해 약 16 정도로 단맛이 적다. 유당 불내증은 유당을 분해하는 효소인 lactase가 부족하여 유당을 소화시키지 못한다. 이 경우 우유를 섭취하면 우유에 함유된 유당이 소화되지 않아 복부 팽창, 복통, 구토, 설사의 증상을 유발한다.

lactose

③ 소당류(올리고당류: oligosaccharides)

올리고당은 3~10개의 단당류로 이루어져 있으며 우리 신체 내에서 쉽게 소화되지 않고 대장에서 박테리아에 의해 분해되어 가스와 다른 부산물을 생성한다. 혈당을 빠르게 올리지 않고 장내 유익균의 성장을 돕고 혈중 지방과 혈중 콜레스테롤의 함량을 낮추는 기능이 있다.

④ 다당류(polysaccharides)

다당류는 단당류가 축합된 탄수화물의 중합체로 거대 분자의 화합물이다. 종류로는 전분, 글리코겐, 식이섬유소 등이 있다.

① 전분: 전분은 포도당이 축합되어 있는 중합체로 곡류, 식물의 뿌리, 열매, 씨 등에 함유되어 있다. 구조는 아밀로오스와 아밀로펙틴으로 구성되어 있다.

• 아밀로오스(amylose)
포도당이 직쇄형으로 연결된 긴 사슬 형태의 중합체이다.

• 아밀로펙틴(amylopectin)

아밀로펙틴은 포도당이 직쇄형으로 연결된 긴 사슬에 군데군데 가지 구조를 가진 포도당 중합체로 아밀로오스보다 더 쉽게 분해된다. 아밀로펙틴은 물에 잘 녹지 않으며 분자량이 크다.

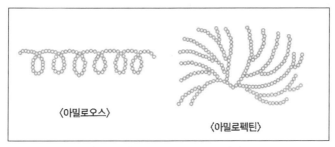

〈아밀로오스〉

〈아밀로펙틴〉

[그림 5-1] 아밀로오스와 아밀로펙틴

② 글리코겐(glycogen): 사람과 동물 체내에 저장되는 탄수화물 형태이다. 포도당이 흡수되어 혈액에 들어가면 간과 근육에서 글리코겐으로 합성하여 저장한다. 혈당량이 저하되면 글리코겐이 포도당으로 분해되어 체내에 이용된다. 사람과 동물 체내에 저장되는 탄수화물인 글리코겐은 아밀로펙틴과 구조가 유사하다.

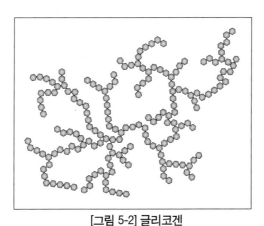

[그림 5-2] 글리코겐

③ 식이섬유소(dietary fiber): 인체의 소화효소에 의해서 소화되지 않는 고분자 화합물로 수용성 섬유소와 불용성 섬유소가 있다. 물에 용해되기 쉬운 수용성 식이섬유소는 과일류에 많은 펙틴(pectin), 종실류, 해조류에 많은 검(gum)

등이 있으며, 물에 잘 용해되지 않는 불용성 식이섬유소는 겨나 밀짚 등에 많은 셀룰로오스(cellulose), 브로콜리 줄기, 우엉 등에 많은 리그닌(lignin) 등이 있다. 수용성 식이섬유소는 대장의 박테리아에 의해 분해되고 음식물의 흡수를 느리게 한다. 특히 소장에서 당 흡수를 느리게 하여 당뇨병을 예방하고, 소장에서 콜레스테롤의 흡수를 방해하여 혈청 콜레스테롤을 감소시켜 심혈관계 질환을 예방한다.

(2) 탄수화물의 기능

① 에너지 공급

신체 활동을 위해서는 에너지가 끊임없이 요구된다. 적혈구, 뇌세포, 신경세포는 에너지 급원으로 오직 포도당만을 사용하므로 중추신경계의 원활한 작용을 위해서는 탄수화물은 꼭 섭취해야 하고, 지방을 에너지 급원으로 사용할 때도 탄수화물이 필요하다. 식품 에너지 중 가장 중요한 공급원으로 1g당 4kcal를 공급한다.

② 단백질 절약작용

탄수화물의 다른 중요한 기능 중의 하나는 단백질 절약작용(protein sparing action)이다. 단백질도 에너지를 낼 수 있으나 에너지를 내는 일 외에 신체조직을 구성하고 생명 유지에 중요한 기능을 한다. 그러나 탄수화물 섭취가 부족하게 되면 단백질은 이 중요한 기능을 발휘하지 못하고 혈당을 보충하기 위하여 근육, 간 등의 여러 기관에서 단백질이 분해되어 포도당을 생합성하기 위해 사용된다. 그러므로 탄수화물은 단백질이 에너지원이 되는 것보다 단백질의 고유 기능을 할 수 있도록 단백질을 절약시켜주는 단백질 절약작용을 한다.

③ 신체 구성 성분

탄수화물은 신체 내에서 중요한 몇 가지의 화합물을 형성하는데 주로 윤활물질이며 손톱, 뼈, 연골 및 피부 등의 중요한 구성 요소가 되고 있다. 그 외에도 단당류인 5탄당 리보오스는 DNA와 RNA의 중요한 구성 성분이 되며 이당류인 유당은 칼슘의 흡수를 돕는 작용을 한다.

4 혈당 유지

정상인의 혈당은 0.1%로 항상 일정하게 유지된다. 혈당이 정상 이하로 내려갈 때 췌장에서 분비되는 글루카곤이 간의 글리코겐을 분해하여 혈당을 정상 수준으로 높여 준다. 반대로 혈당이 정상 이상으로 올라갈 때는 췌장에서 분비되는 인슐린이 혈당을 정상 수준으로 낮춰 준다.

(3) 탄수화물과 건강

1 탄수화물 대사

우리가 섭취한 탄수화물 중에서 여분의 포도당은 간과 근육에서 글리코겐으로 전환되어 저장된다. 간에 저장된 글리코겐은 공복 시에 분해되어 혈당을 유지시키고, 근육에 저장된 글리코겐은 근육 활동에 필요한 에너지원으로만 사용된다. 간이나 근육에 글리코겐으로 저장하고 남는 여분의 포도당은 중성지방으로 전환되어 저장된다. 중성지방은 지방조직에 체지방으로 저장되었다가 에너지 섭취가 부족한 경우 분해되어 에너지원으로 이용된다.

2 식이섬유소 섭취

수용성 식이섬유소는 혈중 콜레스테롤의 수치를 낮춰 주므로 심혈관계 질환 및 성인병을 예방하는 기능을 하고, 불용성 식이섬유소는 배변량을 증가시켜 대장암과 변비를 예방하는 기능을 한다. 또한, 식이섬유소를 섭취하면 섬유소의 수분 보유 능력 때문에 포만감을 느끼게 되므로 체중 조절에도 도움을 준다. 그러므로 채소, 과일, 도정을 적게 한 곡류 등 섬유소가 많은 식품을 섭취하는 것이 건강에 좋다.

2) 지질(lipids)

지질은 탄소, 수소, 산소로 이루어진 유기화합물로서 물에 녹지 않고 에테르, 아세톤, 알코올 등의 유기용매에 용해된다. 상온에서 액체 상태로 있는 것을 기름(oil), 고체 상태로 있는 것은 지방(fat)이라고 한다. 식품과 인체에 존재하는 지질의 대부분은 중성지방(triglycerides)이다. 중성지방은 글리세롤 1분자와 지방산 3분자가 결합한 것으로 산, 알칼리, 효소에 의해 가수분해되면 글리세롤과 지방산으로 분해된다.

글리세롤 + 지방산 → 중성지방

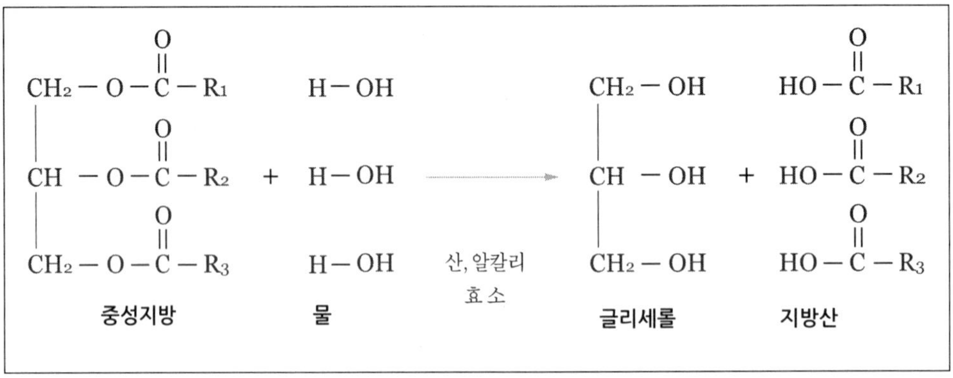

$$CH_2 - O - \overset{\overset{O}{\|}}{C} - R_1 \qquad H - OH \qquad \qquad CH_2 - OH \qquad HO - \overset{\overset{O}{\|}}{C} - R_1$$
$$CH - O - \overset{\overset{O}{\|}}{C} - R_2 \quad + \quad H - OH \longrightarrow \quad CH - OH \quad + \quad HO - \overset{\overset{O}{\|}}{C} - R_2$$
$$CH_2 - O - \overset{\overset{O}{\|}}{C} - R_3 \qquad H - OH \qquad \overset{\text{산, 알칼리}}{\text{효소}} \qquad CH_2 - OH \qquad HO - \overset{\overset{O}{\|}}{C} - R_3$$

중성지방   물   글리세롤   지방산

[그림 5-3] 단순 지질의 구조

(1) 지방산(fatty acid)의 분류

1 이중결합 유무에 의한 분류

① 포화지방산: 지방산 분자 내 탄소와 탄소 사이의 결합이 이중결합이 없는 단일결합으로 이루어진 지방산으로 상온에서 고체 상태로 동물성 지방에 함유되어 있다.

② 불포화지방산: 지방산 분자 내 탄소와 탄소 사이의 결합이 이중결합 또는 삼중결합이 있는 지방산으로 상온에서 액체 상태로 식물성 지방에 함유되어 있다. 이중결합이 많을수록 매우 불안정하여 산화되기 쉽다. 이중결합은 자외선, 열, 산화물질에 의해 쉽게 파괴되어 산화되므로 포화지방산보다 변질이 빠른 단점이 있다.

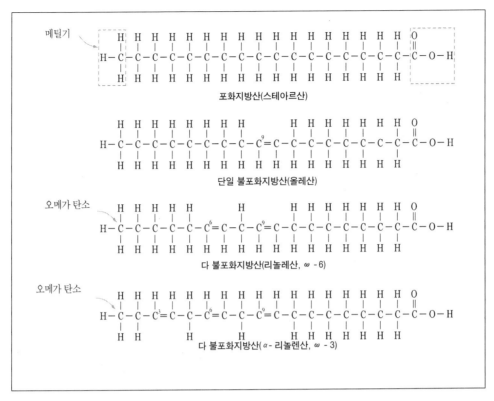

[그림 5-4] 식품에 존재하는 여러 가지 지방산의 구조

2 탄소 수에 의한 분류

탄소 수가 4~6개인 것을 저급지방산, 8~12개인 것을 중급지방산, 14~26개로 이루어진 것을 고급지방산이라 한다.

3 체내 합성 유무에 따른 분류

체내에서 합성이 되므로 식품을 통해서 반드시 섭취할 필요가 없는 불필수지방산과 체내에서 합성하지 못하거나 합성하더라도 그 양이 부족하여 식품을 통하여 섭취해야 하는 필수지방산이 있다. 필수지방산은 **ω**-6 지방산인 리놀레산(linoleic acid)과 **ω**-3 지방산인 리놀렌산(α-linolenic acid), 아라키돈산(arachidonic acid)이 있다. 아라키돈산은 리놀레산으로부터 합성되고, **ω**-3 지방산인 DHA(docosahexaenoic acid, C20:5), EPA(eicosapentaenoic acid, C22:6)는 리놀렌산으로부터 합성된다. 필수지방산은 주로 식물성 기름에 함유되어 있으며 체내에서 시각 기능 유지, 혈액응고 억제, 혈관확장 효과, 혈청 콜레스테롤을 감소 등의 매우 중요한 기능을 한다.

(2) 지질의 기능

1 에너지 공급

지질은 1g당 9kcal의 에너지를 공급하여 3대 영양소 중에서 가장 많은 열량을 낸다. 인체가 사용하고 남는 여분의 열량은 중성지방 형태로 지방조직에 저장된다.

2 체구성 성분

지질은 인체의 세포막, 신경조직, 호르몬 등의 구성 성분으로서 매우 중요하다.

3 지용성 비타민의 흡수 촉진

지용성 비타민 A, D, E, K는 지질이 있어야 체내에서 소화, 흡수가 용이하다. 지질의 섭취가 부족하면 지용성 비타민의 소화, 흡수율이 낮아져서 결핍증을 유발할 수 있다.

4 필수지방산의 공급원

체내에서 합성하지 못하거나 합성하더라도 그 양이 부족하여 식품을 통하여 섭취해야 하는 필수지방산은 성장기 어린이의 뇌 발달, 혈액응고 억제, 혈관 확장 효과, 혈청 콜레스테롤을 감소 등의 매우 중요한 기능을 한다. 부족하면 결핍증이 나타나므로 꼭 섭취해야 한다. 지질은 이러한 필수지방산의 중요한 공급원이다.

(3) 지질과 건강

1 지질과 심혈관계 질환

지질의 과잉 섭취는 체지방의 축적을 유발하고 혈중 콜레스테롤의 농도를 증가시켜 심혈관계 질환의 위험 인자로 작용한다. 콜레스테롤은 우리 몸을 이루는 기본 단위인 세포의 세포막, 신경세포의 수초, 지단백을 구성하는 성분이며 스테로이드 호르몬과 담즙산을 만드는 원료가 되는 성분이다. 그러나 콜레스테롤이 전혀 없으면 사람은 생명을 유지할 수 없다. 하지만 콜레스테롤이 정상 수치보다 높을 때에는 동맥경화를 일으킨다. 우리 몸에 꼭 필요한 물질이지만, 혈액 중에 그 양이 많아지면 심장에 혈액을 공급해 주는 동맥혈관 내에 콜레스테롤과 다른 지방 물질이 쌓이게 되어 동맥경화를 유발하게 된다. 또한, 혈관이 좁아지고 점차 혈관 수축이 원활하지 못하게 되어 심장에 영향을 준다.

② 지질과 암

지질 섭취량이 증가할수록 대장암, 유방암, 전립선암 발생률이 증가한다. 특히 포화지방산과 ω-6 지방산은 암 발생률을 증가시킨다. 하지만 ω-3 지방산은 암 발생을 억제시키는 효과가 있다. 또한, ω-3 지방산은 염증을 억제하는 기능과 혈중 콜레스테롤을 낮추고 혈액순환을 개선시키는 효능이 있다. 하지만 ω-3 지방산의 과다한 섭취는 다른 불포화지방산인 ω-6 의 대사를 방해할 수 있으므로 적정량을 섭취해야 한다.

3) 단백질(proteins)

단백질은 탄소, 수소, 산소 이외에 질소를 함유하는 질소 화합물로 아미노산이 펩티드 결합으로 이루어진 고분자 화합물이다. 1g당 4kcal의 열량을 내지만 에너지원보다는 몸의 구성 성분으로 많이 사용된다. 단백질은 소화과정을 통해 아미노산으로 분해되어 흡수된 다음 인체에 필요한 단백질로 다시 합성되어 근육, 피부, 머리카락, 효소, 호르몬, 면역체 등의 단백질이 된다.

(1) 아미노산의 분류

단백질의 기본 구성 단위는 아미노산이다. 아미노산은 아미노기(-NH₂)와 카르복실기(-COOH)를 동시에 가지는 화합물로서 아미노기와 카르복실기가 하나의 탄소 원자에 결합되어 있다. 아미노산의 아미노기는 염기성이고 카르복실기는 산성이므로 아미노산은 양성 물질로 체액을 중화시키는 작용을 한다.

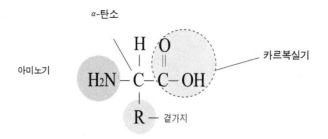

[그림 5-5] 아미노산의 구조

아미노산의 성질은 기본 구조에 의한 공통의 성질과 곁가지인 R기에 의한 고유의 성질이 있다. R기에 의해서 아미노산의 특성이 결정된다. R기에 아미노기가 더 붙으면 염기성 아미노산이 되고 R기에 카르복실기가 더 붙으면 산성 아미노산이 된다.

1 중성 아미노산

분자 중에 1개의 아미노기와 1개의 카르복실기를 가지고 있는 아미노산이다. 글리신(glycine), 알라닌(alanine), 세린(serine), 발린(valine), 트레오닌(threonine), 류신(leucine), 이소류신(isoleucine), 메티오닌(methionine), 시스테인(cysteine), 시스틴(cystine), 티로신(tyrosine), 트립토판(tryptophan), 페닐알라닌(phenylalanine)이 있다.

2 산성 아미노산

분자 중에 1개의 아미노기와 2개의 카르복실기를 가지고 있는 아미노산이다. 아스파르트산(aspartic acid), 글루탐산(glutamic acid)이 있다.

3 염기성 아미노산

분자 중에 2개의 아미노기와 1개의 카르복실기를 가지고 있는 아미노산이다. 리신(lysine), 아르기닌(arginine), 히스티딘(histidine)이 있다.

4 필수아미노산

모든 아미노산은 우리 몸의 조직을 만들고 유지하는 데 필수적이다. 체내에서 합성되는 아미노산을 불필수아미노산이라고 하며, 체내에서 합성할 수 없고 합성되더라도 충분한 양이 합성되지 않아서 반드시 음식물을 통하여 섭취해야 하는 아미노산을 필수아미노산이라고 한다.

[표 5-1] 아미노산의 종류

필수아미노산	불필수아미노산
이소류신(isoleucine) 류신(leucine) 리신(lysine) 메티오닌(methionine) 페닐알라닌(phenylalanine) 트레오닌(threonine) 트립토판(tryptophan) 발린(valine) 히스티딘(histidine)	알라닌(alanine) 아스파라긴(asparagine) 아스파르트산(aspartic acid) 시스테인(cysteine) 글루탐산(glutamic acid) 글루타민(glutamine) 글리신(glycine) 프롤린(proline) 세린(serine) 티로신(tyrosine) 아르기닌(arginine)

(2) 단백질의 기능

① 체 조직의 구성 성분

단백질은 체 구성 성분을 형성한다. 근육조직, 결체조직, 점액, 혈액응고 인자, 운반단백질, 지단백질, 뼈의 지지 구조 등이 단백질로 이루어져 있다. 체단백질의 반정도는 산소를 운반하는 단백질인 헤모글로빈과 구조단백질인 콜라겐, 액틴, 미오신으로 구성되어 있다.

② 체내 대사과정의 조절

단백질은 체내에서 산 염기 평형과 수분 평형을 조절한다. 세포막 내외의 체액의 분포는 전해질에 의한 삼투압과 용해된 단백질에 의해 조절된다. 혈액에 있는 알부민, 글로불린 단백질은 체내 수분 평형 유지의 작용을 한다. 전해질 이상이나 단백질 결핍에 의한 혈장 알부민의 양이 저하되면 조직에 부종이 나타난다. 단백질은 산

또는 알칼리 이온과 양쪽으로 결합할 수 있는 양성물질이므로 혈액의 pH를 항상 일정한 상태로 유지하므로 체성분을 중성으로 유지하는 데 매우 중요하다.

③ 효소, 호르몬 및 항체 형성

단백질은 각종 효소의 주요 성분이다. 탄수화물, 지방, 단백질의 대사 과정에 반드시 효소를 필요로 한다. 호르몬 중에서 티록신, 아드레날린, 인슐린 등은 단백질이나 아미노산의 유도체이다. 질병에 대한 저항력을 갖게 하는 물질인 항체는 단백질에 의해서 만들어진다. 항체는 박테리아, 바이러스 등의 병원균이나 세균성 이물질인 항원이 체내에 들어왔을 때 신체를 방어하기 위하여 만들어지는 단백질이다. 따라서 단백질 섭취가 부족하면 면역력 저하로 질병에 걸리기 쉽게 된다.

④ 혈장단백질 형성

혈장단백질은 알부민, 글로불린, 피브리노겐이 있다. 알부민은 운반단백질로서 영양소를 운반하고 글로불린은 구리(Cu) 운반(α-글로불린), 철(Fe)운반(β-글로불린), 항체 형성(γ-글로불린)의 역할을 한다. 피브리노겐은 혈액을 응고시키는 작용을 한다.

⑤ 포도당 생성 및 에너지원으로 사용

단백질은 신체를 구성하는 기능과 에너지를 내는 기능의 두 가지 면에서 탄수화물이나 지질과 비슷하나, 단백질은 탄수화물이나 지질과는 달리 신체에서 에너지를 내는데 곧바로 쓰이는 것은 아니다. 그 대신에 단백질은 체내에 필수적인 중요한 물질들을 만들거나 운반하고, 외부로부터 침입한 이물질과 대항하기도 하며, 또한 뼈, 근육 등의 연결 조직을 이루기도 한다. 또 혈액을 응고시키는 데 여러 가지 종류의 단백질이 필요하다.

(3) 단백질과 건강

① 단백질 과다 섭취

단백질을 과다 섭취하게 되면 단백질 분해 과정에서 체내 질소 노폐물이 많이 형성되어 노폐물을 걸러 주는 기능을 담당하는 신장에 과도한 부담을 주게 된다. 또한, 칼슘의 배설량을 증가시켜 골다공증의 질병을 유발할 수 있다는 연구 결과도 나오고 있다

② 결핍

단백질 섭취량이 부족하면 음식물을 통해서만 섭취할 수 있는 필수아미노산을 공급받지 못하게 된다. 성장기에 단백질 결핍은 성장 부진이 일어날 수 있고, 다이어트 시에 면역력 저하나 빈혈 등의 부작용이 나타날 위험이 있다. 단백질 결핍은 체중 감소, 피로, 성장 부진, 빈혈, 부종 등의 증상을 초래한다.

4) 비타민(vitamin)

비타민은 정상적인 성장, 신체 유지를 위하여 반드시 필요한 미량 물질이다. 체내의 에너지대사에 촉매작용을 하여 생리적 대사 기능을 조절하는 중요한 역할을 하는데 체내에서 합성되지 않으므로 식사를 통해 섭취해야 한다. 그러나 비타민 자체는 에너지를 생산하지 않는다. 비타민은 물에 용해되는 비타민 B 복합체와 C는 수용성 비타민으로 분류하며 지방과 유기용매에 용해되는 비타민 A, D, E, K는 지용성 비타민으로 분류한다.

[표 5-2] 수용성 비타민과 지용성 비타민의 일반적인 특징

수용성 비타민	지용성 비타민
물에 용해된다.	지방과 유기용매에 용해된다.
소변으로 쉽게 배설된다.	담즙을 통하여 체외로 매우 서서히 거의 배출되지 않는다.
일정한 양을 흡수하면 초과량은 배설하고 체내에 저장하지 않는다.	과잉 섭취 시 체내 저장된다.
필요량을 매일 공급해야 한다.	필요량을 매일 공급할 필요는 없다.
결핍 증세가 빨리 나타난다.	결핍 증세가 서서히 나타난다.

(1) 수용성 비타민

수용성 비타민은 체내의 탄수화물, 지질, 단백질 대사에 조효소로서 작용하여 체내의 에너지대사에 촉매작용을 하는 중요한 역할을 한다. 특히 비타민 B 복합체는 체내에서 조효소 형태로 전환되어 열량대사 및 화학반응에 관여한다. 또한, 체내 대사 과정에서 발생하는 유리 라디칼은 매우 반응성이 커서 세포막의 산화를 촉진시켜 세포막의 손상을 유발하고 세포의 DNA를 손상시켜 암을 유발한다. 비타민 C는 항산화제로 이러한 유리 라디칼을 제거하여 신체를 보호하는 역할을 한다.

① 티아민(비타민 B_1)

탄수화물 대사에서 이산화탄소를 제거하는 효소의 조효소인 TPP(thiamin pyrophosphate) 형태로 작용하고 아세틸콜린, 세로토닌 등의 신경전달물질 합성을 도와준다. 곡류 섭취를 많이 할 때 필요량이 증가한다. 갑상선 기능 항진증의 경우 티아민의 사용량이 증가하여 결핍증이 나타날 수 있다. 티아민이 결핍되면 각기병, 다발성 신경염, 부종, 식욕부진, 피로 등의 증상이 나타난다. 또한, 피루브산이 젖산으로 전환되어 인체에 유해하다.

② 리보플라빈(비타민 B_2)

에너지대사의 산화 환원 반응에 관여하는 효소의 조효소인 FMN(flavin mononucleotide)과 FAD(flavin adenine dinucleotide) 형태로 작용한다. 생체 내의 전자 이동에 관여하여 수소 원자를 운반함으로 ATP를 생성하여 성장과 발육을 촉진한다. TCA회로, 지방산의 β-산화 과정의 조효소로 작용하며 glutathione peroxidase의 활성 유지에도 관여한다.

③ 니아신(비타민 B_3)

탈수소효소의 조효소인 NAD(nicotinamide adenine dinucleotide)와 NADP(nicotinamide adenine dinucleotide phosphate) 형태로 세포 내 산화 환원 반응에 작용하여 탄수화물, 지질, 단백질 대사에 중요한 역할을 한다. 체내에서 60mg의 트립토판이 1mg의 니아신으로 전환되는데 이때 비타민 B_2, B_6가 조효소로 촉매 역할을 하므로 트립토판, 비타민 B_2, B_6가 풍부한 식사를 해야 한다. 니아신은 다른 수용성 비타민과는 달리 열에 매우 안정하여 조리 시 거의 손실되지 않는다. 니아신이 결핍되면 피부, 소화기관, 중추신경계에 영향을 미친다. 대표적인 증상인 펠라그라는 피부염, 설사, 우울증을 유발한다.

④ 판토텐산(비타민 B_5)

조효소인 코엔자임 A(CoA) 형태로 탄수화물과 지질대사에 관여한다. 코엔자임 A는 아세틸 CoA로 되어 옥살로아세트산과 결합하여 시트르산을 형성하여 TCA회로를 순환하며 에너지대사에 관여한다. 판토텐산은 거의 모든 식품에 함유되어 있고 장내 세균에 의해서 합성되므로 사람에게는 거의 결핍증이 나타나지 않는다.

⑤ 피리독신(비타민 B_6)

조효소인 PLP(pyridoxal phosphate) 형태로 작용하여 탄수화물과 지질대사에 관여하고 특히 단백질 대사에 중요한 기능을 한다. 글리코겐을 분해하여 포도당을 만드는 탄수화물 대사와 리놀레산이 아라키돈산을 합성하는 지질대사에 관여한다. 트립토판에서 니아신으로 전환될 때 노르에피네프린, 에피네프린, 세로토닌, 도파민 등의 신경전달물질을 합성할 때, 메티오닌에서 시스테인으로 전환할 때, 헤모글로빈을 합성할 때 등의 단백질 대사에 중요한 역할을 한다. 비타민 B_6가 결핍되면 피부염, 빈혈 등의 증상이 나타난다.

⑥ 비오틴(비타민 B_7)

조효소인 비오시틴 형태로 포도당 합성, 지방산 합성, 퓨린 합성 과정에 관여한다. 날달걀 흰자에 함유된 아비딘(avidin)이라는 단백질은 체내에서 비오틴과 결합하여 비오틴의 체내 흡수율을 방해한다. 비오틴은 거의 모든 식품에 함유되어 있고 장내 세균에 의해서 합성되므로 사람에게는 거의 결핍증이 나타나지 않는다.

⑦ 엽산(비타민 B_9)

조효소인 THF(tetrahydrofolic acid) 형태로 DNA 합성과 세포 분열에 관여하여 성장과 혈구 생성을 위해 필요한 비타민이다. 호모시스테인에서 메티오닌을 합성할 때 비타민 B_{12}와 함께 조효소로 작용한다. 엽산 섭취가 부족하면 혈장 호모시스테인 농도가 증가하여 동맥경화, 혈전증, 심장병 등의 질병을 유발하는 고호모시스테인 혈증이 나타난다. 엽산 조효소의 활성을 위해서 비타민 C, 비타민B_{12}, 비타민 B_6가 필요하다. 엽산이 결핍되면 적혈구의 DNA 합성이 되지 않아 비정상적으로 크면서 파괴되기 쉬운 적혈구로 성숙되는 거대적아구성 빈혈이 발생한다. 또한, 임신 초기에 엽산이 부족하면 태아의 신경관 손상으로 기형아를 출산할 확률이 높아지고 조산, 사산, 저체중아 등의 출산률을 증가시키므로 특히 임신부는 엽산이 결핍되지 않도록 주의해야 한다.

8 코발아민(비타민 B_{12})

조효소인 메틸코발아민, 아데노실코발아민의 형태로 혈구세포의 성장과 분열에 관여하며 신경세포의 유지를 돕는다. 호모시스테인에서 메티오닌을 합성할 때 엽산과 함께 조효소로 작용한다. 비타민 B_{12}가 결핍되면 악성 빈혈이 발생한다. 비타민 B_{12}는 동물성 식품에만 함유되어 있어 채식주의자는 결핍되지 않도록 주의해야 한다.

9 아스코르빈산(비타민 C)

식품에 함유되어 있는 비타민 C는 70~80%가 아스코르브산 형태이다. 비타민 C의 기능은 피부, 건, 골격 등을 형성하는 콜라겐을 합성하고 유리 라디칼을 제거하는 항산화제 역할을 한다. 또한, 노르에피네프린, 에피네프린, 세로토닌 등의 신경전달물질 합성에 관여하고 철분의 흡수 촉진과 백혈구의 면역 활동에 영향을 준다. 비타민 C가 결핍되면 괴혈병, 상처회복의 지연, 면역력 저하 등의 증상이 나타난다.

(2) 지용성 비타민

지용성 비타민은 소장에서 흡수되는데 지방과 담즙에 의해 흡수가 촉진된다. 지용성 비타민의 흡수율은 40~90%인데 과량섭취 시 흡수율은 저하된다. 체내에 저장되기 때문에 섭취량이 부족하면 결핍증이 서서히 나타나고 과량 섭취 시 과잉증이 나타난다. 지용성 비타민은 비타민 A, D, E, K가 있다.

① 레타놀, 베타카로틴(비타민 A(retinol))

비타민 A는 동물성 급원인 레티노이드(retinoids)와 식물성 급원인 카로티노이드(carotenoids)로 분류된다. 카로티노이드는 체내에서 비타민 A로 전환되므로 프로비타민 A라고 하며 β-카로틴이 대표적인 예이다. 비타민 A는 망막의 간상세포에서 단백질인 옵신과 결합하여 로돕신(rhodopsin)을 형성하여 어두운 곳에서 빛을 감지하는 시각작용에 관여한다. 또한, 피부, 소화기관 등의 상피조직의 성장과 보호작용 및 항산화작용, 항암작용의 기능이 있다. 비타민 A가 결핍되면 야맹증, 상피조직의 각질화, 안구 건조증 등의 증상이 나타나고, 과잉증은 두통, 탈모 등의 증상이 나타난다. 특히 임신 중에 과잉 섭취 시는 중추신경계 이상, 뇌수종 등의 기형아 출산률을 높이게 되므로 주의해야 한다. 비타민 A의 함유 식품은 간, 난황, 버터, 녹황색 채소, 과일 등이 있다. 권장섭취량은 성인의 경우 남자 800μg RAE/일, 여자 650μg RAE/일이다(2015 한국인 영양섭취 기준).

② 칼시페놀[비타민 D(calciferol)]

비타민 D는 D_2와 D_3가 있다. 비타민 D_2는 식물성 스테롤인 에르고스테롤이 자외선에 의해 합성되고 D_3는 동물성 스테롤인 피부에 있는 7-dehydrocholesterol이 자외선에 의해 체내에서 합성되어 호르몬과 유사한 작용을 한다. 가장 중요한 작용은 혈중 칼슘 농도를 조절하여 칼슘의 항상성을 유지하는 것이다. 혈중 칼슘 농도가 감소하면 부갑상선 호르몬의 분비가 촉진되고 신장에서 비타민 D의 활성이 촉진되어 소장에서 칼슘 흡수 증가, 뼈에서 칼슘 용출, 신장의 세뇨관에서 칼슘의 재흡수가 촉진되어 혈중 칼슘 농도를 증가시킨다. 비타민 D가 결핍되면 뼈가 연해지고 변형되는 구루병과 성인에게는 골연화증, 골다공증 등이 나타난다. 과잉증은 식욕 부진, 피로, 구토 등의 증상이 나타난다.

③ 토코페롤[비타민 E(tocopherol)]

비타민 E의 대표적인 기능은 항산화작용이다. 특히 불포화지방산의 산화를 억제하여 세포막의 산화를 예방하고 세포막을 보호하는 작용을 한다. 또한, 세포의 돌연변이를 예방할 수 있으므로 항암작용도 한다. 비타민 E는 헤모글로빈의 구성 성분인 헴(heme) 합성에 관여하기 때문에 결핍되면 빈혈의 증상이 나타난다. 비타민 E는 주로 식물성 기름에 함유되어 있다.

4 메나퀴논[비타민 K(phylloquinone, menaquinone)]

비타민 K는 식물성 식품에 함유되어 있는 필로퀴논(phylloquinone), 동물성 식품에 함유되어 있고 장내 세균에 의해 합성 가능한 메나퀴논(menaquinone)이 있다. 혈액 응고에 필요한 단백질인 fibrin을 생성하는 데 관여하는 프로트롬빈을 합성하는 비타민으로 부족하면 혈액 응고작용이 저하된다. 또한, 뼈의 유지 및 골절 치료에 중요한 역할을 한다. 비타민 K는 장내 미생물에 의해 합성되므로 결핍증은 쉽게 발생하지 않지만 영유아의 경우는 결핍증이 생길 수도 있다. 결핍증은 신생아의 출혈, 혈액 응고 결여로 심한 출혈 등의 증상이 나타난다.

5) 무기질

인체를 구성하고 인체의 성장과 유지 등의 생리 활동에 필요한 원소 중에서 산소, 탄소, 수소, 질소를 제외한 다른 원소들을 무기질이라고 한다. 인체의 구성 성분 중에서 미네랄이 차지하는 비율이 체중의 약 4% 정도지만 미네랄이 부족하면 각종 장기의 생화학기능과 면역기능이 저하되어 질병에 걸리기 쉽다. 탄수화물, 지질, 단백질은 에너지원이지만 스스로는 아무런 활성을 하지 못하고 미네랄과 비타민이 3대 영양소가 제 기능을 할 수 있도록 하여 에너지원이 되므로 5대 영양소 중에서 특히 중요한 것은 미네랄과 비타민이라고 할 수 있다. 무기질은 조직 구성, 체내의 산·알칼리의 평형유지, 호르몬, 효소, 비타민의 구성 성분, 인체의 대사 과정을 촉매하는 역할을 한다. 하루 섭취량이 100mg 이상 필요한 무기질을 다량 무기질, 하루 섭취량이 100mg 미만 필요한 무기질을 미량 무기질이라고 한다.

(1) 다량 무기질

① 칼슘(Ca)

칼슘의 99%는 경조직인 뼈와 치아를 구성하고 나머지는 연조직을 구성한다. 혈액 내의 칼슘 수준은 부갑상선 호르몬, 비타민 D, 칼시토닌 호르몬에 의해 항상 일정한 농도로 조절된다. 부갑상선 호르몬과 비타민 D는 혈액의 칼슘 농도가 정상 수준 이하로 떨어지면 정상 수준으로 높여 주고, 칼시토닌 호르몬은 혈액의 칼슘 농도가 정상 수준 이상으로 올라가면 정상 수준으로 낮춰 준다. 골격과 치아 형성 외의 기능은 근육 수축, 혈액응고, 신경전달물질(아세틸콜린) 분비 촉진 시에 칼슘이 필요하다.

② 인(P)

인의 85%는 뼈와 치아 조직을 형성한다. 뼈에 존재하는 칼슘과 인의 비율은 약 2:1이다. 섭취하는 칼슘과 인의 비율이 1:1일 때 골격 형성이 가장 효율적으로 이루어진다. 인은 에너지대사의 조효소, 핵산, ATP 등의 주요한 성분이 되며 세포막을 이루는 인지질의 구성 성분이다. 체액의 산·염기 평형 조절에도 관여한다.

③ 나트륨(Na)

나트륨은 세포외액의 양이온으로 존재하여 삼투압 유지, 수분 유지, 산·염기 평형 등의 생리적 기능에 관여하고 근육과 신경의 정상 활동에도 필요하다. 나트륨은 결핍보다는 과잉 섭취로 인해 영양 문제를 야기한다. 나트륨의 과잉 섭취는 부종과 고혈압, 위암, 위궤양의 원인이 된다.

④ 마그네슘(Mg)

마그네슘의 60%는 뼈와 치아에 존재한다. 에너지대사에 필요한 조효소로 작용하고 ATP의 구조적인 안정 유지에 관여한다. 또한, 신경을 안정시키고 근육을 이완시키는 작용을 하므로 마취제나 항경련제의 성분으로 사용된다. 마그네슘의 결핍증은 신경성 근육 경련인 테타니(tetany) 증상이 대표적이고 허약, 근육통, 심장기능 장애 등의 증상이 나타난다. 함유 식품은 견과류, 두류, 특히 엽록소의 구성 성분이므로 녹색 채소에 많이 함유되어 있다. 전곡류에도 많이 함유되어 있으나 곡류 외피에 있는 피틴산(phytic acid)이 마그네슘과 불용성의 염을 형성하므로 흡수율이 낮은 편이다.

⑤ 칼륨(K)

칼륨은 세포 내액의 양이온으로 세포 외액의 양이온인 나트륨과 함께 세포내의 삼투압과 수분평형 유지, 체액의 산·염기 평형 등에 관여한다. 또한, 신경과 근육 활동 특히 심장 근육의 정상적인 활동에 필요하다. 칼륨은 나트륨을 체외로 배출하는 작용을 하여 혈압을 낮추는 작용을 한다. 칼륨이 결핍되면 부정맥, 근육 경련 등의 증상이 나타난다.

⑥ 염소(Cl)

염소는 세포 외액에 존재하는 음이온으로 삼투압 조절, 체액의 산·염기 평형에 관여하고 위에서 분비되는 HCl의 구성성분이 된다. 염소는 나트륨과 결합하여 소금의 형태로 존재하므로 나트륨이 풍부한 모든 식품에 함유되어 있다.

⑦ 황(S)

황을 함유하고 있는 아미노산에 존재하여 연골, 피부, 손톱, 모발 등의 구성 성분이 된다. 함유 식품은 육류, 우유, 달걀, 두류 등이 있다. 섭취량은 아직까지 설정되지 않고 있으며 메티오닌과 시스테인을 함유한 단백질 섭취가 충분하면 자연히 충족된다.

(2) 미량 무기질

① 철(Fe)

철의 중요한 기능은 헤모글로빈을 형성하여 조직 내로 산소를 운반하는 작용이다. 또한, 면역기능과 두뇌기능에도 관여한다. 흡수된 철은 트랜스페린(transferrin)과 결합하여 혈액을 따라 운반되어 사용된다. 비타민 C는 철의 흡수를 촉진하고 수산, 피틴산, 탄닌, 칼슘의 과잉 섭취는 철의 흡수를 방해한다. 철분이 결핍되면 빈혈, 안색 창백, 집중력 저하 등의 증상이 나타난다. 성장기 아동과 청소년, 임산부는 철분 결핍이 일어나기 쉬우므로 흡수율이 높은 간, 내장, 육류, 가금류, 달걀 등의 동물성 식품을 주로 섭취해야 한다.

2 요오드(I)

요오드는 아미노산인 티로신으로부터 형성되는 갑상샘 호르몬 티록신의 구성 성분으로 기초대사량과 산소의 소비를 조절하며 성장을 촉진시키는 기능을 한다. 요오드가 결핍되면 갑상샘종, 점액수질, 크레틴병 등의 증상이 나타난다.

3 망간(Mn)

탄수화물, 지질, 단백질 대사 및 요소 합성에 관여하는 효소의 보조인자로 작용한다. 또한, 항산화효소(Mn-SOD)의 성분이 되어 자유라디칼을 제거하는 역할을 하는 항산화 무기질이다. 망간이 결핍되면 신생아의 경우 성장 지연, 비정상적 골격 형성 등의 증상이 나타난다. 다량의 칼슘 섭취는 망간의 흡수율을 저해한다.

4 구리(Cu)

구리는 Cu/Zn SOD의 구성 성분으로 작용하므로 자유라디칼을 제거하는 항산화 무기질이다. 혈액 중에는 구리의 이동 단백질인 세룰로플라스민(cerulloplasmin)과 결합되어 존재한다. 세룰로플라스민은 철분의 체내 이용에 관여하는 효소로 철분 대사에 관여하여 조혈작용을 돕는다. 구리가 결핍되면 철분 결핍성 빈혈, 백혈구 수 감소 등의 증상이 나타난다. 아연을 과잉 섭취 시에 구리의 대사를 방해하여 구리 결핍을 일으킨다. 구리는 항산화 무기질이면서 과잉섭취 시 오히려 산화를 촉진시키는 이중성이 있으므로 주의해야 한다.

5 아연(Zn)

아연은 Cu/Zn SOD의 구성 성분으로 작용하므로 자유라디칼을 제거하는 항산화 무기질이다. 금속 효소의 구성 성분으로 효소나 호르몬의 보조인자이며 생체막의 구성 성분으로 생체막 구조를 안정화시키는 기능을 한다. 또한, 면역기능, 성장, 인슐린 합성, 미각기능 유지에 관여한다. 아연이 결핍되면 성장 지연, 면역력 약화, 성기능 부전, 피부염, 미각의 둔화 등이 나타난다. 철이나 구리 등은 아연과 경쟁적으로 흡수되므로 철이나 구리의 섭취가 과잉되면 아연의 흡수가 저해된다.

6 코발트(Co)

코발트는 비타민 B_{12}의 구성 성분이다. 비타민 B_{12}는 인체 내에서 합성될 수 없으므로 음식물로 섭취해야 하며 이때 코발트도 비타민 B_{12}의 성분으로 같이 섭취된다.

7 셀레늄(Se)

셀레늄은 글루타티온 과산화효소(glutathione peroxidase)의 성분으로 세포의 손상을 방지하고 발암성이 있는 과산화물의 생성을 억제하는 항산화 무기질이다. 셀레늄이 결핍되면 심장 근육이 손상되는 케샨병이 나타나고 성장 저하, 근육통, 심근증 등의 증상이 나타난다.

8 불소(F)

인체 내 불소의 99%가 골격과 치아에 존재한다. 불소는 세균이 치아를 부식시키지 못하게 하여 충치를 예방하고 골다공증을 낮추는 작용을 한다. 불소가 결핍되면 충치가 발생된다.

9 크롬(Cr)

크롬은 당 내성 인자의 성분으로 인슐린의 작용을 도와 세포에 포도당이 유입되도록 하는 역할을 한다. 크롬이 결핍되면 포도당 내성이 손상되고 혈청 콜레스테롤과 중성지방이 증가되며 당뇨병의 위험이 증가한다. 함유 식품은 육류, 간, 도정 안 된 곡류 등이 있다.

식품과
미용 건강

식품에 따른 건강관리

    건강을 지키기 위하여 적극적으로 효과를 기대하며 섭취하는 인간의 생활 중에 생명의 유지 및 생체의 활동에 필요한 영양분을 섭취하기 위한 여러 가지 음식을 고루 먹는 일이다.

    균형 잡힌 식사로 인해 신체 내부의 건강미를 만들어 내고 피부를 곱게, 혈색을 좋게 하며, 살찌게 또는 마르게 하는 효과를 고려한 식품들이며, 미용 식품으로는 사과 · 귤 · 당근 · 잣 · 깨 · 녹두 등을 들 수 있다. 환자의 식사와 건강한 사람의 식사는 음식물이나 요리법이 다르며, 식사하는 횟수도 생체 활동의 성질에 따라 다르다.

    고대 중국의 농촌에서 농한기에는 1일 2끼를 먹다가 농번기가 되면 1일 3~4끼를 먹었다. 고대 로마의 귀족도 1일 2끼를 먹는 것이 관례였으며, 이것이 전래되어 중세의 귀족들도 1일 2끼를 먹었다. 그것은 육체노동을 하지 않았기 때문이다. 그당시도 노동계급자들은 1일 3~4끼를 먹었다. 음식물의 저장법이나 생활양식이 정비된 근세 이후에는 적당량의 영양분을 적당한 시간에 섭취한다는 뜻에서 일반적으로 1일 3끼가 습관이 되어 왔다.

1. 영양 섭취의 기준

    개인의 건강을 유지하며, 매일의 생활을 하는데 표준이 되는 에너지 및 각 영양소의 섭취량을 1일당의 수치로 나타낸 것, 즉 건강한 생활의 유지를 위해 권장해야할 에너지 및 영양소의 양, 특정 영양소를 섭취하지 않을 때에는 체외로 배설되는총량 또는 결핍 증상이 나타나지 않는 최소의 영양소량을 최소필요량이라고 한다.

경구적으로 섭취된 영양소는 흡수 효율에 의해 생체 내에서 이용 가능한 양은 실질적으로 감소하기 때문에 섭취필요량은 그것을 충분히 보충할 수 있는 것으로 해야 한다.

섭취필요량은 연령이나 생활의 상태에 따라 차이가 있을 수 있으며, 또한 그것을 규정하고 있는 모든 조건이 밝혀져 있는 것은 아니지만, 실험적으로 얻어진 몇몇 지견과 몇 가지의 가정에 따라 필요량을 추정하고 있을 뿐이다. 또한, 해당하는 집단의 대부분에 과부족이 생기지 않도록 안전 수준을 고려한 안전율을 가산하여 영양권장량을 정하고 있다. 영양권장량은 심신이 건전한 발육과 발달을 유지하고, 건강의 유지 및 증진과 질병예방을 위해 표준이 되는 에너지 및 영양소에 관해서 성별, 연령 계층, 생활 행동의 강도, 임산부, 수유부 등으로 구분된 집단마다 추천하는 하루 섭취표준량이다.

개인의 체격이나 생활 조건에 적당한 에너지량이 아니라, 지나치게 야위었거나 지나치게 비만인 사람을 제외한 사람의 적정 체중에 요구되는 에너지량을 가리킨다. 영양권장량 책정의 기본적 생각은 시대와 동시에 변화하여 우리의 영양 상태, 즉 에너지 및 각종 영양소의 결핍과 과잉에 대응할 수 있는 추계 방법을 채용하고 있지만, 근래처럼 과잉 섭취로 인한 성인병이 중요한 건강상의 관심사가 되고 있는 이시기에 안전율을 가미하는 종래의 방법을 버리고 집단의 평균필요량을 에너지 소요량으로 하는 방법을 채택하고 있다.

1) 식사를 위한 영양 지식

생명 현상을 유지하면서 활동을 하는데 필요한 에너지의 단위는 '칼로리(kcal)'이다. 열량은 전체적인 식사량으로 생각해도 크게 틀리는 말은 아니다. 필요한 열량보다 많이 섭취하는 경우엔 지방의 형태로 쌓이면서 비만이 되지만, 반대로 부족할 땐 근육이 손실되면서 체중이 빠지고 체력도 약해진다. 열량을 내는 영양소는 지방질, 당질 , 단백질인데 이 3가지의 비율을 적절히 맞추는 것이 중요하다.

지방질은 당질, 단백질에 비해 열량 밀도가 2배 이상의 에너지를 많이 낼 뿐만 아니라, 우리 몸의 세포막을 구성해 주고 주요 장기를 보호해 주며, 지용성 비타민 A, E, K 등을 잘 흡수되도록 도와주는 영양소이다. 그래서 권장량은 꼭 섭취해야 하지만, 체중에 따라 과잉 섭취되지 않도록 주의가 필요하다. 순환기질환 같은 성인병 예방을 위해 돼지삼겹살, 라면 등에 많은 포화지방산보다 들기름, 콩기름과 같은 불포화지방산을 섭취하는 것을 권장한다.

당질은 우리나라 식습관의 문제들 중 당질의 과잉 섭취가 많다는 것이다. 당질은 크게 단순당과 복합당으로 나눈다. 그중에 단순당은 설탕, 꿀, 엿 등 단맛이 강한 식품들에 들어 있고 이것을 과다 섭취하면 고중성지방혈증(가족성), 충치 등이 유발될 수 있다. 또한, 곡류, 감자류 등의 복합당은 적정량을 섭취해야 한다. 또한, 단백질 영양소가 우리 몸을 구성하는 피부, 근육, 혈액, 손톱, 머리카락, 호르몬 등을 만들 수 있는 재료가 바로 단백질이다. 고기, 생선, 달걀, 콩 등 특히 질이 좋은 단백질을 함유한 식품의 권장량을 꼭 챙겨 섭취한다.

섬유소는 고지혈증, 변비, 대장암, 담석증 등의 치료 효과를 높여 주는 성분이지만 정제된 식품을 많이 먹는 현대인들에게 부족하다 하여 크게 각광을 받고 있다. 잡곡, 현미, 콩, 해조류, 채소 및 과일의 씨, 껍질 부분에 많이 들어 있는 식품을 섭취하기를 권장한다.

칼슘은 골격과 치아를 구성하고 혈액응고, 신경의 자극 전달, 효소 반응의 활성화 및 호르몬 분비 등의 다양한 기능을 담당하고 있다. 특히 여성들은 칼슘이 부족하면 폐경기 이후 골다공증에 걸리기가 쉽다. 우유 1잔에 칼슘이 거의 200mg, 하루 권장량의 30%가 들어 있어 매일 우유 1잔씩 마시기 운동을 시작하면 좋겠다. 우유를 소화하기 어려우신 분들은 락토우유(유당분해)나 발효유, 치즈, 멸치 등으로 칼슘을 보충해 주는 것이 좋다.(신장 및 요로결석이 있으면 칼슘 섭취를 줄임)

철분은 피를 만들어 주는 영양소이며, 빈혈이 있을 때는 철분이 많이 함유하는 간, 달걀노른자, 붉은 살코기 등을 충분히 섭취하고 또한 철분 흡수가 잘되도록 비타민 C가 많은 신선한 채소와 과일을 함께 섭취하는 것이 효과적이다.

비타민 A는 심장혈관질환, 심근경색, 중풍, 백내장 등의 위험성을 낮춰 주고 시력을 좋게 하며 항암 효과(식도암, 위암, 폐암)가 있다는 것이 비타민 A의 역할로 밝혀지고 있다. 비타민 A는 간, 달걀, 우유, 녹황색 채소 등의 식품에 풍부하지만, 지용성이라 기름과 같이 요리하면 흡수가 더 잘 된다. 참고해야 할 사항은 지용성 비타민을 약제로 과량 복용할 경우, 독성을 나타낼 수 있어 주의가 필요하다. 비타민B_1, B_2, C, 나이아신 등 수용성 비타민류는 우리 몸에서 쓰고 남은 양을 저장할 창고가 없어 몸 안에 축적되지 않고 그대로 배설되므로 매일매일 섭취해 주는 것이 좋다. 특별한 질환이 없고 모든 영양소를 권장량만큼 드신다면 굳이 비타민 약제를 복용할 필요는 없다. 비타민 B_1, B_2가 많이 들어 있는 식품으로는 우유, 채소류 등이며, 비타민 C는 채소와 과일에, 나이아신은 간과 전곡류, 빨간 살코기, 볶은 넛트류 등에 많이 들어 있다.

2. 성인을 위한 식사기준

현대인들은 생활에 쫓기며 살아가는 추세이다. 식사를 하는 시간 또한 여유롭지 못하다. 하지만 급하게 식사를 하면 음식물을 제대로 씹지 않고 삼키어 위장에 부담을 주게 되며, 음식을 먹은 뒤의 포만감이 뇌로 전달되는 시간은 약 20분이 걸린다고 하니 그 전에 식사를 끝낸다면 여전히 공복감을 느껴 과식의 가능성이 높아진다.

명확히 규정되어 있지 않지만 보통 아침, 점심, 저녁의 식사량 배분을 1:1.5 :1.5로 제안한다. 한 끼의 식사량이 어느 한쪽으로 편중되어 있다면 점검해 볼 필요가 있다. 또한, 식사 시간이 불규칙적으로 끼니마다 식사량의 차이가 너무 심하거나 때가 되어도 식사를 하지 못한다면 위장질환, 비만 등에 좋지 않은 영향을 미치기 쉽다. 식사는 항상 일정량씩, 일정 시간에 규칙을 지키며 하는 것이 좋다. 특히 아침 식사를 결식을 하게 되면 장시간의 공복으로 인한 혈압 및 혈당이 저하될 뿐 아니라 특히 밤늦은 저녁 식사량이 많아지면 대사율이 저하되어 비만을 초래하게 된다.

1) 식사의 중요한 의미

골고루 영양 섭취를 하면 질병에 대한 저항력을 높여 우리의 건강을 지켜주며,

성장과 활동에 필요한 영양소와 에너지를 생성시킨다. 즐거운 식사는 원만한 가족 관계 형성을 도와주며, 바람직한 식사를 통하여 우리의 전통적 식생활 문화를 계승 발전시킬 수 있는 기회와 올바른 식품 선택은, 식품산업의 활성화를 가져와 우리나라의 경제를 발전시킬 수 있는 원동력이 될 수 있으며, 자연스럽게 폭넓은 대인관계의 형성에 도움이 된다.

2) 균형 잡힌 식생활

여러 영양소가 골고루 포함되어 개인의 필요량을 충족시킬 수 있도록 식품 구성이 되어 있는 식사로 다양한 식품군을 모두 포함시킨 식단이여야 한다.

우리에게 필요한 각종 영양소를 고루 섭취하여 신체적, 정신적, 사회적으로 건강한 삶을 살아가기 위해 균형 잡힌 식사를 하려면 적절한 섭취량과 하루에 필요한 식품의 종류와 양을 섭취해야 하며, 영양 결핍, 영양 과잉 섭취 등 영양 불균형은 건강을 해친다. 다섯 가지 식품군 탄수화물, 지질, 단백질, 무기질, 비타민이 골고루 함유된 식사를 해야 한다.

(1) 위생 및 건강한 식사관리

① 식품을 올바르게 선택한다.
② 음식은 위생적으로, 필요한 만큼 준비한다.
③ 식사는 즐겁게 하고, 아침을 꼭 먹는다.
④ 밥을 주식으로 하는 우리 식생활을 즐긴다.
⑤ 짠 음식을 피하고, 싱겁게 먹는다.
⑥ 곡류, 채소 · 과일류, 어육류, 유제품 등 다양한 식품을 섭취한다.
⑦ 건강한 체중을 위해 활동량을 늘리고, 음식은 권장량만 섭취한다.
⑧ 바른 식사 습관을 유지한다.
⑨ 음식을 낭비하지 않는다.
⑩ 조리된 식품은 즉시 섭취하고 남기지 말자.
⑪ 조리된 식품은 주의하여 보관한다.

⑫ 식품을 위생적으로 관리한다.

⑬ 전통적 식생활을 발전시킨다.

3) 생활 패턴과 그릇된 식습관

우리가 살고 있는 현재는 과학의 발달과 고도의 경제 성장에 따른 편의주의적 산업사회가 형성되면서 부산물과 환경오염이 발생하게 되었다. 한편 기계문명으로 분업화, 자동화 또한 교통수단의 발달로 인해 운동 부족 현상을 초래하여 건강과 체력을 저하시키고 있다. 사회 환경의 복잡성으로 인한 정신적인 스트레스가 쌓이면서 식생활의 변화에 따른 영양 과잉 섭취로 비만 체중이 늘어가고, 각종 합병증을 유발시켜 건강을 해치고 있는 것이 현실이다.

인간은 안정된 삶을 살기 위해 가능한 한 건강을 유지해야 주어진 삶을 영위할 수 있다. 참된 삶을 영위하는 것은 건강을 전제로 하는 것이므로 인간은 건강한 삶을 가지려고 끊임없이 노력해 왔다. 만약 이 세상에서 가장 소중한 것은 무엇이냐고 질문할 때 사람들은 그 답을 재물, 명예, 권력이라고 생각할 수 있다. 그러나 자신이나 사랑하는 사람이 회복될 수 없는 병에 걸려 고통받고 있다면, 이 세상 모든 것을 다 주면서도 건강을 지키고 싶어 하는 많은 사람의 바람일 것이다. 인간에게 가장 소중한 것이 바로 몸과 마음을 지탱하여 생명력이 지속될 수 있는 건강을 우선으로 말할 수 있다.

최근 생활 수준의 향상으로 인한 생활의 질적 향상 추구로 건강에 대한 관심과 욕구가 날로 증대되고 있으나 건강에 대한 인식 부족과 무절제한 생활로 건강을 해치고 있는 사람들도 많다. 산업화 및 도시화에 따른 환경오염, 사고 발생의 증가와 더불어 생활양식의 변화에서 오는 영양의 불균형, 운동 부족, 흡연, 음주 등은 건강을 저해하는 위험 요인으로 심각한 보건 문제를 야기시킨다. 질병 발생의 대부분은 건강을 해치는 이러한 생활양식이나 건강 습관 등 행동적인 병인에서 비롯된 것이므로 이를 개선하여 건강 생활을 실천할 경우 많은 질병을 조기 예방할 수 있다.

이제까지 건강 문제는 전문 의료인만 다룰 수 있는 것으로 인식하여 우리들 스스로 건강해지려는 노력이 부족한 면이 많은 것은 사실이다. 평소 건강 생활 실천을 통해서 건강을 유지 향상하려는 노력, 이것이 바로 질병의 고통 없이 신체적, 정신적, 사회적 안녕 상태를 유지하며 삶의 질을 높이는 중요한 요소가 될 수 있다. 따라서 건강에 대한 올바른 인식을 갖고 건강에 유익한 생활양식과 건강 습관 등을 키워 나가도록 건강 생활 실천 운동을 전개하고 보건교육을 강화하는 것도 효과적인 건강관리가 될 수 있다.

현대 사회에서 대두되고 있는 건강 문제는 더욱 중대되었다. 산업이 발전함에 따라 우리의 움직임은 작아지고 기계들이 그 일들을 대신하기 시작했다. 식품 또한 가공되어 빨라지는 현대 사회에 따라 빠르게 먹을 수 있는 패스트푸드가 성행하게 되었다. 그리고 여러 가지 환경오염의 발생으로 인한 질병들, 잘못된 습관 및 식습관으로 인한 각종 성인병 및 비만, 비위생적인 환경에서 제조되는 식품들, 여전히 치료가 불가능한 각종 불치병, 스트레스로 인한 정신질환 등 현대 사회는 무수히 많은 질병 및 잘못된 환경이 우리의 건강을 위협하고 있다.

바쁜 현대인들이 식사 시간을 단축하거나 가사노동을 줄이기 위해 외식이나 편의식품을 더 많이 이용하는 것도 큰 요인이 되지만, 식생활 중 두드러지게 변화하고 있는 직장인의 아침 식사 형태는 햄버거·김밥·분식류·죽 등의 간단한 식사형태로 오랜 시간이 흘렀다.

과거의 식생활은 주로 식품의 원재료를 구입하여 집에서 조리해 먹었으나 현대인들의 식생활은 산업화의 진행에 따라 크게 변화되었는데, 가공식품의 이용과 외식산업이 많이 발달했다. 이는 곧 미래의 식생활을 예견하는 것이다. 가장 강력한 영향 요인으로 부각되고 있다.

3. 청소년기의 식습관

청소년기는 아동기에서 성인기로 옮겨가는 과도기로서 12~19세에 해당한다. 질풍노도의 시기라고 하는 신체적, 심리적, 사회적 발달을 급격히 경험하게 되는 시기이므로 심리적 안정이 매우 중요하지만, 신체 건강을 위해 균형 잡힌 영양 섭취가 가장 중요하다.

청소년기는 일생 중에서 가장 변화가 많은 시기이므로 성장 호르몬에 의해 키가 자라고 이와 함께 몸무게 및 여러 장기의 크기도 증가한다.

여기서 말하는 성장은, 몸을 이루고 있는 세포의 크기가 커지거나 세포의 수가 많아져서 몸과 장기의 크기가 커지며 무게가 증가하는 것을 말한다. 성장은 시간적으로 제한되어 성장기에 집중적으로 일어나고, 부위마다 성장 속도 역시 다 다르다 한다. 이 시기에는 청소년기에 필요한 영양의 권장량을 공급해 주는 것이 우선순위이다.

1) 청소년기의 성장 저하

청소년들은 과도한 간식과 스트레스로 인한 야식, 편식, 폭식 등으로 영양 불균형이 이루어질 수 있으며, 아침 결식 및 다이어트 등으로 인해 하루에 필요한 영양을 충분히 섭취하지 못할 수 있다. 특히 성장 호르몬이 나오는 시간에 잠을 충분히 숙면하지 못하고, 운동 부족으로 인하여 성장판을 자극시키지 않으면 성장 발육이 원활하지 않는다.

또한, 비만이 되면 체지방이 많아져 성호르몬 분비 시기가 빨라지고, 성장호르몬의 분비는 줄어들게 되므로 더욱 성장이 어렵다고 한다. 이 시기에 중요한 핵심 포인트는 바로 규칙적인 식사를 통해 청소년의 몸에 적합한 영양 균형을 이뤄줘야 한다는 점을 강조할 수 있다. 또한, 성장호르몬 분비가 원활하게 충분한 수면을 도와주고, 운동 부족이 되지 않도록 규칙적인 운동을 권유해야 한다.

2) 성장 저하의 예방 대책

몸에 좋다고 해서 특정한 일부 영양소를 과도하게 섭취하기보다는 다양한 영양소를 골고루 섭취하는 것이 좋으며, 근육 발달을 위해 양질의 단백질과 골고루 영양을 섭취하고, 아침저녁으로 스트레칭이나 가벼운 조깅, 농구, 배구, 성장판 자극운동 등이 키를 키울 수 있는 좋은 운동이다. 운동은 성장호르몬을 증가시키고, 성장판과 뼈, 그리고 근육이 강화되어 혈액순환이 촉진되며, 세포에 충분한 영양을 공급하므로 자연히 키에 도움이 된다. 특히 철봉에 매달려 다리 벌리기 운동은 척추와 골반을 교정하고 성장 운동에 많은 도움을 준다.

단지 피해야 하는 운동은 역도, 기계체조, 마라톤, 유도, 오래달리기, 무거운 물건 들기 등은 성장을 방해하는 것이다. 또한, 뼈를 구성하는 칼슘과 마그네슘의 섭취가 충분히 이루어져야 하며, 뼈와 치아 형성에 도움이 되는 칼슘의 1일 영양섭취기준은 만 12~19세는 남성의 경우 900~1,000mg, 여성의 경우 800~900mg을 권장한다고 한다. 우유, 치즈, 요구르트 같은 칼슘이 풍부한 유제품의 권장량을 챙겨 먹는 것도 큰 도움이 된다 (우유는 1컵당 224mg의 칼슘이 들어 있다). 원활한 성장을 위해 가장 중요한 것은 올바른 식생활 및 생활습관을 기르는 것이지만, 어쩔 수 없이 영양 불균형이 생겼다면 칼슘, 마그네슘, 아연, 비타민 A, 비타민 C, 비타민 D, 단백질, 식이섬유 등을 권하며, 인스턴트식품을 제한해야 한다. 우리 체내 칼슘의 대부분은 골격과 치아에 존재하고, 그 외 세포와 세포 내외의 체액에 존재하면서 신체의 생리조절 기능을 하게 된다.

① 칼슘: 골격과 치아의 구성 성분으로 칼슘 보충제의 섭취는 칼슘 부족의 예방 및 뼈 형성에 도움을 줄 수 있다고 한다.
② 아연: 인체의 모든 조직에 존재하는 미량원소이며, 성장 시 중요한 핵산과 아미노산의 대사에 관여하는 영양소이다.
③ 마그네슘: 골격 및 체액의 구성 성분으로 성장 시 필요한 영양을 제공한다.

청소년들의 성장 발육에 직접적으로 영향을 주는 건강기능식품은 아쉽게도 없지만, 균형 잡힌 영양 섭취와 충분한 수면, 적절한 운동을 필수로 하고, 부족하기 쉬운 영양소를 보충하여 식생활 관리를 청소년기부터 시작하는 것이 바람직하다.

또한, 성장호르몬 분비를 촉진시키는 가시오갈피, 산조인, 녹용, 천마, 백복령 등으로 구성된 성장탕이 좋다고 한의원에서는 말한다.

키 크는데 가장 중요한 요소는 성장호르몬이다. 깊은 숙면에 취할 때, 성장호르몬이 쏟아져 나온다. 시간대는 밤 10시부터 새벽 2시까지이다. 그러므로 일찍 자고 일찍 일어나야 성장에 도움을 준다. 혹시 낮잠을 자는 경우 밤잠을 방해하기 때문에 낮잠은 자지 말아야 한다.

또한, 성장하는 청소년들은 담배와 술은 성장을 저해시키는 기호식품이다. 멀리 해야 하며, 성적호기심을 자극하는 생활 환경도 피해야 하는 것은 그 만큼 성장판이 빨리 닫히기 쉽기 때문이다. 마음을 건전하게 생각하고 바른 생활을 유지하며 규칙적인 식생활습관과 적절한 운동만이 성장에 도움을 준다는 사실을 잊어서는 안 된다.

청소년들의 성장 발달이 원활하게 될 수 있도록 가족들의 사랑으로 조금씩만 신경 쓰면 정상적인 성장 발육에 큰 도움이 될 것이라고 믿는다.

3) 청소년기 식사장애

전국 16개 시도의 중·고생 7,000여 명을 대상으로 조사한 결과에 따르면 12.7%가 식사장애 고위험군으로 나타났다. 또한, 여학생은 14.8%가 식사장애 우려가 큰 고위험군에 속해 있었다. 또는 체중이 정상이지만 식사장애 고위험군의 남학생 중 29.5%는 자신이 비만이라는 잘못된 생각에 빠져 있으며, 여학생은 더 많은 47.1%가 자신이 비만이라고 스스로 오인하고 있다. 청소년기의 식사장애는 영양 불균형 때문에 성장 발달에 악영향을 미치게 돼 각별한 주의가 요구되고 있다. 청소년기의 고혈압 역시 대부분 증세가 없거나 가볍고, 편식, 과식 및 짜게 먹는 식생활 및 비만, 앉아서 생활하는 습관, 고혈압이나 다른 심혈관계 질환의 가족력 등과 연관된 경우가 많다. 혈압은 시시각각 변화한다고 말한다. 즉 하루 중에도 변화가 있어 새벽 3시경 가장 낮고, 일어나기 전까지 점점 높아지다가 깬 이후 아침 중반에 가장 높고, 이후 떨어지는 경향을 보인다.

특히 청소년기의 경우 과자나 빵, 햄버거, 치킨, 소시지 등의 짜고 단 자극적인 맛에 쉽게 유혹받고, 이것을 즐겨 섭취하면서 편식을 하게 되는 경우가 많다.

그래서 어릴 적부터 비만이 되기 쉬운 것은 물론 성장하면서 영양 불균형 현상이 초래되어 신진대사, 호르몬 분비 등의 기능이 저하되고, 각종 질병에 쉽게 노출되게 된다.

4) 청소년기 식사장애 증상

식사장애란 자신의 몸매와 체중에 지나치게 집착해 음식 섭취를 조절하는 데 어려움을 갖는 병이다. 지나친 체중 감소로 인해 정상적인 사회생활을 유지하는데 문제가 되며 치명적인 합병증이 생길 수도 있다. 특히 청소년들은 성장 발달에 돌이킬 수 없는 악영향을 끼치기도 한다. 식사장애는 날씬해지고 싶은 욕망과 체중 증가에 대한 두려움 때문에 먹는 것을 무조건 거부하거나 먹은 음식을 인위적으로 제거하려는 행동을 일관하는데, 신경성 식욕부진증과 신경성 대식증이 대표적인 증상들이다. 신경성 식욕부진증은 식사를 거부한다는 의미에서 일명 거식증이라고도 하며, 병명만으로 식욕이 없다는 오해를 받을 수도 있지만, 식욕은 정상적이면서 다이어트를 위해 병적으로 억제하는 것이다. 대부분의 경우 식욕은 마지막 단계가 아니면 유지가 된다. 환자들은 표준 체중보다 저체중(표준 체중의 85% 이하)임에도 불구하고 체중 증가나 비만에 대한 극단적인 두려움을 가지고 있기 때문에 음식을 거부하거나 아주 조금만 섭취한다.

식사의 전체적 양이 줄기도 하지만, 식사의 내용도 살이 찔 만한 탄수화물이나 지방의 음식을 먹지 않고 채소나 과일만 먹으려 하고, 식사를 할 때도 음식을 잘게 자르고, 그렇게 잘게 자른 음식을 식기 안에서 다시 늘어놓고 배열하는데 많은 시간을 낭비한다.

신경성 식욕부진 환자들은 항상 음식에 대해서 생각을 하고 있기 때문에 어떤 환자들은 먹고 싶은 것을 더 이상 참지 못하고 폭식을 할 수도 있다. 이러한 폭식 행동을 남들이 잘 모르게 하며, 주로 가족들이 잠든 밤중에 폭식을 하게 된다.

폭식을 한 후에는 먹은 음식을 다시 체외로 배출시키는 행동을 하게 되는데, 스스로 토하기도 하고 설사약이나 이뇨제를 사용하기도 한다. 음식과 연관된 특이한 행동을 할 때도 있으며, 음식을 집안 여기저기에 숨겨두거나 주머니나 가방에 많은 양의 과자나 사탕 또는 초콜릿 같은 것을 넣어 가지고 다니기도 하고 한다. 또한, 살을 빼기 위해서 지나치게 운동에 몰두하기도 한다. 신경성 대식증은 한꺼번에 다량의 음식을 먹는다는 점에서 폭식증이라고도 부르지만, 폭식 후에 구토 등의 제거 행동을 한다는 점에서 일반적인 폭식증과는 다르다.

가장 큰 특징은 많은 양의 음식을 빠른 속도로 먹어치운다는 점, 과식과는 달리 배가 불러도 먹는 것을 멈출 수 없다는 점을 들 수 있다. 폭식은 대체로 다이어트 직후나 스트레스가 증가할 때 발생하며 폭식을 한 후 체중 증가가 두려워 손가락을 넣어 억지로 토하거나 구토제·설사약·이뇨제 등 상습적으로 복용한다. 그 때문에 신경성 대식증 환자들은 음식점에서 식사하기를 거부하며 식사 후 화장실에 자주 가는 경향이 있다. 주 2회 이상 폭식과 구토를 하는 악순환이 3개월 이상 지속되면 신경성 대식증 환자로 진단을 내린다.

5) 청소년기 식생활 문제

밤늦게 군것질을 하면 다음 날 소화가 되지 않아 밥이 먹고 싶지 않다. 아침을 먹을 만큼의 식욕이 돋아나게 반찬을 맛있게 골고루 섭취하자. 밥만 먹지 말고 가끔은 다른 종류의 음식도 먹어 본다. 아침 식사가 매일 다르다는 것을 인식하면 심리적으로 더 식욕이 생긴다. 아침 식사를 못 하게 되면 선식이나 미숫가루나 두유 등을 챙겨 먹는다.

집에서 가능한 한 안전한 식품으로 먹어야 한다. 칼슘 섭취를 위해 우유를 매일 마시고, 섬유질이 풍부한 현미와 잡곡류를 먹는다. 무엇보다 식사 시간에는 즐겁게 식사하는 것 또한 중요하다.

(1) 아침 결식의 문제점

아침 식사는 그날의 건강의 질을 좌우하며 개인의 지적·신체적 발달에 영향을 미치므로 매우 중요하다. 그러나 우리나라 고등학생의 경우 1/3이 아침을 거르고 있다고 본다. 아침 식사를 거르지 말고 편식도 하면 안 된다. 주머니에 돈이 잡히는 대로 바깥에서 길거리 간식을 사 먹고, 아침 식사를 거르게 되면 저혈당 증세로 인해 집중력의 저하될 뿐만이 아니라, 졸리며 매사에 예민해져 신경질적이 될 수가 있다.

(2) 아침 결식의 예방법

중·고등학생들은 저녁 늦게 학원을 마치고 들어와 급히 씻고 침대에 몸을 던지는 일과가 반복되고 있다. 자연스레 아침에는 늦잠을 자 아침 식사를 할 시간도 없이 학교에 가는 경우가 허다하다. 아침 식사를 할 시간이 있어도 저녁 늦게 학원에서 중간 중간에 먹은 간식들 때문에 배가 고프지 않아 자주 거르게 된다. 그래서 아침 식사의 중요성이 대두되면서 청소년들의 식생활 습관이 '결식 문제'로 새롭게 나타나고 있다. 아침 식사를 먹는다는 사람들은 대부분 건강한 사람들이며, 기억력이 좋아지고 그날 하루를 거뜬하게 보낼 수 있다. 그러나 우리나라 고등생의 경우 1/3이 아침을 먹지 않고 있다고 한다. 이러한 아침 결식을 막을 수 있는 방법은 스스로 자신을 사랑하고 아끼는 습관을 키운다. 또한, 저녁에 군것질을 하지 않는 습관을 길러보자. 잘못된 식습관은 한참 성장기에 체형을 자유 분망하게 키울 수 있다. 무절제하게 군것질을 자주하면 소화가 되지 않았다는 느낌도 받을 수 있지만, 배가 부르다고 생각하여 아침을 결식하게 되고 반복된 생활이 계속될 가능성이 많다.

6) 청소년기의 올바른 식생활

청소년기의 식생활은 매우 중요하다. 2차 성장이 일어나는 시기이며 몸이 완성되는 시기다. 그렇다면 이때 청소년들이 취해야 할 균형 잡힌 식생활을 찾아 계획을 세워야 한다.

청소년기의 식사 습관의 특징은 우리나라 중·고등학교 학생들의 생활은 대학입시를 위한 긴 준비 기간의 어려운 생활을 잘 이겨내고 자신의 목표를 달성하려면 꾸준한 노력과 총명한 두뇌도 중요하지만 마지막 승부는 체력이다.

그러나 튼튼한 체력은 하루 이틀 사이에 형성되지 않는 것이다. 이 시기는 급격한 키의 성장과 성숙이 이루어지는 매우 중요한 시기이기 때문에 좋은 영양 상태를 유지하고 수험 생활을 위한 체력을 다지는 맞춤 운동을 생활화하는 것이 필요하다. 그뿐만 아니라 청소년 시절은 장래를 위한 준비가 이루어진다는 점에서 기본적인 건강 문제를 간과해서는 안 된다.

건강을 위해서 공부, 수면, 스트레스 관리, 맞춤 운동을 규칙적으로 하고 토대가 되는 균형 잡힌 영양의 섭취에도 신경을 쓰지 않으면 안 된다.

그러나 학생들은 많은 학습량과 시험의 연속으로 인한 스트레스, 밤새우기 등 불규칙한 생활을 하고, 식생활에 있어서 아침을 거르고, 구성된 도시락과 제한된 반찬으로 영양 섭취를 하고, 늦은 밤의 간식과 일부 여학생들은 무리하게 식사를 거르고, 과도하게 제한하는 다이어트를 하면 건강을 해치기도 한다. 또한, 집밖에서 보내는 시간이 많다 보니 식사를 밖에서 많이 먹게 되고, 이들이 주로 즐겨 먹는 것이 페스트 푸드, 편의점 식품, 자동판매기를 많이 이용하고 있다. 이 밖에 가족의 식사 습관과 부모와의 관계도 청소년들의 식사 습관, 식품기호, 식품 태도 등의 식습관 행동을 결정하는데 큰 영향을 미치고 있다.

예를 들어 권위적인 부모 밑에서 자라는 청소년들에게서 심한 폭식, 강한 식품혐오, 기이한 식사 경향 등이 유발될 수 있으며, 부모에 대한 반항심과 정서적 거리감이 크면 클수록 친구의 영향을 많이 받는다. 또한, 대중매체의 영향으로 TV 광고에 자주 나오는 식품을 선호하고 쉽게 현혹이 된다. 날씬한 사람이 활력이 넘치는 삶을 사는 것처럼 묘사하여 무리한 체중 감소를 조장하는 등의 광고에 영향을 받아 식사 패턴이 부정적으로 형성되어 식품의 선택 과정에서 많은 영향을 받게 된다.

4. 청소년기 영양의 중요성

신체적인 성장이 급속도로 일어나는 청소년기에는 철과 칼슘이 많이 필요하다. 청소년기에는 빈혈이 발생하기 쉽다. 빈혈이 있으면 쉽게 피로해지고 의욕이 감퇴되며, 학습 능력도 떨어진다. 뼈 조직이 많이 늘어나는 때인 청소년기에 칼슘을 충분히 섭취해 골질량을 극대화시켜야 성인이 되어 건강한 뼈를 오랫동안 유지할 수 있다. 청소년기에 무리한 다이어트를 하면 철과 칼슘의 부족으로 빈혈이나 골다공증이 발생할 수 있으므로 만약에 체중 조절이 필요하다면 적당한 운동과 규칙적인 식사로 체중을 조절하는 것이 좋다.

건강은 몸에 질병이 없고, 마음이 즐겁고 건전하며, 사회적으로 잘 적응하여 다른 사람들과 더불어 원만하게 생활하는 상태를 말한다. 건강을 유지하려면 균형 잡힌 식사와 적당한 운동, 스트레스 관리 등이 필요하다. 우리 몸에 필요한 영양소가 골고루 충분히 들어 있는 식사로 영양 상태를 좋게 해 준다. 영양 상태가 좋으면 신체적으로 건강하고, 충분한 성장·발달을 이룰 수 있으며, 보다 적극적으로 활기 있게 생활할 수 있다.

1) 청소년기의 영양관리

청소년기의 영양은 우리 몸의 새로운 조직을 형성해야 할 뿐 아니라, 신체 기능의 조절 및 이미 형성된 조직의 보호를 위하여 충분히 공급되어야 한다. 만약 청소년기에 영양 결핍이 일어나면 키의 성장 부진, 골다공증, 성적인 성숙의 지연이 나타날 수 있다. 청소년기의 성장 속도 및 생리적인 변화에 따라 필요량을 결정하며, 어느 시기보다도 에너지 필요량이 많다. 만약 에너지 섭취량이 부족하게 되면 신체 성장이나 발달, 성적 성숙이 지연되므로 성인이 되었을 때 신체 크기가 작아질 수 있다. 청소년기에는 성장과 호르몬의 변화, 근육량, 적혈구 등의 증가로 인해 단백질 필요량이 증가한다. 청소년기에 단백질이 부족하면 신체 성장과 성적 성숙이 지연되거나 감염성 질환에 걸릴 위험이 높다. 단백질 필요량의 2/3는 육류의 살코기, 달걀, 우유, 생선 등 양질의 단백질 위주로 섭취하도록 한다.

(1) 영양 권장량

건강 유지를 위한 식사는 하루 섭취를 권장하는 에너지와 영양소의 기준(나이/성별/활동량 고려)은 사람들이 건강하게 성장하고 활동하기 위해서 매일 필요한 영양소의 양을 정해 놓은 것이다.

- 영양 불량: 영양소 부족으로 체중 부족, 빈혈 등의 위험이 높다.
- 에너지 과잉: 영양소 과잉 섭취로 인한 청소년기의 비만은 성인이 된 후에도 지속되는 경향이 있다.
- 치료 방법: 운동량을 증가시키고, 섬유질을 충분하게 섭취, 고열량·고지방음식 섭취를 절제한다.

1 에너지

① 세 끼 식사로 부족한 에너지는 간식으로 섭취한다.

② 에너지: 탄수화물(60~65%), 지방(20~25%), 단백질(15%)이 필요하다.

③ 권장량: 남자 2,500kcal, 여자 2,100kcal - 성인에 비해 체중 1kg당 열량의 양이 많다.

④ 신체 성장이 활발하고 활동량이 많아지므로 필요량 증가한다.

[2] 단백질

근육과 뼈 조직의 성장에 필요 - 권장량 증가한다.

[3] 필수 아미노산

질 좋은 단백질을 충분하게 섭취

① 권장량: 남자 70mg, 여자 65mg

② 신체 성장이 활발하게- 단백질의 권장량 증가

[4] 칼슘

키의 성장에 필요, 성인보다 권장량이 더 많다.

① 권장량 : 남자 900mg, 여자 800mg

② 골격이 커지고 단단해지므로 충분한 양의 칼슘 섭취 필요

[5] 철

혈액을 만드는 데 필요, 권장량 증가한다.

① 남학생 : 성인의 1.3배 이상, 여학생: 월경 손실로 많이 필요

② 권장량 : 남녀 모두 16mg

③ 체내의 혈액량이 많아지므로 혈액의 재료인 철 권장량 증가

[6] 비타민 D

칼슘의 몸에 흡수를 도움

① 청소년기 : 단백질(몸 구성), 칼슘(골격/치아), 철(헤모글로빈 성분)등 충분히
   섭취한다.

② 왕성한 활동 : 지방(에너지 공급), 티아민/리보플라빈(에너지 대사에 필요)등
   충분히 섭취해야 비타민 B군, 아스코르브산의 필요량이 많아진다.

③ R.E(Retinol Equivalent): 몸 안에서 흡수되는 율을 고려하여 나타내는 비타민 A의 값(당근의 카로틴)

2) 청소년기의 영양 문제

(1) 빈혈

혈액의 산소 운반 능력이 약해진 상태이며, 혈액 중의 적혈구에 들어 있는 헤모글로빈의 농도가 정상보다 감소한 상태이다. 헤모글로빈의 합성에 필요한 철이 부족하여 생기는 빈혈이 가장 많다.

1 원인: 주로 철의 섭취 부족. 아침 거르기, 체중 조절 위한 식사 조절, 여학생의 경우 월경으로 인한 철의 손실 과다(여학생들에게 자주 발생함)

2 증세: 쉽게 피로해짐, 창백한 안색, 두통 및 어지럼증, 집중력 저하(학습 저하)

3 철이 많은 음식: 육류(쇠고기, 돼지고기), 쇠간, 콩류, 진한 녹색 채소, 달걀노른자, 쑥, 김

4 예방: 인스턴트식품 위주의 식사를 피하고, 철 그리고 단백질이 풍부한 식품을 섭취한다. 철의 흡수율을 높이는 비타민 C가 풍부한 과일과 채소를 섭취한다.

① 헤모글로빈: 적혈구 중에 들어 있다. 철을 함유하는 색소와 단백질의 화합물 호흡 → 산소 운반을 한다.

② 청소년기의 빈혈: 신체의 빠른 성장과 혈액 양의 증가로 철의 함량이 성인보다 많아진다.

(2) 비만

1 체내에 지방의 과다 축적

실제 체중이 표준 체중에 비해 20% 초과 상태를 말한다. 필요 이상의 에너지 섭취 후 남은 에너지가 체내에 지방으로 축적된 상태이다.

2 원인

신체 활동 부족, 열량 과다 섭취, 유전, 내분비 계통의 이상, 고열량(기름에 튀긴/단것) 음식 섭취, 불규칙 식사, 과식, 스트레스 및 불안과 같은 정신적·신경적 요인이 된다.

3 영향

활동 둔감, 외모에 대한 열등감, 성격 형성에 나쁜 영향, 성인병(심장병, 고혈압, 당뇨병, 고지혈증)에 걸리기 쉬움

4 체중 감소의 예방

① 고열량 음식(지방/단것)을 피함: 식이 섬유가 많은 음식 섭취한다.
② 균형 잡힌 식사를 규칙적으로: 신체 활동과 운동 시간을 늘린다.
③ 식사량을 줄이고 간식과 밤늦게 군것질을 삼간다.
④ 식사를 거르지 않고, 한 번에 많은 양의 식사를 하지 않는다.

5 표준 체중(kg)

▶ 키(cm) - 100 x 0.9
▶ 비만 지수 = (실제 체중 - 표준 체중)/표준체중× 100

① 정상 체중: 비만 지수가 ±10%
② 체중 과다: 비만 지수가 +10% ~ +20% 사이
③ 체중 부족: 비만 지수가 - 10% 미만

(3) 체중 부족과 신경성 식욕부진

1 체중 부족

① 표준 체중의 90% 미만 상태 : 힘과 의욕이 떨어지고 성장 발육이 늦어짐. 아침 거르기, 편식 습관, 과소 섭취한다.
② 예방 대책 : 식사량 증가, 고칼로리 고지방, 고당질 식사 섭취, 간식의 섭취 증가

2 신경성 식욕부진

먹기를 계속 거부, 신경성 질환(거식증)

① 원인: 아침 거르기, 편식 습관, 과소 섭취(무모한 다이어트) 음식 먹기를 두려
워 거부한다. 신경성 질환(신경성 식욕부진)

② 증세: 성장 저하, 빈혈, 심리적 장애 등

③ 예방 대책: 충분한 영양 섭취, 식사량 증가, 고칼로리/고지방/고당질 식사, 간식의
섭취 증가, 스트레스 예방

(4) 스트레스

생활의 변화로 인한 신체적, 정신적 긴장을 의미한다.

1 증상

체중 감소, 체중 과다(식욕부진, 과식/폭식), 거식증(음식을 거부하여 지나치게
몸이 여위는 증상)과 탐식증(엄청 많은 음식을 든 후 극도의 불쾌감을 느끼게 되어
스스로 토하거나 설사약을 이용하여 속을 비우는 증상), 위궤양, 암, 고혈압 등의 질
병 유발한다.

2 스트레스 해소 방법

좋아하는 운동을 하고, 음악을 들으며, 마음이 맞는 친구와 대화를 한다.

사상의학의 창시자 이제마

1. 사상체질 의학의 변천

사상의학 창시자 동무 이제마(1837~1899)는 아버지인 이반오 진사가 주막에서 술에 취해 하룻밤 묵었는데, 늙은 주모는 과년한 딸 하나를 데리고 살지만, 사람이 변변치 못하고 인물이 박색이라 시집 보낼 생각은 엄두도 못 냈다. 주모는 이 진사가 술 취해 묵고 있던 방으로 딸을 들여보내 하루를 묵게 하였다. 그런데 열 달이 지난 어느 날, 할아버지 충원공의 꿈에 어떤 사람이 탐스러운 망아지 한 필을 끌고 와서 '이 망아지는 제주도에서 가져온 용마인데 아무도 알아주는 사람이 없어 귀댁으로 끌고 왔으니 맡아서 잘 길러주시오'라고 말한 뒤 기둥에 매 놓고 가버렸다.

충원공은 꿈이 너무 신기해 일어나 곰곰이 생각에 잠겨 있을 때, 밖에서 누가 급히 하인을 불러 나가 보니 어떤 여인이 강보에 갓난아기를 싸안고 들어왔다. 하인은 이런 일을 전해 들은 충원공은 조금 전에 꾼 현몽이 떠올라 그 모자를 받아들이라 명하고, 아이의 이름을 제주도 말을 얻었다 해서 '제마'라고 지었다는 탄생 일화가 있다.

이렇게 태어난 이제마는 타고난 성품이 쾌활하고 용감했으며, 어려서부터 할아버지의 사랑을 듬뿍 받았다. 이제마는 총명해 7세부터 큰아버지에게 한학을 배워 영특한 재능을 보였다.

그는 10세 무렵 문리를 깨쳐 독서에 몰두했으며, 특히 『주역』을 탐독해 몇 년 만에 그 이치를 통달했다. 20세 무렵에는 조선을 거쳐 만주까지 두루 유람했는데, 돌아오는 길에 의주에 사는 부호 홍씨 집에 유숙하면서 거기 소장된 수많은 도서를 읽어 지식을 넓혔다.

그러나 그에게는 서자라는 커다란 신분적 장벽이 있었다. 그는 문반이 아닌 무반으로 입신하려 생각했으며, 학문 못지않게 무예를 좋아해 장차 훌륭한 장수가 되겠다는 각오로, 스스로 '동무'라는 호를 지었다. 동무는 '동쪽 나라의 무인'이라는 뜻이다.

실제로 그의 주요한 현실적 출세는 무반의 경력에서 이룬 것이었다. 동무 이제마는 1837년에 함흥에서 태어난 뒤, 39세에 무과에 등용해 40세에 무위별선 군관에 오르고, 50세에 진해 현감을 지냈으며, 60세에 최문환의 난을 평정해 정삼품 통정대부 선유위원에 올랐다. 61세에 고원 군수를 지낸 뒤 62세에 모든 관직에서 물러나 경인선이 개통되던 64세에 일생을 마친 것으로 보아 한평생 무인의 길을 걸었음을 알 수 있다.

그렇게 무술을 좋아한 군인 출신의 동무 이제마가 의학의 길로 들어선 이유는 바로 동무 자신의 체질과 병이 원인이었다고 짐작할 수 있다. 동무는 한평생 병을 앓고 여러 방법을 다 써 보아도 완치가 안 되고, 자기 병에 해당하는 치료법이 없어 고민하던 끝에 그가 의학을 연구하게 된 이유가 자신의 질병을 치료하려는 목적이었다고 한다. 그는 식도 협착증·구토증과 손발이 마비되는 신경염 등 질병이 많았는데, 여러 의원에게 치료를 받아도 효험이 없자 스스로 의학을 연구하기 시작한 것이다. 동무 이제마는 만 명 가운데 한두 명꼴인 태양인 체질이다. 명성이 높은 수많은 한의사도 제대로 고치지 못했을 것이다.

동무가 처음에는 철학 사상과 유학에 대한 연구하다 결국은 자신의 병 때문에 의학의 길로 들어섰다는 것을 알 수 있다. 우리가 잘 알고 있는 『동의수세보』는 『격치고』와 『제중신편』이라는 철학책을 썼는데, 동무는 자신의 고질병을 고치기 위해 역대의 의서를 섭렵했지만, 몇 가지 민간약을 얻고, 평생을 연구한 유학 사상과 철학 사상 안에서 인체의 생리와 병리에 적용하다 결국 사상체질론에 이르게 된 것이다. 동무 이제마는 사상의학의 철학 체계를 세우면서 태양인의 혁명 기질을 유감없이 발휘했다.

기존의 이론을 통째로 흔들어 버리는 새 개념을 만든 것은 혁명이라 할 수 있다. 동무 이제마가 송나라 이후에 관습처럼 내려온 정자와 주자를 통한 유학 공부를 거

이제마 초상

부하고, 바로 공자를 논한 것만 봐도 알 수 있다. 이것은 조선 중기에 '사문난적'으로 몰리는 위험천만한 행동이었다. 동무가 이처럼 거침없이 행동한 것은 실학사상과 북학 사상이 나타난 조선 후기에 선진 문물을 받아들이기 쉬운 곳에 살았기 때문이다. 그러나 무엇보다 동무가 13세의 어린 나이에 세상을 배우겠다고 집을 나와서 이론과 실재를 겸비한 혁명가다운 뛰어난 의견을 지녔고, 사상의학을 주창하기까지 그가 타고난 태양인 체질의 힘이 컸다고 본다.

이제마 연보	
1838	함경남도 항흥에서 출생
1850	향시에 장원 급제
1875	무과에 급제
1888	군관직에 등용되었으나 이듬해 사퇴
1892	진해 현감을 지냄
1894	『동의수세보원』 2권을 저술
1896	함흥에서 최문환의 반란을 평정해 고원 군수로 추천되었으나 거절
1900	『동의수세보원』의 내용을 수정 보충하는 증보판을 준비하던 중 사망

1) 이제마의 학문과 의술

한석지의 사상에서 큰 감화를 받은 동무 이제마는 학문과 의술의 연마에 더욱 매진했다. 전근대의 학문은 세분되지 않아 종합적인 경향이 짙었다.

이제마의 사상의학의 중심으로 한 유학과 밀접한 관계를 맺고 있었다고 평가된다.

이제마가 의학을 연구한 과정은 자세히 밝혀져 있지 않지만, 고종 31년(1894) 여름 서울에 있는 자신의 집에 유숙하면서 매일 남산에 올라 솔잎을 뜯어 씹으며 약리를 연구했다고 한다. 이때 그의 나이 57세, 필생의 역작인 『동의수세보원』을 집필했다는 사실 등으로 볼 때, 그의 의술은 이미 완성된 단계였다고 보아야 할 것이다.

동무 이제마는 한의학에서 중요한 인물 중 한 사람이다. 그의 이름을 잘 몰라도 '태양인', '태음인' 같은 단어는 익숙할 것이다. 20세기로 접어들던 무렵 이제마는 체질에 따라 치료법을 달리 적용하는 '사상의학'을 창시해 한의학의 새로운 지평을 열었고, 한의학은 물론 동양 의학의 역사에 새로운 지평을 연 이제마의 삶은 20세기가 시작된 해에 끝났다. 이제마는 1만 명을 기준으로 보면 태음인은 5천 명, 소양인은 3천 명, 소음인은 2천 명 정도며, 태양인은 3~10명 정도로 아주 적다고 파악했다. 이제마는 자신을 태양인으로 진단했으며, 질병이 생기면 건시와 메밀국수를 먹어 쾌차했다고 한다.

모든 일이 그러하듯 사상의학도 완전히 독창적인 의학은 아니었다. 동양 의학의 고전인 『황제내경』에서도 사람을 25개의 유형으로 나눈 바 있다. 그러나 이제마는 자신의 사상의학과 기존 한의학의 핵심적 차이를 이렇게 지적했다.

"장중경(150~219, 중국 후한 말엽의 명의)이 말한 태양병·소양병(양명병= 팔다리에 열이 많아 갈증이 나는 등의 질병)·태음병·소음병(궐음병= 한증과 열증이 뒤섞여 나타나는 질병)은 질병의 증세를 기준으로 나눈 것이지만, 내가 분류한 태양인·소양인·태음인·소음인은 사람을 기준으로 한 것이다. 이 두 가지를 혼동해서는 안 된다."

우리의 몸은 대단히 민감하고 때로는 매우 연약하다. 작은 상처가 나거나 체온이 조금만 바뀌어도 우리는 상당히 불편해한다. 반대의 경우도 마찬가지다. 푹 자고 일어나 몸이 개운할 때면 마음도 활력으로 가득하다. 이처럼 몸은 우리의 마음을 포함한 모든 것이 담겨 있는 섬세한 그릇이다. 이런저런 변화에 쉽게 흔들리지 않는 건강하고 안정된 몸과 마음을 가꾸고 유지하는 것은 인간의 오랜 바람이자 목표가 되어 왔다.

건강하게 오래 살고 싶은 것은 아마 모든 사람의 바람일 것이다. 21세기에 접어든 지금 인간의 수명이 100세를 바라본다는 사실은 그 꿈이 가까워지고 있음을 알려 준다.

의학은 그런 목표를 이루려는 의지와 도전의 과학적 결정이다. 유사 이래 세상의 수많은 뛰어난 지성은 인간의 몸과 마음을 탐구해 다양한 비밀을 밝혀 왔다. 수많은 분야에서 다양한 차이를 보인 것처럼 동양과 서양은 의학에서도 서로 다른 경로로 발전했다.

우리나라의 고유한 의학인 한의학은 동양 의학에서 독특하고 뛰어난 성취를 이뤘다고 평가된다.

[표 7-1] 사상체질론의 구성

구분	소음인	태음인	소양인	태양인
장부(臟腑)	신(腎)	간(肝)	비(脾)	폐(肺)
얼굴 부위	입	코	눈	귀
신체 앞부분	가슴	턱	배	배꼽
신체 뒷부분	머리	어깨	허리	엉덩이
감각	맛[味]	냄새[臭]	색[色]	소리[聲]
경계할 부분	빼앗는 마음[奪心]	사치스런 마음[侈心]	게으른 마음[懶心]	훔치는 마음[竊心]
감정	기쁨[喜]	즐거움[樂]	슬픔[哀]	화남[怒]
천기(天機)	지방(地方)	인륜(人倫)	세회(世會)	천시(天時)
인사(人事)	당여(黨與)	거처(居處)	사무(事務)	교우(交遇)

2) 사상체질 의학

사람들의 식습관은 대부분 취향, 기호를 따라 식습관이 된다. 특히 몸이 요구하는 것보다 혀와 머리의 명령에 따라 좋지 않은 것을 자주 먹는다. 동물은 먹는 것을 끊을 때도 있고, 몸에 좋지 않은 음식은 피한다.

본능적으로 몸에 필요한 것을 알기 때문이다. 물론 예외도 있지만 대부분 그렇다. 인스턴트식품과 지나친 육식 선호는 대부분 몸에 좋아서가 아니라, 당장 맛이 좋기 때문이며, 이런 음식들이 집착을 가진다. 그래서 가급적 자신의 체질과 약점을 알아 두고, 내 몸에 좋은 음식이 무엇인지를 알고 먹으면 좋다. 특별히 감각이 발달되어 몸에 좋은 음식을 잘 찾아 섭취하는 지혜가 없다면 더더욱 자신의 체질에 관심을 가져야 한다.

대체로 우리가 고기를 먹어야 힘을 생기며, 고기를 먹어야 몸이 튼튼해진다고 생각한다. 하지만 『동의보감』에 거론된 대의학자(주단계 선생)의 언급은 고기가 우리 몸의 음과 양 중에서 양을 보하는 작용이 있을 뿐이라고 설명한다.

고기를 먹으면 몸에서 양기와 열기를 강하게 한다고 흔히 말한다.

하지만 음기를 보하는 작용이 약하기 때문에 음기가 허한 사람은 육식이 안 좋다. 자연의 이치에 따라 나이를 먹으면 마치 고목나무가 마르듯이 우리 몸의 음기가 먼저 줄어든다. 피부의 윤기도 사라고 나이를 먹을수록 고기 섭취량을 점차 줄이는 편이 좋다. 현실적으로 채식만 하거나 육식만 한다면 문제가 발생할 수 있다는 사실을 명심하자. 자신의 체질에서 요구하는 음식을 구별하여 먹는 지혜가 꼭 필요하다고 본다. 평소에 고기를 먹으면 소화불량이 일어나고, 밤과 아침에 목이 마르며 잠을 깊이 자지 못하거나 변비가 심하다면 육식을 줄이는 편이 좋다.

사람들을 체질적 특성에 따라 사상은 태양·태음·소양·소음으로 분류되어 이를 체질에 결부시켜 태양인·태음인·소양인·소음인으로 구분하였다.

각 체질에 따라 성격, 심리 상태, 내장기의 기능과 이에 따른 병리·생리·약리·양생법과 음식의 성분에 이르기까지 분류하여 이를 사상의학 또는 사상체질의 학이라고 하는 것이다.

사람은 생리적으로 네 가지 체형의 범주에서 벗어날 수 없으며 반드시 내장기의 대소·허실이 상대적으로 결정되어 있다.

(1) 사상체질적 특성

① 태양인은 폐가 크고 간이 작다.
② 태음인은 간이 크고 폐가 작은 체질이다,
③ 소양인은 비가 크고 신이 작다.
④ 소음인은 신이 크고 비가 작은 체질이다.

(2) 네 가지 기질의 특성

① 다혈질은 실업가가 많다.

② 우울질은 학자가 많다.

③ 담즙질은 영웅호걸, 충신이 많다.

④ 점액질은 종교인·도덕가가 많다

사상체질의 건강

1. 사상의학의 체질론과 섭생법

사상의학의 체질론과 섭생론은 궁극적으로 음양오행의 원리에 기반하고 있다. 인체를 구성하는 오장과 육부는 오행의 속성에 따라 서로 간 담(목), 비장 위(토), 폐 대장(금), 신장·방광(수), 심장·소장(화)으로 짝을 짓고, 심장을 몸의 (주)로 하여 구분할 수 있다. 또한, 섭생의 측면에서 보면 음식의 오색을 오장육부와 연결시켜 음식과 건강과의 관계를 강조하기도 한다. 붉은색(심장), 흰색(폐), 검은색(신장), 녹색(간장), 노란색(비장, 위장)과 관계가 있다고 한다.

① 붉은색 식품: 순환기 기관, 심장과 흡수기관, 소장에 영향을 주고 있다.
② 흰색 식품: 배설기관 폐와 대장에 좋다.
③ 검은색 식품: 배설과 생식기관인 신장, 방광 그리고 생식기에 효과가 있다.
④ 녹색 식품: 간장을 보호하고 있다.
⑤ 노란색 식품: 소화기관 위장에 약효를 준다.

1) 태양인의 체질론과 섭생법

태양인은 외향적인 성격의 사람들이 많고, 하체보다 상체가 발달되어 있다. 단점 이라면, 진취성이 과할 수 있으며 영웅호걸이 많다고 한다. 또 하체가 약하기 때문 에 오래 걷지 못하고 상대적으로 상체의 체중이 많이 나가 무릎 관절과 하체 혈액순 환에 문제가 많이 생긴다. 열이 많은 체질로 더운 곳에서는 쉽게 지칠 수 있으며, 걸기 운동보다는 수영 같은 운동이 도움이 될 수 있다. 이런 체질은 걱정이 많아지거나 예민해지면 곧잘 토한다. 건강을 위해서는 평상시 물을 자주 마셔 내부의 열을 내리고, 흥분하는 것을 피해야 한다.

태양인은 폐 대, 간 소, 폐는 크며 기가 강하고, 간이 작아 기가 허하며, 소변을 자주 보고 대변은 활하며 양이 많다고 한다. 또한, 태양인은 상체에 비해 하체가 약하여 한기를 받으면 종아리가 저리고 다리에 통증을 일으켜 생긴 병으로 발열, 오한이 있으면 빨리 치료해야 한다. 또한, 우리의 몸은 목구멍에 가까운 곳이 건조하면 음식물이 넘어가기가 어려워지는데 태양인이 신경을 너무 많이 쓰면 위장의 양의 기가 너무 왕성해지므로 음식물이 식도에 막혀 내려가지 못하고 음식물을 먹은 즉시 토하기도 한다.

그 밖에 소장의 이상으로 복통·설사·이질 등의 증세가 나타나기도 한다. 태양인 체질은 특히 고기를 소화하는 데 필요한 간과 쓸개의 기능이 약한 편이다. 그래도 긴 수염 고래목에 속하는 고래 고기는 괜찮다는 연구가 있다. 여행 다니기도 힘들고 풀뿌리에 소나무 껍질 벗겨 먹는 시절에 가장 건강했을 것이다.

(1) 태양인의 체질에 따른 섭생법

구분	권장 식품	피해야 할 식품
육류	기름진 육식 섭취는 자제	모든 육류
곡식류	메밀, 멥쌀, 냉면, 검은색 곡류	흰 곡류
과일류	포도, 모과, 감, 앵두, 사과, 다래	
해물류	모든 생선류	조기
채소류	순채나물, 솔잎, 오렌지, 배추, 오이, 상치, 우엉	무, 마늘, 당근, 사과, 고추, 인삼,자극성이 강한 음식, 뿌리채소류
기타	모과차, 감잎차, 오가피차, 녹차, 기운이 없고 피로할 때 모과차는 신경성에서 오는 소화불량이나 두통에 좋다.	설탕, 술, 맵고 성질이 뜨거운 음식이나 지방질이 많은 음식은 부담을 준다.

(2) 태양인의 다이어트 방법

① 메밀을 주식: 태양인에게 가장 좋은 주식은 메밀, 다른 곡류에 비해 섬유질이 많아 몸의 열을 내려준다.

② 몸에 맞는 운동: 리더십을 발휘할 수 있는 축구, 농구 등을 하면 운동을 중단하는 일 없이 꾸준히 계속할 수 있다. 특히 하체가 부실해 많이 달리고 움직이는 운동이 좋다.

③ 몸에 유익한 반찬: 몸에 열이 많은 태양인은 쉽게 간 기능을 해칠 수 있다.
따라서 음식물도 몸의 열을 내려줄 수 있는 담백하고 시원한 채소류나 해물류를 선호하고, 기름진 육류 음식을 피하는 것이 좋다.

④ 식욕감소 체조: 먼저 반듯하게 누워서 두 다리를 구부린 채 들어 올린다. 이때 발끝은 똑바로 펴고 허벅지와 종아리는 직각이 되게 한다. 오른손은 가슴에, 왼손은 배 위에 올려놓고 심호흡을 한다. 숨을 들어 마실 때는 가슴을 부풀리고 배를 움츠리며 내쉴 때는 그와 반대로 한다.

2) 태음인의 체질론과 섭생법

태음인들은 보수적이고 권위적이며, 공적인 일에는 최선을 다하며, 지구력이 있어 일을 끝까지 마무리하고 환경에 적응을 잘하고 듬직한 사람이다. 태음인은 감성이 떨어지고 다소 미련하다는 소리를 듣기도 하지만, 워낙 성격적으로 느긋하고 뭐든지 잘 먹는 성격이라 미식이기보다 대식가가 많은 체질이다.

태음인은 상체에 비해 상대적으로 하체가 발달한 비만한 사람들이 많다. 태양인의 체질보다 키가 훨씬 큰 편이다. 태음인은 속마음을 겉으로 잘 드러내지 않으며, 걸음걸이가 느려 비만이 쉽게 오기도 한다. 또 그만큼 과묵하며 고집이 센 편이다. 간이 크기 때문에 술을 잘 마시지만, 그만큼 술을 조심해야 한다.

폐가 작아서 곧잘 숨이 차는데 한 번의 격한 운동은 몸에 해로우며 대신 태음인의 강한 지구력을 이용해 은근한 운동을 지속하는 것이 좋다. 폐렴이나 기관지염, 천식이 오기 쉬우며 알레르기를 주의해야 한다.

태음인은 '간대 폐소' 즉 목-간의 성질이 강하고, 금-폐의 성질이 약하다. 따라서 약한 금의 기운을 보충하려면 목을 약하게 하는 금의 식품, 즉 흰색 채소와 곡류를 섭취하고 붉은색의 육류를 피하는 것이 좋지만, 그중 태음인에게 좋은 고기는 소고기를 추천한다. 태음인들은 흔히 육식을 선호하는 편이고, 대장 기능에 문제가 있는 경우를 제외하곤 고기를 가리지 않고 잘 먹는다.

태음인은 열량이 높은 음식의 섭취를 줄이고 운동을 해서 '에너지를 많이 소비하는 체질'로 변화시켜야 한다. 비만의 사람들의 절반 이상이 태음인일 정도로 비만에 있어서 불행한 사람들이다. 태음인은 체질을 바꾸는 데도 가장 시간이 많이 걸리므로 오랫동안 꾸준하게 노력을 해야 한다. 일반적으로 체구가 크고 위장기능이 좋은 편이어서 동식물성 단백질이나 칼로리가 많은 맛이 중후한 식품이 태음인 음식으로 좋지만, 지나친 육식보다는 뿌리채소를 곁들이는 것이 좋다. 뿌리채소란 당근과 무 등 태음인에게 많이 좋다.

(1) 태음인의 체질에 맞는 섭생법

구분	권장 식품	피해야 할 식품
육류	쇠고기, 우유, 버터, 치즈	돼지고기, 닭고기, 달걀, 염소고기, 개고기, 삼계탕
곡식류	현미, 콩, 율무, 찹쌀, 밀, 수수, 땅콩, 들깨	팥, 검은팥, 녹두, 검은색 곡류
과일류	복숭아, 자두, 밤, 잣, 호두, 은행, 배, 매실, 살구, 자두, 포도	사과, 감 등
해물류	생선, 대구, 간유, 명란, 우렁이, 뱀장어, 대합, 꼬막, 미역, 다시마, 김, 해조류	등푸른 생선, 어패류
채소류	무, 고구마, 당근, 연근, 토란, 도라지, 마, 알로에, 땅콩 들깨, 더덕, 고사리, 버섯, 호박, 감자 등	배추, 참외 등
기타	들깨차, 율무차, 칡차, 녹차, 설탕, 녹용, 웅담, 오미자, 맥문동, 갈근	인삼차, 꿀, 생강차, 초콜릿

(2) 태음인의 다이어트 방법

① 주식은 율무 밥: 몸에 열이 쌓여 있는 태음인은 조금만 움직여도 쉽게 배가 고프다. 따라서 식욕을 줄여주고 몸의 열을 줄여주는 곡물이 좋지만, 대표적인 것이 율무이며 뒷목이 뻣뻣해지거나 얼굴로 열이 오르는 것을 방지해준다.

② 운동은 등산: 하체에 살이 찌기 쉬운 태음인은 다리 힘을 길러 줄 수 있는 등산이나 달리기 등이 가장 좋다.

③ 몸에 유익한 음식: 죽순, 생선, 쇠고기, 우유, 등은 태음인과 찰떡궁합 아이템. 모두 몸의 열을 없애주고 긴장을 풀어줘 허기를 다스리고 에너지 소모를 늘려준다.

④ 지방 연소 체조: 먼저 양 다리를 어깨 너비로 벌리고 서서 양손은 30cm 정도 떨어뜨린 채 위아래로 마주 보게 하고 무릎은 살짝 구부린다. 가슴은 부풀리고 배를 수축시키며 몸은 왼쪽으로 둥글게 한 번, 오른쪽으로 둥글게 한 번 돌린다. 이 동작은 상체를 둥글게 돌려서 몸의 기를 상체로 올려 복부에 집중된 피하지방을 감소시켜준다.

3) 소양인의 체질론과 섭생법

소양인 특유의 적극성과 강단이 있어 뭐든지 주체적으로 나서는 편이다. 그러나 다른 체질에 비해 인내심과 끈기가 부족해 무슨 일이든 중간에 포기하는 일이 많다. 소양인은 공명심이 있어 남에게 칭찬을 듣거나 다른 사람을 위한 일에는 적극적이지만 개인적이고 사소한 일에는 무관심하다.

소양인 체질은 비(脾)장이 크고 신장이 작은 비대신소 체질이다. 즉 비장 기능이 항진 상태이고 신장기능이 저하 상태인 '신허비실' 체질이다. 하체보다 상체가 발달해 있으며 키가 작고 다리가 짧은 편이다. 4가지 체질 중 가장 질병이 없고 건강하다. 그러나 선천적으로 배설 기능이 약해 조금이라도 몸이 허해지면 몸이 붓고, 부은 몸이 그대로 살이 되는 부종형 비만이 되기 쉽다. 상체·복부 비만에 특별히 주의를 기울여야 하는 체질. 살이 쉽게 찌고 쉽게 빠지는 전형적인 물살 체질인 소양인은 열이 상체에 모이는 것을 막고 신장의 기능을 향상시켜 살이 안 찌는 체질로 바꾸는 것이 중요하다.

활발하고 화를 잘 참지 못하지만 강직한 면이 있어 주변의 신뢰를 얻기 쉽다. 식성도 소화력도 좋은 편이지만 땀을 배출하거나 소변의 기능이 좋지 못해 이 부분에 주의를 기울여야 한다. 몸에 열이 많아지면 구토를 일으키거나 코피를 흘리기 쉽다.

다리는 날씬한데 배가 많이 나오거나 하체에만 지방이 많으며 활동할 때 몹시 힘들어하는 사람들이 많다. 신장이 약한 체질이므로 약성이 강한 음식이나 약은 해롭다.

주변 환경에 억압되어 있다면 급한 성격 때문에 이런 환경을 극복하지 못하고 다른 체질보다 정신적인 스트레스의 강도가 높아서 마구 먹고 잠자는 경향이 있다. 생활을 적극적으로 하며 적당한 운동과 명랑하게 사는 것이 비만을 예방하는 길이라고 볼 수 있다. 또한, 소양인은 허리와 하체가 약해질 가능성이 높아 운동장애가 생겨도 비만에 걸릴 수가 있으며, 평소 허리 이하의 운동을 게을리하면 안 된다.

소양인에게 가장 힘든 계절은 여름으로, 특히 이 시기에 기가 허해지지 않도록 보양식을 먹는 것이 좋다. 많이 먹어도 살이 잘 찌지 않는다. 몸에 열기가 많아 뜨거운 것을 좋아하면 질병에 걸리기 쉽다. 평소 대변이 원활하게 배설되면 어느 정도는 건강하다는 표시이다.

음식을 차고 싱겁게, 주말마다 등산을 통한 하체 단련을 하는 것이 좋다.

소양인은 신장, 자궁, 방광의 질환에 잘 걸리면 화기의 상승으로 인한 질환이라고 한다.

소양인은 항상 하체를 단련시키는 운동을 할 것이며, 자신만의 스트레스 해소 방법을 찾아 마음을 다스리는 일이 가장 중요하다. 소화기에 열이 많은 체질이기 때문에 싱싱하고 찬 음식이나 소채류, 해물류가 좋고, 음이 허하기 쉽기 때문에 음을 보하는 음식이 좋다.

(1) 소양인의 체질에 따른 섭생법

구분	권장 식품	피해야 할 식품
육류	돼지고기, 오리고기, 계란, 쇠고기	닭고기, 개고기, 노루고기, 염소고기
곡식류	녹두, 팥, 조, 보리	찹쌀
과일류	참외, 토마토, 딸기, 수박, 배, 바나나, 파인애플	사과, 귤, 자몽
해물류	가물치, 자라, 해삼, 북어, 전복, 새우, 게, 잉어, 복어, 멍게, 생굴, 가재, 모든 생선류	
채소류	미나리, 가지, 배추, 오이, 호박, 우엉, 당근, 감자, 상치 등	감자, 고구마, 고추, 생강, 파, 마늘, 후추, 겨자, 카레, 자극제
기타	구기자차, 두충차, 산딸기차, 녹차, 케일, 영지버섯 달인 물, 녹즙을 상복, 인삼, 백출, 감초, 당귀, 천궁, 진피(귤껍질), 백작약, 도인, 행화, 목향, 정향, 향부자	인삼, 커피, 쌍화차, 꿀차, 우유, 계피, 대추, 뜨거운 차 종류 땅콩, 조미료, 맵거나 자극성 피함

(2) 소양인의 다이어트 방법

① 주식은 팥, 보리밥: 저녁에 조금 많이 먹으면 다음날 얼굴이 붓는 소양인들은 배설 기능을 높여주는 팥밥을 먹는 게 좋다. 팥은 몸의 수분을 빼주고 갈증을 해소하는 음식 부종을 치료한다.

② 몸에 맞는 운동: 단거리를 빠르게 뛰거나 수영 같은 격렬한 운동이 가장 좋지만, 윗몸 일으키는 운동을 똑바로 누운 상태에서 직각으로 일어나 손이 발끝에 닿게 하는 운동이 좋다. 너무 빨리 일어나지 말고 3분정도 천천히 시간을 두고 실시한다. 특히 수영은 하체의 부담을 최소화하고 에너지를 발산시킬 수 있는 상체 비만에 가장 좋은 운동이다. 수영을 하고 나면 식욕이 생기지만, 비교적 많이 먹어도 살이 덜 찌는 소양인의 체질이다.

③ 몸에 유익한 채소: 오이, 당근, 배추 등이 대표적이다. 특히 오이는 이뇨작용을 촉진하는 대표적인 음식으로 부종형 비만이 많은 소양인에게는 가장 좋다.

4) 소음인의 체질론과 섭생법

소음인은 체구가 마르고 작으며 청순하고 가련해 보이기까지 하는 체질이 대부분이다. 4가지의 체질 중 가장 건강에 신경을 써야 하는 체질이 바로 소음인이다. 기가 약한 소음인은 골격이 작고 얌전한 외모를 가지고 있어서 여성들 사이에 선호되는 체형이기도 하다. 하지만 관리하지 않으면 배가 쉽게 나오고 다리가 잘 붓는다.

소음인의 성격은 사색적이며 소심한 면이 있다. 하지만 겉으로는 약해 보이지만 내면은 강한 경우가 많다. 감정의 변화가 비교적 빠르고 예민하며 여성적인 기질이 많은 편인 소음인은 평상시에 우울해지기 쉽고 부정적이다.

언제나 적당한 운동으로 심신을 단련할 필요가 있다. 소음인은 복부가 냉하면 위장병에 걸리기 쉽고, 먹는 양이 적어 변비가 잘 생기는 체질이다. 또 열이 오르면 쉽게 두통이 생긴다. 소음인이 가장 견디기 어려운 것이 추위로, 겨울에는 남들보다 체온 유지에 더욱 신경을 써야 한다.

소음인 체질이 살을 빼기 위해서는 혈액과 기의 순환을 원활하게 해주며, 몸을 따뜻하게 해야 한다. 소음인은 골반이 비교적 큰 편이라 아이를 잘 낳는 다산형이 많다.

소음인의 병은 혈이 빠지고 기가 패하기 쉬우므로 따뜻하게 보하는 것을 위주로 치료하는 것이 좋다. 소음인은 '신대 비소' 비의 기운을 돋우는 것과 관련된 소화기의 기능이 약하여 위장장애가 오기 쉬우므로 자극성 있는 음식이나 따뜻한 음식이 좋다. 지방질 음식 또는 찬 음식, 날 음식은 설사를 유발하기 쉽다.

(1) 소음인의 체질에 맞는 섭생법

구분	권장 식품	피해야 할 식품
육류	소고기, 염소고기, 양고기, 개고기, 닭고기, 토끼고기, 노루고기, 참새, 꿩	돼지고기
곡식류	찹쌀, 차조, 율무, 콩, 참깨, 참깨, 검은깨, 땅콩	메밀, 보리, 녹두, 팥, 밀가루 음식(특히 라면) 등
과일류	사과, 귤, 토마토, 복숭아, 대추, 건포도, 호두, 머루, 모과, 앵두, 잣,	수박, 배, 참외
해물류	뱀장어, 쏘가리, 숭어, 멸치, 명태, 도미, 조기, 민어, 미꾸라지, 잉어, 가물치, 대합, 전복	오징어
채소류	들깨, 양배추, 부추, 파, 냉이, 쑥갓, 당근, 시금치, 감자, 미나리, 마늘, 생강, 고추, 겨자, 후추, 카레, 아욱, 양파, 더덕 등	배추, 고구마, 밤, 호두, 오이 등
기타	계피차, 인삼차, 생강차, 꿀차, 쌍화차, 인삼, 부자, 황기, 계피, 당귀, 쑥차, 귤차, 벌꿀	냉우유, 빙과류, 생맥주, 갈근, 감수, 영사, 계지, 석고, 황백, 시호

(2) 소음인의 다이어트 방법

① 현미 찹쌀밥 주식: 현미는 쌀의 겉껍질만 제거해서 미네랄과 비타민이 풍부해 성인병 예방에 좋은 기 순환이 약한 소음인한테 대표적인 음식이다. 또한, 성질이 따뜻한 찹쌀을 더하면 소음인의 차가운 기운을 다스려 기의 순환을 원활하게 한다.

② 운동은 테니스: 소음인은 오랜 시간 체력 소모가 덜된 구기종목이 적당하며, 집중력을 요구하는 탁구나 배드민턴 같은 운동이 좋다. 단체 운동을 할 때는 공격수보다 정확한 판단이 필요한 수비수가 적당하다.

③ 몸에 유익한 음식: 소음인은 몸을 따뜻하게 하는 것이 가장 좋은 비만 예방법, 고추, 부추, 겨자, 생강, 닭고기, 쇠고기, 대추 등 열을 내는 음식이 좋다.

④ 기 살리는 체조: 소음인은 기의 순환만 원활히 해도 살이 빠진다. 어깨너비로 다리를 벌리고 똑바로 서서 양팔은 자연스럽게 떨어뜨린 상태에서 무릎을 살

짝 구부리고 온몸을 좌우로 자연스럽게 흔들어 주고 숨은 의식적으로 코로 쉬도록 한다.

2. 사상체질과 피부 건강

① 태양인: 열이 많아 스트레스로 인한 피부 트러블을 주의해야 한다. 목욕물과 세안수는 조금 차가운 것이 좋다.

② 태음인: 4가지 체질 중 피부 상태가 가장 나쁘다. 거칠고 트기 쉬우며 땀이 많은 편이라 얼굴의 모공 관리에도 신경을 써야 한다. 또 아토피염에 걸리기 쉬우므로 주의한다.

③ 소양인: 피부는 흰 편이지만 윤기가 없는 피부다. 그러므로 비타민 E를 많이 섭취해 노화 방지에 더욱 신경을 써야 한다.

④ 소음인: 위장 장애로 인한 트러블이 많다. 피부를 위해서는 속을 먼저 다스려야 한다. 인삼차와 생강차를 자주 마시고 밀가루 음식은 피하는 것이 좋다.

1) 사상체질 감별법

간단하게 집에서 할 수 있는 사상체질 감별법이 오링 테스트다.

오링테스트는, 한 손에는 식재료를 들고 다른 한 손은 검지와 엄지로 오링을 만들어 그 힘을 측정해 보는 것이다. 4가지 식품을 준비하면 사상체질을 감별할 수가 있다.

먼저 검사를 도와줄 상대방과 편안히 마주 본다. 검사를 받는 사람은 다음의 4가지 채소 중 하나를 들고 다른 손으로 오링을 만든다. 이때 상대방이 만든 오링을 힘으로 떼어내려 하는 방법으로 자신의 오링 완력을 측정한다.

단 검사를 받는 사람은 시계, 반지 등의 금속성 장신구를 모두 제거하고 입은 옷도 최대한 장식이 없는 면으로 된 옷을 입어야 가장 정확하다. 이 방법을 통해 어떤 음식 자신에게 맞는가를 판단할 수 있다.

(1) 왼손에 진단 식품(무·오이·당근·감자)를 쥐고, 오른손 오링을 만든다

① 첫 번째= 오이: 태양·태음·소양인에게 모두 좋은 음식이다.

　소음인에겐 맞지 않는다. 소음인이 테스트할 경우 힘이 빠진다.

② 두 번째= 당근: 태양·소음·소양인에게 모두 맞지 않는 음식,

　태음인에게 잘 맞는 식품, 태음인이 테스트할 때 힘이 강해진다.

③ 세 번째= 감자: 태양·태음·소음인에게 모두 좋은 음식이다.

　소양인에겐 맞지 않는다. 소양인이 테스트할 경우 힘이 약해진다.

④ 네 번째= 무: 태음·소양·소음인에게 모두 좋다.

　태양인에겐 맞지 않는다. 태양인이 테스트할 경우 힘이 약해진다.

2) 사상체질 식품 간별법

(1) 태양인에게 유익한&안 맞는 식품

① 유익한 식품: 색이 있는 곡물(검은 콩, 푸른 콩, 팥, 깨 등), 푸른 채소, 해조류
　및 해산물
② 삼가야 할 식품: 고기류 신맛이 강한 과일 상추 같은 유색 채소 종류

(2) 태음인에게 유익한&안 맞는 식품

① 유익한 식품: 옅은 색의 곡물, 구근류의 채소(당근, 무, 도라지, 고구마, 연근,
　우엉, 등), 향신료 채소류(마늘, 파, 양파, 등), 대부분의 생선류, 쇠고기 ,닭고
　기,개고기 수분이 많은 과일이나 구수한 맛의 열매류(배, 수박, 밤, 은행 등)
② 삼가야 할 식품: 검은색 곡물, 등푸른 생선

(3) 소양인에게 유익한&안 맞는 식품

① 유익한 식품: 짙은 색의 곡물(검은 콩 팥 깨 등), 푸른 채소, 채소 맛이 연한 구

근류, 대부분의 어패류, 돼지고기 쇠고기, 수분이 많고 맛이 연한 과일

② 삼가야 할 식품: 유색 채소, 특히 나물류(취나물, 시금치 등),당근, 고구마, 감자 등 단맛과 신맛이 함께 있는 과일(레몬, 귤. 오렌지 등)

(4) 소음인에게 유익한&안 맞는 식품

① 유익한 식품: 대부분의 쌀(현미 찹쌀 등) 연한색 콩류, 옥수수, 담백한 구근류 채소 (고구마, 감자 등), 푸른색 채소, 향신 채소류(마늘, 양파, 생강 등)해조류, 생선류, 닭고기, 쇠고기, 염소고기, 양고기, 개고기

② 삼가야할 식품: 향이 강한 채소 미나리, 셀러리 등, 대부분의 어패류, 등푸른 생선

만약에 몸이 아프다거나 기가 없거나 할 때, 맞지 않는 식품은 당분간 과감하게 끊고, 나의 체질에 맞는 식품으로만 식단을 구성해도 많은 놀라운 효과를 보게 될 것이다.

(5) 가족과 함께 오링 테스트

• 소음인 + 오이 : 오링이 약해진다.

• 태음인 + 당근 : 오링이 강해진다.

• 소양인 + 감자 : 오링이 약해진다.

• 태양인 + 무 : 오링이 약해진다.

O Ling Test
집에서 해보는

오링검사법이라는 명칭은 엄지와 약지를 이용해 O형의 링(ring) 모양을 만들어 검사하기 때문에 붙은 것이다. 본래는 근육운동학 이론에서 출발한 검사인데, 몸은 자기에게 이로운 물체나 약재, 음식 등은 받아들여 힘을 강하게 하는 반면, 해로운 것은 거부함으로써 힘이 빠지는 원리를 이용한 것이다. 비록 한의사가 개발한 방법은 아니지만 전 서울대 의대교수 이명복박사가 널리 알려 일반인들도 많이 알고 있는 검사법이다. 측정에 사용하는 재료에 따라 여러 가지 방법이 있지만 흔히 왼손에 무·오이·당근·감자 등의 한 가지 식품을 오른손으로 들어 완력검사나 오링검사법을 이용, 그 힘의 강약을 판단해 감별하는데, 그 요령은 다음과 같다.

- 오이를 들었을 때 힘이 빠지면 소음인이다. 오이는 소음인에게만 나쁘다.
- 당근을 들었을 때 힘이 솟으면 태음인이다. 당근은 태음인에게만 좋다.
- 감자를 들었을 때 힘이 빠지면 소양인이다. 감자는 소양인에게만 나쁘다.
- 무를 들었을 때 힘이 빠지면 태양인이다. 무는 태양인에게만 나쁘다.

한의원에서는 정확도를 높이기 위해 성질이 약한 오이, 당근, 감자, 무 등의 식품보다 훨씬 성질이 강하고 명확한 약을 이용해 체질감별을 하는 경우가 더 많다. 그러나 환자 본인이 지닌 체질의 편향성이나 측정할 때의 몸 상태 즉, 몸이 아플 때 몸이 원하는 약재가 다를 수 있기 때문에 환자의 몸 상태에 따라 그 검사결과가 다르게 나타날 수 있다는 것이 가장 큰 단점이다.

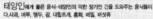

태양인에게 좋은 음식-태양인의 약한 장기인 간을 도와주는 음식들이 다.사과, 머루, 앵두, 감, 대합조개, 홍화, 메밀, 버섯류

태음인에게 좋은 음식-태음인이 약한 장기인 폐를 도와주는 음식들이 다.멥쌀, 수수, 콩, 팥, 감자, 미, 무, 옥수수, 밤, 설탕, 도라지, 연뿌리, 은행, 보리, 쇠고기, 사슴, 우유, 호박, 칡, 칡슘, 살구, 배, 수박, 오징어, 호두, 잣, 치즈, 민물장어

소양인에게 좋은음식-소양인의 약한 장기인 신장을 도와주는 음식들이다.조, 팥, 녹두, 기장, 돼지고기, 참기름, 상추, 새우젓, 굴, 전자, 가지, 오이, 시금치, 더덕, 숙주나물, 조개류, 아몬드, 딸기, 산딸기, 참외, 토마토, 파인애플, 바나나, 키위, 골뱅이, 홍차, 유자차, 배추, 한치, 가물치, 동규자차, 붕어, 복어, 알로에, 선인장, 달맹이, 전복, 해삼, 멍게, 청포묵

소음인에게 좋은 음식-소음인의 약한 장기인 비장을 도와주는 음식들이다.찹쌀, 차조, 찰옥수수, 대추, 닭고기, 개고기, 흑염소, 노루, 꿩, 뱀, 자라, 소금, 마늘, 후추, 고추, 생강, 고구마, 꿀, 굴, 오렌지, 복숭아, 인삼, 땅콩, 피, 계란, 홍합, 결명자차, 이역, 쑥갓, 미나리, 잉어, 마요네즈

3) 사상체질 테스트 설문지 체크

인간관계를 소중히 풍요롭게 맺어 인맥 달인이 되어 비즈니스에 성공하려면 사상체질을 통하여 특성 기질을 알아보면 된다.

사상체질로 구분하는 방법을 아는 지혜를 갖는다면 사람을 얻고, 건강을 얻고, 조직을 이끌어가는 리더십에 도움이 될 수 있다.

그토록 궁금해하는 사상체질 중 자신의 체질을 알아보기 위하여 설문지를 참고하여 체크를 꼼꼼히 하면서 해답을 찾아보자. '사상체질 설문지'를 통해 자신부터 분석해 보면서 자신과 타인의 관계성에 대하여 친밀성과 건강을 확인해 보자.

(1) 사상체질 테스트 설문지 ※ 각 질문의 해당 번호에 체크

1. 체격은 어떠합니까?

    ① 목덜미가 굵고 허리 부위가 가늘다.

    ② 허리 부위가 굵고 목덜미가 가늘다.

    ③ 가슴 부위가 넓고 엉덩이 부위가 작다.

    ④ 엉덩이 부위가 크고 가슴 부위가 좁다.

2. 용모는 어떠합니까?

    ① 건장하고 어깨가 발달했다.

    ② 비만하고 체구가 큰 편이다.

    ③ 날쌔고 가슴 부위가 발달했다.

    ④ 단정하며 체구가 작다.

3. 일할 때 어떻게 처리합니까?

    ① 막힘없이 시원스럽게 한다.

    ② 끝까지 꾸준하게 한다.

    ③ 창의적이고 솔직하다.

    ④ 세밀하고 꼼꼼하게 한다.

4. 어떤 일에 유능합니까?

    ① 낯선 사람과도 쉽게 어울린다.

    ② 느긋하며 잘 받아들인다.

    ③ 옳지 않은 것을 보면 참지 못한다.

    ④ 정확하고 빈틈없이 처리한다.

5. 당신은 어디에 속합니까?

    ① 진취적이고 추진력이 강하다.

    ② 행동은 느리지만 꾸준하다.

    ③ 여러 일을 벌여놓으나 마무리는 약하다.

    ④ 행동보다 사색하기를 좋아한다.

6. 당신은 다음 중 어떤 것을 많이 느낍니까?

    ① 앞뒤를 가리지 않고 거침없이 행동한다.

    ② 마음은 있으나 실행하지 못할까 봐 겁이 난다.

    ③ 하던 일을 마무리하지 못해 두렵다.

    ④ 모든 일을 정확히 하려다 보니 불안하다.

7. 당신의 행동은 어디에 속합니까?

    ① 공격적인 행동을 한다.

    ② 변화하기를 싫어한다.

    ③ 새로운 것을 찾으려 한다.

    ④ 방어적인 행동을 한다.

8. 당신은 어떤 스타일입니까?

    ① 급진적이며 함부로 행동한다.

    ② 보수적이며 욕심이 많다.

    ③ 외향적이며 과시하려고 한다.

    ④ 온순하며 편안하고자 한다.

9. 당신은 언제 건강 상태가 좋다고 느낍니까?

    ① 소변의 양이 많고 잘 나올 때.

    ② 땀이 잘 나올 때.

    ③ 대변이 잘 나올 때.

    ④ 소화가 잘 될 때.

10. 당신은 어떤 성품입니까?

    ① 과거의 일에 미련이 별로 없다.

    ② 넓게 생각하고 이해한다.

    ③ 크고 넓게 포용한다.

    ④ 세밀하고 정확하다.

11. 다음 중 종종 드는 생각은 무엇입니까?

    ① 예절을 무시하고 마음대로 행동하고 싶다.

    ② 어진 마음을 버리고 욕심을 많이 부리고 싶다.

    ③ 지혜를 버리고 속이고 과시하고 싶다.

    ④ 의리를 버리고 편안함을 택하고 싶다

12. 평소에 어떤 마음이 부족합니까?

    ① 사양하는 마음이 부족하다.

    ② 측은히 여기는 마음이 부족하다.

    ③ 옳고 그른 것을 따지는 마음이 부족하다.

    ④ 부끄러워하는 마음이 부족하다.

13. 잠재적으로 느끼는 감정은 어떤 것이 있습니까?

　① 더럽고 거친 면이 있다.

　② 교만하고 포악스러운 면이 있다.

　③ 교활하고 간교한 면이 있다.

　④ 속임수와 거짓을 일삼는 경우가 있다.

14. 당신은 어디에 속합니까?

　① 자신은 게으르면서 다른 사람은 부지런하기를 원한다.

　② 자신은 체면과 권위를 높이면서 다른 사람은 낮춘다.

　③ 자신을 공경하기를 바라면서 다른 사람은 가볍게 여긴다.

　④ 자신에게는 관대하면서 다른 사람에게는 박하게 대한다.

15. 당신이 가장 추구하는 것은?

　① 권세에 관심이 가장 많다.

　② 돈과 재물에 관심이 가장 많다.

　③ 명예에 관심이 가장 많다.

　④ 지위에 관심이 가장 많다.

16. 살아가면서 느끼는 단점은?

　① 자신의 마음을 존중하지 않는다.

　② 자신의 업무에 최선을 다하지 않는다.

　③ 자신의 가족을 아끼지 않는다.

　④ 자신의 몸을 부지런하게 하지 않는다.

17. 충동적인 마음이 생기는 상황은?

  ① 남의 것을 훔치고 싶을 때

  ② 남의 것을 빼앗고자 할 때

  ③ 남을 업신여기고 싶을 때

  ④ 남을 질투하고 싶을 때

18. 감정이 극에 달했을 때의 느낌은?

  ① 모임을 조직하고 처리하는 일이 잘 안 되면 화가 난다.

  ② 일이 뜻대로 안 되면 사치, 향락을 일삼게 된다.

  ③ 어떤 곳에 거처하는 것이 안 되면 깊은 슬픔에 빠진다.

  ④ 친구를 사귀는 것이 안 되면 예의 없이 행동한다.

19. 당신이 가장 바라는 것은 어느 것입니까?

  ① 제멋대로 하는 것

  ② 욕심에 찰 정도로 풍족해지는 것

  ③ 출세와 영화를 누리는 것

  ④ 남에게 존경받는 것

20. 힘들고 어려운 상태에서도 느끼는 마음은?

  ① 부귀가 눈앞에 있는 듯하다.

  ② 이익이 눈앞에 있는 듯하다.

  ③ 명예가 눈앞에 있는 듯하다.

  ④ 권력이 눈앞에 있는 듯하다.

21. 당신의 성향은?

① 말소리가 명확해 사람의 관심을 끈다.

② 사람 위에 우뚝 솟아서 남을 가르친다.

③ 포용력이 넓고 커서 다른 이를 잘 이해하는 듯하다.

④ 성격이 넓고 평탄해 사람을 달래며 따르도록 한다.

22. 감정을 억누르지 못해 나타나는 증세는?

① 슬픔이 심해지면 심한 분노가 나타난다.

② 기쁨이 심해지면 사치, 향락이 나타난다.

③ 화가 심해지면 가슴 깊이 슬픔을 느낀다.

④ 즐거움이 커지면 감정의 변화가 나타난다.

23. 요즘 당신이 느낀 감정은?

① 하고 싶은 것을 못해 항상 분한 마음이 생긴다.

② 남에게 가져온 것이 적지는 않으나 계속되지 않아 항상 두렵다.

③ 자기 것을 아끼는 것이 부족해 항상 근심스럽다.

④ 하고 싶은 것을 할 수 있어 항상 즐겁다.

24. 사람을 판단할 때 어떤 면을 중요시합니까?

① 선과 악을 중요하게 생각한다.

② 근면과 게으름을 중요하게 생각한다.

③ 지혜와 어리석음을 중요하게 생각한다.

④ 능력과 무능력을 중요하게 생각한다.

25. 구토를 할 때는 어떠한 양상입니까?

    ① 아무 이유 없이 구토 증세가 나타난 적이 있다.

    ② 구토한 후에 병이 나은 적이 있다.

    ③ 구토를 할 때는 열이 있다.

    ④ 구토를 할 때는 언제나 몸이 차다.

26. 어떤 경우에 몸이 가벼워집니까?

    ① 대변 덩어리가 크고 양이 많으면 몸이 가볍다.

    ② 굵은 땀을 흘리면 병이 호전된다.

    ③ 손바닥, 발바닥에 땀이 나면서 병이 나은 적이 있다.

    ④ 코밑에서 땀이 난 후 병이 가벼워진 적이 있다.

27. 다음 중 느낀 증상은?

    ① 소변의 양이 많고 자주 보면 몸이 가볍다.

    ② 긴장하면 심장이 두근거린다.

    ③ 몸이 힘들면 코피가 조금씩 나거나 가래에 피가 섞여 나온다.

    ④ 땀이 많이 나면 기운이 빠지고 어지럽다.

28. 다음 중 느낀 증상은?

    ① 얼굴에 흰빛이 돌며 건강하다.

    ② 눈꺼풀이 땅기고 눈알이 아픈 적이 있다.

    ③ 건망증이 심하다는 것을 느낀다.

    ④ 쉽게 놀라고 심장이 두근거린다.

29. 다음 중 느낀 증상은?

① 건강 상태가 좋을 때의 체격은 항상 마를 때다.

② 감기가 들면 먼저 목이 아프고 열이 나며 땀이 안 나온다.

③ 평소에 처음의 대변은 딱딱하나 그 뒤의 변은 무르게 나온다.

④ 평소에 한숨을 많이 쉰다.

30. 다음 중 느낀 증상은?

① 아침에 먹은 음식을 저녁에 토하거나 저녁에 먹은 음식을 아침에 토한 적이 있다.

② 남에게 무안을 당하면 얼굴에 열이 오르거나 붉어진다.

③ 설사하고 나서 온몸에 열이 더 난 적이 있다.

④ 음식을 조금만 많이 먹어도 속이 불편하다.

31. 다음 중 느낀 증상은?

① 다른 증세 없이 다리에 힘이 없고 보행하기가 힘든 적이 있다.

② 2~3일간 추위를 타다가 멈추고 이어서 2~3일간은 열이 나는 증세가 반복된 적이 있다.

③ 많이 먹어도 살이 찌지 않는다.

④ 땀이 나지 않을 때 열이 난 적이 있다.

32. 다음 중 느낀 증상은?

① 식도 부위가 넓게 열려 바람이 나오는 것 같다.

② 배꼽 주위의 복부가 막혀 안개가 낀 것같이 느낀다.

③ 대변을 잘 누지 못하면 가슴이 터질 것 같다.

④ 설사를 하면서 아랫배가 찬 적이 있다.

33. 다음 중 좋아하는 음식에 모두 ○표, 가장 많이 선택한 것은?

① 메밀, 냉면, 새우, 조개류, 굴, 소라, 전복, 게, 해삼, 붕어, 순채나 물, 기타 소채류,

② 면류, 콩, 고구마, 땅콩, 쇠고기, 우유, 치즈, 장어, 도라지, 당근, 더 덕, 고사리, 연근, 당근, 토란, 버섯, 미역, 다시마, 김

③ 보리, 팥, 녹두, 돼지고기, 오리고기, 생굴, 해삼, 멍게, 전복, 새우, 게, 복어, 잉어, 가물치, 가자미, 배추, 오이, 상추, 우엉, 호박, 가지

④ 찹쌀, 차조, 감자, 닭고기, 개고기, 양고기, 벌꿀, 명태, 도미, 조기, 멸치, 민어, 미꾸라지, 시금치, 양배추, 미나리, 파, 카레, 후추, 마늘

태양인	
1번 많음	저돌적이고 상기가 잘되며 추진력이 강한 태양인
	태양인에게는 맵고 화가 많은 음식이 독소가 된다. 발산하는 기능이 강해 땀이 많이 나는 음식, 매운 음식 등을 먹으면 화가 오르기 때문이다. 좀처럼 마음이 안정되지 않고 흥분해 건강을 해치게 되는 것이다. 따라서 맑고 담백하고 시원한 음식을 먹으면 좋다. 또 화를 내리고 마음을 안정시키는 것이 해독하는 방법이다.
좋은 음식	담백하고 서늘한 음식, 재래식 음식, 채소, 지방질이 적은 해물, 붕어, 새우, 조개(굴, 전복, 소라), 문어, 오징어, 게, 해삼, 포도, 감, 앵두, 다래, 모과, 머루, 송화(가루), 메밀, 냉면, 순채나물, 솔잎, 모과차, 감잎차, 오가피차, 모과, 오가피, 포도근 등
나쁜 음식	맵고 성질이 뜨거운 음식이나 지방질이 많은 음식, 고열량 음식, 트랜스지방, 청량음료, 아이스크림, 과자, 인스턴트식품, 화학조미료, 빵, 라면, 술, 기름기, 육류, 튀긴 것, 단 것, 짠 것, 매운 것, 국물, 물(비만), 쇠고기, 설탕(안질), 무(소화 불량), 조기, ※괄호 안의 병이 있을 때는 특히 주의

태음인	
	느긋하고 무엇이든 잘 먹으며 참을성이 많은 태음인
2번 많음	태음인은 음식을 많이 먹으면 습과 열이 많아지고 순환이 안 되면서 독소가 생긴다. 소화 흡수 기능이 강하므로 과식을 하면 영양이 초과되어 건강을 해친다. 특히 술, 고열량의 열이 많은 음식, 기름진 음식, 습기가 많은 음식 등을 먹는다면 습과 열이 많이 생긴다. 또 고혈압, 당뇨, 동맥경화, 심혈관 질환, 비만 등을 유발하는 독소로 작용한다. 따라서 저칼로리의 맑고 담백한 음식을 먹는 것이 좋다. 운동이나 목욕을 꾸준히 해 땀을 내는 것도 몸 안의 독소를 해독하는 방법이다
좋은 음식	식욕이 왕성하므로 모자란 듯이 먹는다(고지방보다 고단백질 음식), 재래식 음식, 채소류, 담백한 생선류, 쇠고기, 우유, 버터, 치즈(고혈압, 당뇨, 동맥경화, 중풍 환자는 피함), 간유, 명란젓, 뱀장어, 대구, 미역, 다시마, 김, 파래, 매생이, 해조류, 배, 밤, 호도, 은행, 고구마, 잣, 자두, 땅콩, 매실, 살구, 무, 도라지, 연근, 마, 토란, 버섯, 더덕, 당근, 고사리, 밀, 콩, 율무, 콩 나물, 밀가루, 두부, 콩비지, 된장, 청국장, 들깨, 수수, 현미, 율무차, 오미자차, 들깨차, 칡차, 녹차, 영지버섯 등
나쁜 음식	고열량 음식, 트랜스 지방, 청량음료, 아이스크림, 과자, 인스턴트식품, 빵, 라면, 술, 기름기, 육류, 튀긴 것, 단 것, 짠 것, 매운 것, 국물, 물(비만), 달걀, 닭고기(중풍, 고혈압, 심장 질환, 빈혈, 담석증, 노이로제), 개고기, 염소고기(종기, 번열, 치질), 날배추, 사과(설사, 기침), 돼지고기(감기, 기침, 신경통, 고혈압, 심장병, 치질), 꿀, 설탕, 화학조미료

소음인	
4번 많음	꼼꼼하고 내성적이며 몸이 찬 소음인
	소음인은 찬 음식이 독소로 작용하므로 피해야 한다. 아무리 영양적으로 좋은 음식이라도 차다면 위장에 부담을 주어 소화가 되지 않으며 심하면 위통, 위경련, 설사 등의 증세가 나타날 수 있다. 몸이 차면 복부와 전신의 기능이 떨어지므로 추운 겨울에는 더욱 힘들어진다. 따라서 항상 따뜻하고 소화가 잘되며 속이 편한 음식을 먹어야 한다. 과식하지 않는다.
좋은 음식	따뜻한 음식, 재래식 음식, 채소(따뜻하게), 닭고기, 양고기, 염소고기, 노루고기, 꿩고기, 명태, 미꾸라지, 도미, 조기, 멸치, 민어, 뱅어, 대추, 사과, 귤, 복숭아, 토마토, 오렌지, 유자, 시금치, 미나리, 양배추, 쑥, 쑥갓, 파, 마늘, 생강, 고추, 겨자, 후추, 카레, 찹쌀, 조, 감자, 인삼차, 홍삼차, 생강차, 유자차, 계피차, 꿀차 등
나쁜 음식	찬 음식, 청량음료, 트랜스 지방, 아이스크림, 빵, 라면, 인스턴트식품, 과자, 술, 기름기, 육류, 튀긴 것, 단 것, 짠 것, 매운 것, 국물, 물(비만), 메밀, 배추(기침, 급성 위염, 신장염), 쇠고기, 우유(감기, 기관지염, 맹장염, 치질), 배, 수박, 참외, 오이, 풋과일(딸꾹질, 설사, 손발이 찰 때), 고구마, 밤, 호두(소화불량), 녹두, 보리, 팥(설사, 소화불량), 돼지고기(소화불량, 위, 장염) ※괄호 안의 병이 있을 때는 특히 주의

8체질의학과
건강

8체질의학의 변천

1. 인간의 체질은 8체질

8체질은 완전히 독립된 개성으로 그 병리와 치료법이 완전 달라 타에 예속될 수 없으며, 8체질의학을 8상의학으로 이해하면 상은 체질의 뜻이 전무한 글자이며, 8상 의학은 어불성설이며 시대에 걸맞지 않다. 체질은 혈통, 인종을 구분하는 것도 아니고, 형태 및 인지의 구분도 아닌 개성의 구분이다. 개성이란 같은 종에서 구별되게 나타나는 본성 구분을 말한다. 계절에서 봄은 다른 계절과 구별되는 춘분, 조금 지나 봄도 아니고 여름도 아닌 입하, 더 가면 완전히 여름의 하지, 다시 조금 지나면 여름도 가을도 아닌 입추, 이런 식으로 추분, 입동, 동지, 입춘 등 8개의 서로 다른 계절의 개성이 있다.

춘분과 추분은 춥거나 덥지도 않는 점에서 같은 것 같지만, 춘분은 더위를 향해 가는 길이고 추분은 추위를 향하여 가는 정반대의 길이다. 춘분에서 초목이 무성해 지고, 추분에서 초목이 쇠퇴하려 한다. 이렇게 계절의 개성들은 분명한 특성을 지닌 8개성인 것이다. 따라서 인간의 개성 또한 8인데, 정신적인 것과 육체적인 것도 아닌 전체적으로 나타나는 8개성을 인간의 8체질이라고 한다. 인간은 전 세계의 남녀노소를 불문하고 다 같이 8체질로 나뉜다. 과거와 현재 그리고 미래에도 영원히 그렇다고 본다.

다시 말하면 체질은 8과 불가분의 관계를 가지며, 그것이 다른 숫자로 바뀔 수 없다. 그 이유는 인간의 내장기능의 강약 배열이 8개 구조로 정해져 있기 때문이다. 내장은 심장, 폐장, 췌장, 간장, 신장의 오장과 위, 대장, 소장, 담낭, 방광 등 오부로 되어 있으나 그 기능의 강약이 서로 다르며, 그들의 강약 배열이 서로 다른 8개 구조로 되어 있다.

인간은 그 8개의 내장 구조 중의 하나로 되어 있는데, 그것이 바로 8체질로 구분되는 원인이 된다. 8체질은 인간 생명의 참뜻을 찾을 수 있으며, 8과 체질을 합한 '8체질'이 체질의학의 잡다한 미로에서 바른 길로 인도하는 길잡이가 될 것이라 확신한다.

2. 8체질의학 창시자 권도원

권도원 박사는 1923년에 태어나 1962년 한의사 시험 합격, 동양의과대학, 경희대 한의과 대학교수 역임, 재단법인 암연구소 소장. 지금 생존해 있으며, 아흔이 훌쩍 넘은 연세이지만 활발한 의료 활동을 펼치며 체질의학계에 커다란 혁명을 세웠다. 권도원 박사는 조용히 치료에 몰두하면서 임상연구는 계속하지만, 그 체질의학의 위대함을 체험하고, 발견한 후학들이 더욱 열심히 그를 알리고 발전시키는 데 연구에 몰두하고 있다.

권도원 암연구소 소장

8체질 의학의 모태는 체질 음식과 '체질 맥의 발견'에 있고, 완성되기까지 권도원 박사의 무서운 집념과 각고의 노력이 밑바탕 되어 8체질 의학의 완성을 이루었다.

그 원리는 권도원 박사의 어린 시절부터 시작되었다. 그 시절은 모두가 궁핍하던 때라, 지금처럼 영양가 많은 식사를 할 수 없었고, 명절이 되어야 맛있는 음식을 먹을 수 있었다. 그런데 권도원 박사는 이상하게 명절을 지내고 나면 병에 시달렸다. 처음에 무심코 수차례 지나쳤지만, 그 후 잔칫집에 다녀오면 몸에 탈이

나는 것이다. 왜 이런 고통을 겪어야 하는지 의아해서 고민을 하다 권도원 박사는 서서히 이유를 깨닫게 되었다.

그 이유는 바로 고기 음식 때문이다. 일반적으로 육식을 많이 하면 동물성 지방 과잉으로 인체에 병이 생길 수 있다고 하지만, 아주 조금 먹어도 몸에 탈이 나고 고통스러워지는 이유를 도대체 알 수가 없었다. 이 의문을 해결하기 위해 권도원 박사는 소년 시절에 자기 신체의 결점을 파악하고 많은 서적을 탐독하였다. 이것이 체질의학의 시작이 된 것이다. 세상에는 육식을 못 하는 채식주의자와 육식을 안 하는 채식주의가 있다는 것을 알게 되었다.

또한, 자신이 육식을 하면 생기는 괴로움은 병이 아닌 체질 때문인 것을 알았고, 그것이 오늘의 8체질 의학을 임상실험 연구하게 된 동기가 되었다. 권도원 박사는 각종 서적을 통해, 또는 직접 사람을 관찰하여 여러 지식을 파악했다. 사람들의 각기 다른 외모나 습관, 그리고 말하는 태도, 걷는 모습, 앉아 있는 모양 등 무의식 행동에서 체질의 차이점을 발견하기 위해 여러 방면으로 심혈을 기울여 관찰은 지속되었다. 그 당시는 여덟 가지 체질을 정확히 분류할 수 없지만, 사람마다 다른 여러 가지 특성을 무수히 발견하였다.

이런 작업을 통해 체질 분류의 밑거름이 마련된 것이다. 일제강점기 끝무렵에 일본의 한국인 이민 정책으로 권도원 박사는 만주로 이민을 가게 되었다. 여기서 흥미로운 일을 발견했다. 한겨울 황량한 만주 벌판에서 매서운 찬바람에 모든 사람이 두터운 외투와 방한모를 착용하고 추위로 고생을 많이 했다. 그러나 권도원박사는 보통 두께의 옷과 모자를 쓰고도 끄떡없이 추위를 몰랐다. 주위 사람들 모두가 의아하게 생각하였지만, 그 비결을 찾았다. 그 지방에서 생산되는 메조 밥을 불면 날아 갈 정도 찰기가 없는 함경도식 메조 밥이 권도원 박사의 건강을 지켜준 에너지원이었다. 현대의 영양학적 관점에서 도저히 이해하기 어려운 일이다.

8체질의학의 연구개발은 권도원박사가 신학교에 재학 중에 이루어졌다. 그리고 권도원 박사는 자신이 외국에서 배워 온 카운셀링과 신학 지식을 바탕으로 체질 연구를 응용하는 카운셀러가 되기 위해, 당시 서울대학교 내에 있던 E. L. I.에서 영어회화 공부를 시작하였다. 그리고 어느 날 돌연 눈병이 생겼다. 병원에서 치료를 받았지만, 부작용으로 병은 더욱 악화되었다. 거의 실명 단계가 되었다. 다음에 한의원에 가서 침을 맞았지만, 도리어 증상만 악화시킬 뿐이었다. 또한, 육식을 섭취해서 병이 생긴 것은 아닌지 연구가 필요했다.

권도원 박사의 마음에 큰 변화를 일으켜 침으로 하는 8체질 치료법 연구에 몰두가 시작 되었다. 권도원 박사의 모든 잠재력이 발휘되어 침을 가지고 자기의 몸 구석구석 찔러 볼 수밖에 없었다. 권도원 박사는 식음을 전폐하며 불철주야로 연구와 씨름을 했다. 1년 6개월 동안의 노력과 과로로 권도원 박사는 피골이 상접할 정도로 쇠약해졌고, 가족들의 염려 또한 말로 할 수 없었다. 이 연구는 기존의 어떤 의학 이론도 참고하지 않고 오직 무에서 유를 찾는 엄청난 임상치료 작업이었다. 그 고통의 세월이 흘러간 후 어느 날 권도원 박사는 무엇인가 대단한 것을 발견하여, 가족들에게 먼저 침으로 임상치료가 시작되었다. 그 결과 역사적 8체질 침의 이론이 드디어 탄생된 것이었다.

그 일이 있는 후, 친구의 지인이 사무실을 방문했다. 권도원 박사와 배석하게 되어 이 분은 불면증이 고질병이라 수년간 하루도 편안히 잠을 이루지 못했다고 호소하였다. 친구의 권유로 이분 역시 침을 치료를 해주었는데, 불면증이 시원하게 나아버렸다. 그분이 "제가 명동 부근에 큰 빌딩을 가지고 있는데 사무실을 빌려드릴 테니 거기서 그 신비한 침 실력을 발휘해 보라.고 간청하였다. 당시 명동의 도심다방 건물 4층인 사장실이었다. 물론 치료는 무료지만, 소문이 나자 전국에서 치료받으러 온 환자는 건물 안에 다 못 들어오고 남녀노소 할 것 없이 길가에 장사진이 일어나 문전성시를 이루었다.

이때부터 권도원 박사는 환자들의 체질 감별을 시작하였다. 아직 체질 맥이 발견되기 전이라 환자들의 외모와 행동을 관찰하며 환자의 겉옷을 벗게 한 후, 신체 골격의 특징을 파악하여 체질을 감별하였다. 또는 사람의 체질에 따라 오장육부 기능의 강약과 실제 장기 크기의 비율이 서로 달라, 이 차이점이 신체 형상으로 표출되기 때문이다.

이렇게 수년간 임상과 연구에 열중하여 한의사 면허를 취득한 후, 권도원 박사는 1962년에 지금의 신당동에 정식으로 한의원을 개원하고, 그동안 쌓아온 인술을 베

풀기 시작하였다.

이 시점에서 볼 때, 체질에 따른 음식 분류법과 침 치료법은 이미 과거에 완성되어 환자 치료에 활용 중이었고, 개업 당시 체질 분류를 위한 맥진법은 완전히 발견되기 이전이었다. 그 후 맥에 대한 연구를 계속하다 보니, 기존의 의학서적들은 이론과 실제가 부합되지 않은 부분이 많아 새로운 방법을 모색 중이었다. 권도원 박사는 당대에 유명한 맥학의 대가들을 찾아다녔지만 흡족한 대답은 들을 수가 없었다. 그 후 8체질을 구분하는 획기적인 맥진법이 임상연구 중에 발견된 것이다.

기존의 전통적 맥진법은 '사람의 변증을 찾아내는데' 쓰이고, 이 맥진법은 '사람의 체질을 감별하는데 쓰인다'는 것에 큰 차이점이 있다.

8체질의학의 탄생 과정과 체질 음식 분류법과 체질 진맥법이 나오게 되는 경로와 8체질 의학의 위대함은 정확한 이론과 확실한 임상 효과에서 증명된 것이며, 지금도 난치병환자들이 권도원 박사의 치료를 받고 완쾌되어, 체질의학의 신봉자가 확산되어 가고 있다는 것이 입증 결과로 남는다.

권도원 박사의 우수함은 사상의학을 좀 더 구체적으로 발전시켜 왔으며, 체질을 맥진으로서 감별할 수 있는 방법과 체질 침으로 오장육부를 보사하며, 치료하는 방법을 개발하는 데 중점을 둔다. 이제마 선생님이 1900년에 돌아가실 때 남긴 말씀, "100년 뒤에는 나의 의학을 이해하는 사람이 많을 것이다." 또한, 에디슨 역시 "미래의 의사는 환자에게 약을 주기보다는 환자의 체질과 음식과 질병의 원인과 예방에 관심을 기울이게 될 것이다." 라고 말했다.

이제마 선생님의 사상체질은 이 오장오부를 모두 다른 것이 아니고, 두 가지 장부를 각각 비교한 것이다. 이제마 선생님 사후, 이 오장오부 기능의 강·약과 순서와 허·실에 따라 좀 더 구체적이며 분명한 체질론이 대두되었다. 그 당시 사상체질의 이제마 선생님의 사상의학이 그러하듯 8체질 의학 역시 혁명적으로 인정하기 시작하면서 지금은, 수많은 사람의 난치병, 특히 만성질환 및 불치병에 큰 효과를 나타내며, 그 합리성과 과학성뿐 아니라 임상으로 드러난 뛰어난 효과로 매력적인 의학으로 부상해 왔다.

한의학계뿐 아니라 양의학계에서도 이를 체험한 분들의 적극적인 활동으로 많이 알려져 있다. 100년이 넘은 지금 시대는 기존의 사상의학의 한계를 넘어 오장오부에 따른 체질이 체계적으로 정립하여 발전되고 있으며, 또한 체질의 감별법과 체질별 침법이 확실시되어 많은 사람이 그 치료 효과를 체험하고 있는 21세기다.

권도원 박사는 연구 개발한 감별법도, 아주 숙련된 한의사가 아니면 감별이 어렵고, 환자의 맥의 강약 상태에 따라 오류의 가능성이 있다는 것이 문제가 된다.

그래서 오장오부의 타고난 불균형 상태를 맥진으로 단번에 완전히 판별하는 것은 굉장히 큰 어려움이 있으며, 때로는 그 체질을 잘못 알고 치료와 섭생을 하면 오히려 병을 심화시키는 결과를 초래할 수 있을 것이다.

자세한 과정을 잘 거치면서 자신의 체질을 알아 몸과 마음의 섭생을 잘하면, 가벼운 만성 난치병, 불치병을 극복하는 데에 큰 도움이 된다는 것이 실제로 많은 임상에서 밝혀졌다.

바로 '8체질 의학'을 오장오부의 기능의 순서에 따라 실제로 수많은 사람의 임상으로 맥진 및 치료를 해본 결과, 오장오부는 딱 8가지 순서로 드러나며 그것에 따라 신체의 특성뿐 아니라 마음의 성향도 어느 정도는 타고난다. 그래서 그와 반대되는 섭생을 거듭하면 그 적절한 불균형이 심화되어 병이 커지게 되고, 그것이 만성병이 되면 난치병이 되는 것이다.

또한, 증상에 대해 치료하는 대증요법(질병의 원인을 알고 치료하기보다 겉으로 드러나는 징후만 보며 치료)은 소용이 없다.

1) 8체질 의학의 이해

인간을 변하지 않는 8가지 체질로 구분하고, 이를 바탕으로 생리 및 병리 현상을 설명하며 사람을 여덟 가지 체질로 구분하여 병을 치료하는 의학이다.

5천 년 전통 맥법에서 알 수 없었던 새 발견으로 인간은 누구나 자기 맥상을 가지고 있으며, 평생 변하지 않는 개성의 증명이다. 8맥상 밖의 다른 맥상을 가진 사람도 없고, 체질맥상이 없는 사람도 없다. 혹 이후에 맥상으로 아니고 다른 방법으로 체질 감별법이 개발된다 해도 완전한 것이라면 그것 역시 8개 체질을 증명하는 것이 될 수밖에 없다는 것을 확신한다.

체질은 절대로 8개이며, 분명한 체질을 모르고 체질 치료를 할 수 없고 체질식도 할 수 없다. 체질이 분명치 않을 때는 현대식 영양 방법대로 골고루 균형식을 하는 것이 훨씬 좋다. 거기에는 혹 안 맞는 것이 있을지라도, 또 맞는 것이 있어 무방하기 때문이다. 그러나 A라는 체질이 B의 체질식을 지속할 때 마침내 병을 유발한다. 그렇게 무분별한 감별자가 있다면, 사람을 병 쪽으로 인도하는 결과가 된다. 8체질 감별법을 세밀하게 알려면 해당되는 지식과 임상연구 훈련을 갖추어야 한다.

예전에 병을 치료할 때 음과 양으로 사람과 사물을 구분하여 약도 짓고, 병도 치료하던 것이 같은 병 같은 약에도 치료되지 않는 사람들이 있었다. 인간의 내부 장기인 5장(간, 심, 비, 폐, 신)과 5부(담, 소장, 위, 대장, 방광)에 각각 상대적인 강약이 존재하며, 5장과 5부의 가능한 강약의 배열이 8가지라고 설명한다. 또한, 5장은 한의학에서 바라보는 내부 장기로 '간'은 간장, '심'은 심장, '폐'는 폐장, '신'은 신장을 말하지만 '비'는 비장이 아닌 췌장을 가리킨다. 8개 체질에 따른 5장·5부의 상대적 강약의 배열은 각 체질별로 나타나는 생리와 병리를 결정한다. 따라서 이를 근거로 병이 났을 때 환자 개개인의 체질에 맞추어 치료법을 정하게 된다.

(1) 8가지 체질별 장부 배열

체질 구분	장부 배열
금양체질(pulmotonia)	폐〉비〉심〉신〉간
금음체질(colonotonia)	대장〉방광〉위〉소장〉담
토양체질(pancreotonia)	비〉심〉간〉폐〉신
토음체질(gastrotonia)	위〉대장〉소장〉담〉방광
목양체질(hepatonia)	간〉신〉심〉비〉폐
목음체질(cholecystonia)	담〉소장〉위〉방광〉대장
수양체질(renotonia)	신〉폐〉간〉심〉비
수음체질(vesicotonia)	방광〉담〉소장〉대장〉위

금양·토양·목양·수양 체질은 5장에 초점을 맞추어 구분하고, 금음·토음·목음·수음 체질은 5부에 초점을 맞추어 구분한 것이다. 하지만 한의학에서는 장·부가 서로 긴밀한 연관을 갖고 있다고 생각하기 때문이다. 간·담, 심·소장, 비·위, 폐·대장, 신·방광을 각각 쌍으로 묶어서 바라보는 관점에서는 금음 체질의 장부 배열을 '폐·대장 〉 신·방광 〉 비·위 〉 심·소장 〉 간·담'으로 서술하기도 한다.

(2) 알기 쉬운 위염을 예로 들어볼 때

① 목양체질은 간과 췌장 사이의 부조화 때문에 위염이 생기고,
② 목음체질은 폐와 심장 사이의 부조화 때문에,
③ 토양체질은 신장과 심장의 부조화 때문에,
④ 토음체질은 췌장과 간의 부조화 때문에 위염이 생기며,
⑤ 금양체질은 장기는 같으나 그 부조화가 정반대 이론으로 위염이 발생한다.
⑥ 금음체질은 목음 체질과 정반대,
⑦ 수양체질은 토양 체질과 정반대,
⑧ 수음체질은 토음 체질과 정반대로 위염이 발생한다.

따라서 그 치료법은 같은 위염이지만 8체질이 전부 다르게 나타난다. 그러므로 치료법이 잘 처방되었을 때 놀랄만한 효과를 발휘하나 혹 체질의 오판으로 치료법이 잘못 행하여질 때 병은 낫지 않을 뿐만 아니라 악화된다. 이와 같이 8체질 의학은 같은 병이지만 체질마다 병리와 치료법이 다르다. 같은 체질이라도 병마다 치료법이 달라 이런 방법으로 난치 또는 불치병에 도전하고 치료법 역시 혁신적이다.

2) 8체질의학의 원리

사람들은 취미도 식성도 다양하다. 어떤 사람은 냉수욕과 냉수마찰이 좋아서 평생 즐기며 큰 효과를 보기도 한다. 반대로 온수욕이 좋아 온천과 사우나를 즐기는 사람도 많다. 옛날부터 '약수'하면 산성 물로 그것이 위병과 피부병에 좋다고 먼 데까지 찾아가 먹고 씻고 했었다. 그런데 지금 시대는 반대로 알카리성 물이 몸에 유

익하다고 전기분해하여 산성 물은 버리고 알카리성물만 마시는 것을 권장하기도 한다. 비교적 육식보다 채식으로 살아 오던 동양인은 육식을 주식으로 하는 서양인에 비하여 체구가 왜소하여 동양인도 육식을 해야 한다는 주장이 있었다. 그러나 채식이 병에 안 걸리게 하고, 병 고치는 데 유리하다고 권장하는 사람도 많다.

비타민이 처음 나왔을때 생명의 유기물질이라 하여 정량을 넘게 먹어도 좋다고 했다. 그런데 지나 보니 과잉증이 있는 사람은 소량만 먹어도 좋지 않다는 것을 발견하게 되었다. 또한, 복식호흡 숨을 아랫배에 담아 오래 참고 있다가 내뱉는 것을 짧게 하라 했지만, 그 반대로 내뱉는 것을 길게 하고 들이마시는 것을 짧게 해야 되는 사람도 있다. 이 밖에 포도당, 항생제, 아스피린, 황금이 어떤 사람에게는 특효약이지만, 때로는 그것이 남에게 돌이키기 어려울 만큼 해가 되는 결과를 초래하게 될 수도 있으며 항상 조심해야 한다.

8체질은, 심장, 폐장, 췌장, 간장, 신장, 소장, 대장, 위, 담낭, 방광 그리고 자율신경의 교감신경, 부교감신경의 12기관의 기능적인 강약배열의 8개구조를 말한다. 그러므로 8체질은 완전히 독립된 8개의 개성으로 망상의 산물이 아니다.

8체질의 서로 다른 장기구조의 생기 활동 표현이 요골동맥에서만 발견되게 한 창조의 이치에 감탄할 뿐이다. 인간의 체질은 분명 여덟이며, 인간 만사가 여덟 가지 유형으로 분류된다. 따라서 사람은 자기체질을 알아야 하며, 그것은 체질맥진에 의한 것이 현재는 가장 완전하나 맥진은 일정한 훈련을 쌓지 않고 누구나 함부로 할 수 없다.

(1) 체질 특징의 요약

① 금양체질(Pulmotonia)

뒷머리 아랫부분이 윗부분보다 나왔다. 자기를 나타내는 것을 좋아하지 않으며, 모방을 싫어하고 창의적인 것을 좋아한다. 육식을 하면 알레르기성 질환으로 변하여 편할 날이 없다. 아토피성 피부질환은 이 체질이 육식을 많이 했을 때 생기는 특유한 병이다. 금니가 이 체질에서는 독으로 변한다. 인공섬유를 입으면 유난히 전기가 일어난다. 모든 약이 효과가 없고 되려 해가 된다. 왼쪽에 병이 많다.

화를 잘내고 크게 화를 내면 오른쪽이 무력해진다. 육식을 많이 하면 파킨슨병 같은 희귀병에 걸리고, 대변이 항상 가늘고 불만스럽다. 모든 약이 효과가 없고, 일광욕과 사우나탕도 좋지 않고 오히려 수영은 좋은 운동이 될 수 있다.

③ 목양체질(Hepatotonia)

풍채가 좋고 체구가 큰 사람이 많다. 눈사람처럼 어깨가 좁고 아래로 내려가면서 굵어져서 허리가 가장 크다. 건강한 사람은 항상 땀이 귀찮도록 많으며 몸이 괴로울 때 땀을 흘리면 몸이 가벼워진다. 혈압이 높아야 건강하고 의욕도 왕성하다. 평소 말이 적고 숨이 짧아 노래가 잘 안 되는 음치가 많다. 말을 많이 할 때 가장 피곤하다. 왼쪽 발이 잘 삐고, 왼쪽으로 오는 병이 많다. 채소와 생선을 많이 먹거나 육식을 적게 하면 이유 없이 피곤하고 눈이 아프며 발이 답답하다. 육식과 더운 목욕을 즐기면 살이 희고, 채식과 생선을 즐기고 냉수욕을 자주하면 색이 어둡고 검어진다.

④ 목음체질(Cholecystotonia)

대변이 잦은 것이 특징이다. 그러나 건강과 크게 관계는 없다. 몸이 허약하여지면 항상 배꼽 주위가 불편하고 몸이 냉하며 다리가 무겁고 잠을 잘 못 잔다. 감정이 약하여 조금만 섭섭한 말을 들어도 자극을 심하게 받는다. 성질은 급한 편이며 독하지 못하고, 오른쪽이 약하다. 채식과 생선을 즐기면 아랫배가 편할 날이 없다.

⑤ 토양체질(Pancreotonia)

성질이 급한 것이 특징이다. 보는 것을 먼저 말로 토해 버린 다음에 생각한다. 한 자리에 오래 있는 것을 싫어하고, 움직여 활동하는 것을 좋아하며 일이 없으면 만든다. 주선력이 강하나 뒤처리가 흐리다. 소화력이 강한 식도락가이기도 하다. 시각이 발달하여 화가가 많다. 독신주의자들이 이 체질이다. 흰머리가 일찍 나온 사람이 많다. 혈압이 낮은 편이나 조금만 높아도 괴롭다. 왼쪽 병이 많고 백납(백색 반점)은 거의 이 체질의 독점 병이다. 일찍 자고 일찍 일어난다.

⑥ 토음체질(Gastrotonia)

몇십만 중에 하나 있는 드문 체질로 만나기가 쉽지 않다. 페니실린 쇼크를 받는 체질이 이 체질로 생각된다. 비교적 잔병이 없고 병원에 가기를 싫어한다. 오른쪽이 약하다.

⑦ 수양체질(Renotonia)

변비가 특징이다. 보통은 2일에 한 번 통변, 3일, 5일, 7일 만에 하는 사람도 있다. 그러나 크게 고통스럽지 않다. 건강하면 땀이 없고, 약하면 땀이 난다. 봄부터 여름에 약하고, 가을에서 겨울이 건강하다. 일사병으로 잘 넘어지는 아이가 이 체질이다. 어깨가 넓고 허리가 가늘며 엉덩이가 나와 몸매가 곱다. 성품이 세밀하고 조직적이며, 의심이 많아 남의 말을 쉽게 믿지 않는다. 냉수마찰과 수영이 좋다. 운동신경이 발달하여 무슨 운동이든지 잘한다. 왼쪽에 고장이 많다.

⑧ 수음체질(Vesicotonia)

위 무력과 위하수는 이 체질의 독점 병이다. 음식은 놀랄 정도로 적게 먹어야 건강하고 보통의 분량을 먹는 것은 과식이 된다. 무슨 병이든지 위 불편이 소식을 알린다. 변이 항상 무르고 설사를 하면 힘이 빠진다. 모든 병이 오른쪽에서 시작된다. 보리 및 돼지고기는 이 체질의 독이다.

※ 이상 8체질의 가장 특징이 될 만한 것들이지만, 면밀한 맥진이 없이는 체질을 단정할 수 없다. 단지 8개의 서로 다른 장기 구조가 있다는 것을 인식하는 데 참고가 되기를 바란다.

3. 체질을 말하는 병들

1) 체질 따라 독점 병

8체질은 두통, 복통, 간염, 위염 등 모든 병에 다 같이 걸릴 수 있다.

다만 같은 병이라도 체질마다 그 병리가 달라서 8체질에서 치료법과 섭생법을 각 체질별로 다르게 한다. 이유는 각 체질마다 장기들의 강약 배열에서 병리의 원인이 다르기 때문이다. 그런데 8체질은 드물게 한 체질만이 독점하는 병이 있다. 그것을 보고 그 체질의 유무를 알 수 있다.

① 금양체질(Pulmotonia)

피부병 중에 불치병으로 알고 있는 아토피성 피부염(atopic dermatitis)은 다른 체질에는 없고 다만 금양 체질에만 있는 병이다. 금양 체질도 누구나가 다 걸리는 것이 아니고 어려서부터 육식을 좋아하는 사람만이 걸리는 병이다. 따라서 그 병을 고치는 방법은 현재로는 없지만(8체질 치료법 연구), 다만 육식을 완전히 끊어야 고쳐진다. 따라서 아토피성 피부염을 앓는 사람은 자기가 금양 체질이라는 자가 판별도 될 수 있다는 것이다.

② 금음체질(Colonotonia)

진행성 근 위축증(progressive muscular atrophy)의 한 형으로 오른쪽 다리에서 시작하여 상향하는 병으로 감각도 있고 마비도 아니면서 근육 위축과 무력 때문에 보행이 어려워지는 불치병을 들 수 있다. 이 병은 금음 체질이 육식을 많이 먹고, 녹용이 든 한약을 쓰고, 심한 폭노 끝에 시작되는 병이다. 그러므로 위의 세 가지 병원인을 완전히 제거해야 한다. 체질 치료법으로 병이 짙어지기 전에 치료하면 완치 가능한 금음 체질의 병이다.

③ 목양체질(Hepatotonia)

불쾌한 내용의 환청에다 피해망상과 과대망상을 겸한 환각증(hallucinosis)은 목양 체질의 질환이다. 의식은 명료하고 사고에 장애가 없는 이 질환은 마침내 정신병으로 취급되어 폐인이 되기 쉽다. 목양 체질은 대개가 본태성 고혈압의 소유자로 그것이 정상 상태인데, 체질에 대한 인식 부족으로 혈압을 떨어뜨리기 위하여 채식과 생선을 먹고, 육식을 멀리할 때 피곤증과 함께 환각증이 나타난다. 그러나 식사를 육식으로 바꾸고 온수욕을 습관시켜야 한다. 이 병은 체질 치료법으로 쉽게 회복될 수도 있다.

④ 목음체질(Cholecystotonia)

소화에 큰 지장은 없으며 하루에 몇 번씩 배변을 해야 하고 항상 배꼽 주위가 아프다고 호소하는 근 제통은 목음 체질의 병이다. 대장이 짧고 무력한 목음 체질에 나타나는 특징이다. 필히 육식을 주식으로 할 때 좋은 효과를 볼 수 있다.

⑤ 토양체질(Pancreotonia)

결혼 후 3년이 지나도 임신이 안 되는 불임증(sterility)을 종종 보는데, 토양 체질의 경우에 해당된다. 이 말은 토양 체질은 누구나 다 그렇다는 것이 아니며 불임자를 볼 때, 그 대부분이 토양 체질이라는 것이다. 그러므로 토양 체질은 어려서부터 비타민 E를 취하고 체질에 맞는 음식으로 생활습관을 들여야 한다. 그리고 백납(Vitiligo Vulgaris)이라는 병도 흔히 있는 병인데, 그것 역시 다른 체질에서는 거의 볼 수 없는 토양 체질의 병이다.

⑥ 토음체질(Gastrotonia)

지금은 페니실린을 쓰지 않지만, 한동안 그 효과를 인증받았을 때, 수만 회 중 1회 이하의 빈도로 중독사가 있었던 페니실린 중독(Penicillin shock)은 분명 수만인 중 1인 이하의 분포로 되어 있는 토음 체질로 볼 수 있다. 40년 전에 페니실린에 중독된 한 여인을 토음 체질로 치료하여 회생하게 한 경험도 있었다.

⑦ 수양체질(Renotonia)

상습성 변비(habitual constipation)를 들 수 있다. 건강하면서 대개 3일 만에 통변, 때로는 5일~7일 만에 변을 보아도 아무런 불편이 없고, 평생 설사를 모르고 사는 통변 상태가 있는데, 이 수양 체질에 있는 정상 상태로 다른 체질에게 이해가 안 되는 사실이다. 그러므로 병으로 취급해서는 안 되며, 매일 통변하려고 노력할 때, 오히려 무리가 될 수 있다. 또한, 수양 체질에만 있는 또 하나의 병은 일사병(Sunstroke)으로 어려서 학교 운동장에서 조회하다가 교장선생님의 훈화가 길어질 때 아침 햇살을 받고 겨드랑이에서 약간의 땀이 나면서 쓰러지는 아이들은 다 수양 체질로 볼 수 있다. 물론 그것은 병이 아니며, 땀을 흘리면 좋지 않은 수양 체질에서 나타나는 체질적인 증거라고 말할 수도 있다.

⑧ 수음체질(Vesicotonia)

위가 종종 늘어져서 방광의 위치에까지 내려와 있는 사람을 본다. 다른 체질에서는 대단히 드문 일이며, 그 대부분이 수음 체질에서 볼 수 있는 위하수증 (Gastroptosis)인 것이다. 그러므로 자신이 위하수증이면 동시에 수음 체질이라 알고 소식해야 하며, 식사 후에는 반드시 누웠다가 행동하고, 보리 음식 & 돼지고기를 먹지 말 것과 수영 같은 운동으로 땀을 막는 것을 게을리하지 않아야 한다.

※ 이상은 각 체질이 자기에게 나타나는 병을 보고 자기 체질을 알 수 있는 자기만의 체질 질환들이다. 이 문제가 다 체질의 섭생법을 몰라 지키지 못해서 왔다는 것이 긍정되면, 자기 체질에 대한 인식을 다시 가지고 그 규칙대로 사는 것이 건강을 수호하는 길이 될 것이다.

2) 8체질의학의 체질과 유전

체질은 부모 중 한쪽을 닮는다. 아버지가 목양 체질과 어머니가 토양 체질 일 때 자식은 아버지와 같은 목양 체질 또는 어머니의 토양 체질이 될 확률이 가장 높다. 때로는 목음 체질과 토음 체질로 되는 수도 있으나, 금양, 금음, 또는 수양, 수음 체질은 절대 나올 수 없다.

어떻게 아버지를 닮고, 어머니를 닮은 것인지는 분명하지 않다. 자녀가 많아 모계가 많은 때도 있고, 모두 모계 또는 부계만 되는 경우도 있다. 부모가 체질이 같을 때는 자식들도 모두 같은 체질이다. 인간의 출생 과정에 성관계를 통한 임신과 280일 후의 출산이 단순하게 상식으로 이해할 수 없는 신비가 있다. 그중의 하나가 유전이다.

(1) 체질의 법칙이 건강 보장

출생은 각각 정해진 때가 있다. 그때에 따라 서로 다른 8가지 체질이 만들어진다. 출생의 때를 관찰하여 그 체질을 알게 되며, 8체질이 그 부모의 유전이라 할 때, 분명한 것은 모든 사람이 부모의 유전과 맞는 체질이며, 280일 만에 출산된다는 것이다. 그렇다면 이일은 인간의 마음대로 되는 것이 아니다. 해당 체질의 때에서 거슬러 올라가 280일 되는 날에 착상하게 되는 아기가 유전과 280일에 맞는 체질이 될 것이지만, 나올 아기가 부모 중 어느 편의 유전이 될지도 미리 알 수 없고, 사람으로서 감히 조작할 수 없는 신비한 생명 창조의 작업인 것이다.

또한, 체질의 유전과 출생의 때 같은 것을 전혀 고려하지 않고 인공수정을 할 때, 그 결과가 그런 것들과 빈틈없이 맞아떨어져 있다는 사실을 체험할 때 인공수정은 하나님의 창조 작업의 심부름꾼일 수밖에 없다. 사람의 체질이 낳는 때와 관계가 있다는 것은 체질과 우주와의 관계를 알려주며, 그 생명 창조의 작업에 하나님에 힘이 작용하고 있다고 본다. 그러므로 체질의 유전은 지켜야 할 법칙이 있고, 내가 가야 할 길과 사명이 있으며, 내가 취해야 할 음식이 있다는 것은 바로 천명이라 할 수 있다.

(2) 체질과 질병이 유전?

아버지의 체질을 닮았다고 해서 병까지 유전 받은 것은 아니다. 그렇지만 자신의 체질을 알지 못하고 부주의가 따를 때 아버지와 같은 병에 잘 걸릴 수는 있다. 즉 소화기병에 잘 걸리는 체질을 유전 받으면 선천적으로 병까지 유전 받은 것은 아니지만, 후천적으로 소화기병에 잘 걸릴 수 있는 약점이 있다는 것이다. 그렇지만 이 문제는 자신의 체질을 바로 알고 체질식을 하고 주의를 잘한다면 극복할 수 있는 문제이다. 현재 그 병에 걸린 것도 아니고 또 얼마든지 예방할 수 있는 것이므로 체질을 알고, 또한 체질식을 해야 할 필요성이 있는 것이다.

유아가 백혈병, 백혈구감소증, 재생불량성빈혈, 뇌성마비 등 불치병에 걸렸다고 진단받는 수가 있다. 그것도 병 자체가 유전된 것이 아니다. 부와 모의 체질이 같을 때 그 사이에서 태어난 아기는 같은 체질이면서 체질적인 특징을 훨씬 강하게 가지고 태어나게 된다. 그럴 경우 체질의 주의가 더 필요하고, 그것이 지켜지지 않을 때 그런 병이 생기는 것이다.

3) 알레르기 체질적 방호 신호

세상에 코 알레르기, 피부 알레르기, 천식, 알레르기성 발열 등으로 고생하는 사람이 많다. 사람들은 그것을 과민 상태(anaphylaxis)의 사람에게 나타나는 특이 증후(allerge)이다. 다 함께 풀밭을 거닐었는데 다리에 줄무늬가 생기면서 가렵고 따가운 사람과 아무렇지 않은 사람이 있다. 다 함께 같은 음식을 먹었는데 어떤 사람은 두드러기가 나고, 아무렇지 않은 사람이 있다. 같은 꽃가루에 콧물, 눈물, 기침이 나는 사람, 그런 이유도 모르고 사는 사람, 같은 약물로 중독이 되는 사람, 오히려 효과를 보는 사람 등 다양한 알레르기적 표현은 무시할 수 없고 무시해도 안 되는 체질적 경고라는 것이다.

어떠한 원리가 구체적으로 있어 체질적으로 알레르기가 되는지, 그것은 마치 체질적으로 음식이 분류되는 이론과 같으며, 8체질의 내장들의 강약 배열이 달라서 기인된다. 각 체질이 선천적으로 강하게 타고 난 장기가 후천적인 잘못된 영양 섭취로 지나치게 강화되었을 때, 또는 선천적으로 약하게 타고 난 장기가 잘못된 영양으로 지나치게 약화되었을 때, 겉으로 나타나는 것은 알기 때문에 주의를 할 수 있다. 큰 병으로 발전하는 것을 예방할 수 있으나 안에서 일어나는 알레르기는 모르기 때문에 주의할 줄 모르고 방치하는 동안에 큰 병으로 발전하는 원인이 된다.

① 금양체질(Pulmotonia)

체표에 나타나는 알레르기성 비염은 폐를 강하게 타고난 체질에 육식을 많이 하므로 폐가 지나치게 강화되었을 때 나타나는 확률이 가장 많고, 그러므로 치료하는 방법은 항히스타민 요법으로 더욱 악화될 뿐 낫지 않으며, 육식을 전폐하고 폐기능을 억제하는 방법으로 가능하다.

② 금음체질(Colono tonia)

전신에 힘이 빠져 양 눈 밑이 숯처럼 까맣게 변하고, 아무리 치료해도 이유를 모르겠다고 호소한다. 눈 밑은 신장과 관계되는 곳으로 대개 토양 체질의 약한 신장이 지나치게 약화되었을 때 검게 나타난다. 그런데 금음 체질이다. 이 체질의 신장은 모든 장기 중에 두 번째로 강한 장기다. 그렇다면 이 분이 분명 신장이 강화되는 방법을 썼을 것이다.

비타민 E를 수년간 열심히 먹고 있는 것이다. 물론 비타민 E는 신장을 보강하는 영양소인 것은 분명하며, 금음 체질이 써서는 안 되는 영양소이다. 그 영양소를 써서 강한 신장기능이 지나치게 강화된 표현으로 일종의 체표에 나타난 알레르기라고 말할 수 있다.

③ 목양체질(Hepatotonia)

폐가 약하게 태어나서 육식하지 않고, 채식만 하므로 폐가 지나치게 약화되었을 때, 나타나는 것이 혈관신경성 비염(allergic coryza)이다. 이 경우는 항히스타민 요법으로 도움이 되나 그것으로 약화된 폐기능을 강화시킬 수는 없다. 완치의 방법은 육식을 상식으로 하는 수밖에 없다. 간이나 췌장에서 기인되는 알레르기 반응은 체표에 나타나지 않고, 체내에 나타나기 때문에 모르고 지나가는 동안 중병으로 되기 쉽다. 간을 가장 강한 장기로 타고난 목양 체질은 외양으로 건강하게 보이고 아무 병도 발견되지 않는데, 이유 없이 피곤을 느끼는 수가 있다. 이것이 바로 간이 강한 목양 체질이 육식 대신 생선과 채소를 주식으로 할 때 체내에 나타나는 알레르기 반응이다. 식이법을 바꾸지 않는 한 피곤은 점점 심화되어 의욕상실증과 함께 귀에서는 환청이 들리고, 환각증, 과대망상증, 피해망상증으로 변하여간다. 그러나 그 병원인을 모르고 정신병으로 취급하다가 폐인이 되는 수가 많다. 이때 8체질 의학으로 그 간기능을 억제하면 쉽게 치료가 가능하다.

④ 토양체질(Pancreotonia)

강한 췌장에서 기인하는 알레르기도 체내에서 발현한다. 토양 체질은 포도당을 주사할 때 비콤을 섞지 말 것을 강하게 주의시킨다. 비타민 B군은 췌장을 돕는 영양소이다. 물론 다른 체질에 비콤의 효과는 대단한 것이지만, 토양 체질에 치명적인 것이 될 수 있다. 이것이 토양 체질의 비타민 B가 알레르기를 체내에서 일으켜 생명을 앗아갈 수도 있는 비타민 B의 작용이다.

4) 체질과 호흡법

(1) 흉식호흡

흉식호흡은 숨을 들이마실 때 가슴이 늘어나고, 숨을 내뱉을 때 가슴이 줄어드는 식의 호흡이다. 우리가 체조할 때 팔을 들고 숨을 들이마셨다가 팔을 내리면서 내뱉는 심호흡법도 흉식호흡법이다.

(2) 복식호흡

숨 쉬는 것을 뱉을 때 배가 꺼지는 호흡이다. 유아들이 잠잘 때 보면 가슴이 움직이는 것이 아니고 배가 올라갔다 내려갔다 하는 복식호흡을 한다.

일반적으로 호흡이라고 하면 폐가 가슴에 있으니 가슴으로 숨 쉰다고 생각하기 쉬우나 유아들이 하는 것처럼 배로 하는 호흡이 자연스럽고 건강한 호흡이다. 혹 누가 앉아서 숨을 쉬는데 어깨가 오르락내리락하는 숨을 쉬거나 가슴이 움직이는 숨을 쉬면 폐에 이상이 있어 숨이 깊이 들어가지 못하고 폐상부에서 쉬는 것이고, 아니면 배에 복수가 찼든지 내장이 부어 있어 숨이 아래로 내려가지 못할 때이다. 이런 경우는 불건강한 호흡이 된다.

(3) 체질에 맞는 단전호흡

단전이란 배꼽 아래 4.5cm의 위치를 말하며 숨을 들이마시는데 이 단전을 향하여 깊이 그리고 천천히 호흡하므로 건강을 촉진시키는 위력을 발생한다는 복식호흡법이다. 단전을 향한 깊은 복식호흡은 폐 하단이 횡경막을 아래로 깊이 밀어내는 것 때문에 좋은 영향을 끼친다고 말할 수 있다.

즉 밑에 있는 대장, 소장, 그리고 장간막이 눌려 장간막 속에 차 있던 순환하지 못하는 유휴혈이 그 밀어내는 작용 때문에 쫓겨나와 전신을 순환하게 되므로 몸이 더워지고 마음이 안정되면서 건강의 증진을 느끼게 되는 것이다. 다시 말해서 단전호흡은 깊은 복식호흡으로 횡경막을 조종하는 횡격막 운동법인 것이다. 그러나 단전호흡으로 높은 효과를 거두어 만족하는 사람이 있지만, 반면에 단전호흡이 효과보다 괴로워지고 도리어 해가 되는 사람도 있다. 혹 참을성이 없이 고비를 넘기지 못하고 요령 부족의 탓으로 생각할지 모르나, 그것은 바로 체질이 다르기 때문에 나타나는 현상이다. 단전호흡법은 익숙하여질수록 호흡하여 폐에 공기를 담고 있는 시간이 폐를 비우는 시간보다 길게 하는 것을 요령으로 한다. 그러나 체질 중에는 폐에 공기를 채우고 있는 시간이 오랠수록 좋은 체질이 따로 있다. 선천적으로 폐를 약하게 타고난 목양 체질, 목음 체질, 토양 체질, 수음 체질한테 좋다. 이 체질들은 공기가 폐를 채우고 있는 동안 유휴혈의 순환과 함께 약한 폐가 힘을 얻어 장기기능 불균형도 완화되는 일거양득의 효과로 강한 건강력을 발휘하게 된다.

반대로 폐를 비워서 오랠수록 좋은 체질도 있다. 선천적으로 호흡기를 강하게 타고 난 금양 체질, 금음 체질, 토음 체질, 수양 체질은 폐에 공기를 오랫동안 채우고 있을 때 유휴혈의 순환은 되겠지만 강한 폐가 더욱 강화되어 장기기능 불균형이 심화되는 결과를 초래하므로 유휴혈 순환도 장기 불균형을 돕는 결과가 되고 만다.

하지만 단전호흡을 '약한 폐'는 숨을 길게 들이쉬고, 내쉬기는 짧게 한다면 적절한 호흡법이 될 뿐만 아니라, '강한 폐'는 숨을 짧게 들이쉬고, 내쉬기는 길게 하면 적절한 호흡법이 될 수 있다. 이렇게 체질에 맞추어 할 때, 단전호흡은 쉽고 어느 때나 어디서나 할 수 있는 모든 체질의 융통성 있는 건강법이 될 것이다.

즉 혈색을 좋게 하고 피곤을 없애 주며, 정신을 맑게 하고 잠을 잘 자게 해주는 것이다.

체질에 맞는 직업&식탁

1. 체질과 직업

천하에 명약도 그것을 먹어 좋은 사람과 해가 되는 사람이 있고, 아무리 영양면에서 좋은 음식도 먹어서 이로운 체질과 해로운 체질이 있는 것이다. 마찬가지로 직업도 체질과 맞을 때 자신도 행복하고 남에게 유익을 끼치게 되고, 아무리 인기직업이라 체질과 맞지 않는 직업은 그 사람을 병들게 하고 망하게 하는 불행의 원인이 되는 것이다. 그러므로 자신의 성품과 체질에 맞는 직업이 바로 자신에게 주어진 하늘의 명령이다.

1) 체질에 맞는 직업

직업은 한 사람의 일생에 맡겨진 사명이다. 즉 하늘에서 내려준 천명이다. 먼저 자기를 알아야 하고, 자기를 아는 비법은 자기 체질을 먼저 아는 것이다. 왜냐하면, 직업 선택에 필요한 것은 그 일에 맞는 성품, 재능, 취미를 아는 것이고 그것을 아는 방법이 자기 체질을 아는 것이기 때문이다.

직업이란, 체질과 맞아야 그 일을 하는 것이 기쁘고 평화스러운 자신의 사익이 될 것이다. 모든 사람을 위한 공익이 되고 성공이 따르며 건강한 삶을 살 수 있다. 그러나 체질에 맞지 않는 직업을 가지게 되면 짜증스럽고 불만이 계속되어 건강을 잃게 된다. 불평은 불화를 만들고 그것은 질투, 미움, 훼방심으로 변하여 자기와 같이 모든 사람이 망하기를 바라는 무서운 사회악의 뿌리가 되는 것이다.

① 금양체질(Pulmotonia)

비사교적이며 비노출적이다. 금양 체질은 자신이 노출되는 사교적인 직업을 갖게 될 때 그들의 특성인 독창성은 무디어진다. 그러므로 생각 없이 직업 선택을 해서는 안된다. 물리학자, 의사, 작곡가, 종교인 등이 적합하다고 할 수 있다. 특히 이 체질의 사람은 육식을 할 경우 건강을 잃게 되어 그들의 성공 여부는 식습관에 달려 있다. 만일 금양 체질 실업가가 그의 비현실성과 독창성을 발휘하여 무엇인가 한 가지에 집중한다면 크게 성공할 수 있다.

② 금음체질(Colonotonia)

세상을 꿰뚫어 보는 직관력과 야심, 뛰어난 통치력은 위대한 정치가를 많이 배출하지만, 그들이 육식을 함으로써 폭군이 되기도 한다. 그리고 금음 체질은 특별히 '영웅은 여자를 좋아 한다'는 말을 경계해야 한다. 또 금음 체질은 창의력이 뛰어나 피카소와 같은 위대한 화가가 나오기도 했고, 쉽게 흥분되지 않는 강한 심장을 가지고 태여나서 세계적인 마라톤 선수가 나올 수 있는 가능성이 크다.

③ 목양체질(Hepatotonia)

마음이 인자하고 남의 잘못을 쉽게 용서한다. 말로 따지는 것을 싫어하며, 툭 터진 넓은 곳에서 활동하기를 좋아하고, 계획적이기보다는 투기적이고, 창의적이기보다는 되는대로 적응하려는 편이다. 그러므로 이런 성격을 가진 사람 중에 독자적인 사업을 하는 사람이 많은데, 그중에는 사업을 크게 벌여 성공하는 사람이 많다. 목양 체질은 투자사업, 기계공학 같은 모험적이고 순응적인 직업 또는 선린주의 정치가 같은 직업이 적합한 직업이라 할 수 있다. 반면에 세밀한 생각과 계산을 요하는 직업, 말을 많이 해야 하는 직업(체질적으로 폐가 약하므로 피곤하고 비능률적이다), 예술적인 직업은 재고해 볼 필요가 있다.

물론 이러한 것은 목양 체질에 있어 보편적이므로 개인적인 환경, 학문, 여러 여건에 따라 특례적인 경우 있다.

④ 목음체질(Cholesytotonia)

활동적이며 봉사적인 반면에 성질이 급하고 감수성이 강하다. 알코올 중독에 잘 걸리는 체질이며 직업 선택에 있어 이런 점을 고려해야 한다. 남과 감정 대립이 잦은 직업, 질투를 당하거나 남의 비판을 받을 만한 직업은 피해야 한다. 조금만 섭섭한 말을 들어도 감정이 거슬려 불면증이 시작되고 온몸이 차가워지고, 다리가 무거워지면서 설사를 하고 마침내는 건강을 잃게 될 우려가 있기 때문이다. 중요한 것은 술과 관계없는 직업이 좋다. 술에 한 번 중독되면 빠져나오기 어려우므로 술을 안 마시는 것이 좋고, 직업도 될 수 있으면 술과 먼 것을 택해야 한다. 성품은 외향적이면서 적극성도 있고 봉사적이다. 교육계나 기계공학 쪽에서 성공하는 사람이 많다. 나무와 불을 취급하는 것만 빼고 무엇이든지 좋은 직업이 될 수 있는 체질이다.

5 토양체질(Pancreotonia)

매우 외향적이다. 종일 한자리에 앉아 일하는 직업은 맞지 않는다. 능률이 오르지 않고, 그것을 억지로 참는 것은 병을 부르는 것이나 마찬가지이다. 또 새것에 대한 호기심이 강하고 항상 마음이 바쁘다. 그러므로 직업 선택에 있어서 각별한 주의가 필요하며 생각 없이 되는대로 했다가는 뒤늦게 직업을 바꾸는 경우가 생긴다. 간혹 의료 선교사로 나가는 사람 중에 토양 체질인 경우가 있다. 온종일 진료실에서 환자를 대하는 일이 성격에 맞지 않으므로 전공을 살리면서 선교도 할 수 있는 자비량 선교사가 되는 것이다. 체질에 맞고 영혼들을 구원하는 귀한 일을 하게 되니 참 좋은 일인 것 같다. 이런 것이 바로 체질과 맞는 직업을 찾는 것이다. 결과적으로 의학만을 가지고 일생을 보내는 것보다 복음을 전하고 영혼을 구하는 귀한 열매를 맺게 되는 것이다.

그러나 토양 체질이 아닌 다른 체질이 같은 일을 감당하기 위해서 몇 배의 인내가 따라야 한다. 그래서 직업 선택에는 반드시 체질을 고려해야 된다는 것을 알게 된다. 토양 체질은 특별히 시각적 감각이 있어 미술가의 거의 70퍼센트가 토양 체질이며, 또 독신생활에 적합해 신부와 수녀는 거의 토양 체질이라 할 수 있다. 토양 체질의 뛰어난 감각과 활동성에 외교관, 수사관도 적합한 직업인데 실지로 그 분야에 종사하는 율도 높다.

6 토음체질(Gastrotonia)

분포율이 극히 낮아 임상 사례가 어려워 생략한다.

7 수양체질(Renotonia)

철저히 '돌다리도 두드려 보고 건너는' 성격이다. 모든 것을 숙고한 후에 결정하는 조직적이고 완벽주의이며 내향적인 성격의 소유자이다. 그러므로 번거로운 것을 좋아하지 않고, 투기성이 있는 사업보다 사무직과 법률직을 선호하며 대중문학에 소질이 많고 운동도 잘한다. 즉 지나친 조심성으로 남의 말을 쉽게 받아들이지 못하고 또 지나치게 오래 생각하는 경향 때문에 투기성이 있는 사업에는 부적합한 것이다. 오히려 망해 가는 사업을 정리하고 수습하여 다시 일으켜 세우는 일은 수양 체질의 사람이 잘할 수 있는 일이다. 백화점, 호텔 종사자, 일반 사무직, 공무원들 중에 맡은 업무를 잘 수행하는 사람들이 수양 체질인 경우가 많다. 반면에 이들은 지극히 현실주의이라 이들 중에 종교인을 찾아보기 어려울 정도이다.

8 수음체질(Vesicotonia)

수양 체질은 회의주의적 성향과 목양 체질의 투기성을 함께 지니고 있다. 수음 체질 사람들이 직업을 선택할 때 가장 중요하게 고려할 것은 약한 소화력이다. 너무 편하고 조용하거나 지나치게 과로하는 일도 안 되고 소식을 하되, 제때 식사 할 수 있는 직종이고 동시에 체질적 성품에 잘 맞는 일을 선택해야 한다. 수음 체질에 맞는 직업의 종목은 수양 체질적인 것과 목양 체질적인 것을 적당히 안배하여 선택할 수 있을 것이다.

2. 체질과 맞는 식탁

1) 체질과 음식

한 나라의 음식 문화는 그 나라 국민의 체질 및 유전과 깊은 관계를 갖는다. 작금의 시대는 본국에서 생산되지 않는 음식도 수입을 통해 얼마든지 먹을 수 있게 되었다. 그러나 옛날에는 자기나라에서 생산되는 것으로 먹고 살아야 했기 때문에 오랜 시간이 흐르는 동안 점차 그 나라의 음식에 맞는 체질로 구성될 수도 있는 것이다. 일부 일본인들의 체질을 조사한 결과 육식을 해서는 안 되는 체질이 의외로 많은 것을 발견하게 되었다.

그 원인을 분석해 보니, 도꾸가와 막부 시대에 오랫동안 국민들에게 고기를 못 먹게 금한 결과 육식을 해야 하는 체질은 점차 사라지고 육식을 해서는 안 되는 체질만이 유전되어 온 것을 알게 되었다. 그래서 육식을 금하는 일본 자연의학회의 운동은 많은 호응을 얻고 있으며 일본이 장수국이 된 것도 그런 이유일 것이다.

만일 육식을 반대하는 운동이 우리나라에서 일어나면 육식 체질이 많은 우리나라에서 2년 이내에 반론에 부딪히게 될지도 모른다.

(1) 전통식이 곧 체질식

각국의 전통음식은 그 나라에서 생산되는 음식과 가장 잘 맞는 체질이 오랜 세월 동안 유전되어 번성하며 생겨난 것이다. 오늘날은 국가 간의 교류가 활발해짐에 따라 다른 나라와 다른 문화권에서 온 이방식을 많이 즐기게 되었다. 그러나 우리의 전통음식은 어떤 음식도 당할 수 없는 최고의 체질식이다. 그러므로 전통음식을 즐기는 것이 바로 체질식이고 건강을 지켜내는 가장 좋은 방법이다.

모든 식탁에는 예법이 따르기 마련이며, 나라와 민족간의 문화와 관습에 따라 식탁 예법은 각기 다르다. 대개는 예의나 위생 면에서 식탁 예법이 중요시되고 한 가지 더 고려해야 할 것이 바로 체질에 맞는 식탁법이다. 가족들의 식탁, 친척간의 식탁, 친구와 지인 간의 식탁, 사제 간의 식탁, 격려와 화해의 식탁, 만남과 고별의 식탁 등 식탁에서 만남은 늘 정겨움과 훈훈함을 연상시킨다. 그 가운데서 인류를 위한 희생을 눈앞에 두고 사랑하는 제자들에게 고별을 고하는 예수의 최후만찬은 가장 고귀하고 거룩한 뜻이 담긴 식탁이다.

(2) 체질식이 지켜준 건강

대부분 환자 가운데 체질 음식표를 받은 후 '내가 좋아하는 음식은 다 못 먹게 한다.' 그것은 그들이 체질에 맞지 않는 음식을 계속 먹어 와서 그 음식들이 그들을 중병에 이르게 만들어 준 원인이 된 것이다. 반대로 건강한 노인이 우연한 실수로 넘어져서 발목 또는 허리가 삐끗하여 오는 경우 진료를 마치고 체질 음식표를 받으면 이구동성으로 '내가 좋아하는 음식은 다 먹으라 한다고 생각할 것이다.' 그런 경우 우연히 자기 체질에 맞는 음식을 먹고 살아 중병으로 옮겨지지 않고 그들의 건강을 지켜왔다는 뜻이 된다.

2) 체질로 보는 '위험한' 식사법

우리 문화에서 흔히 볼 수 있는 식탁 한가운데 찌개 냄비 놓고서 각자의 숟가락으로 떠먹는 것이 일반적이다. 찌개뿐 아니라 김치나 나물 등 반찬도 그런 식으로 먹으며, 특히 술좌석에서 한 술잔으로 여러 사람이 돌려 마시는 경우도 있다. 이런 식의 식사법은 예의나 위생 면에서 좋은 것이 절대 아니다.

체질법에 따르면 절대 금해야 할 일이다. 인간의 혈액은 혈액형이 있는 것처럼 각 체질의 타액에도 특징이 포함되어 있다. 그것들이 섞여서 좋을 경우에 건강에 도움이 되지만, 맞지 않을 경우에 병이 생기게 되는 것이다.

어머니가 자기가 먹던 숟가락으로 어린 아이에게 음식을 떠먹이게 되면 아이가 열이 나고 코가 메이며, 피부가 헐고 이유 모르는 병을 앓게 되는 경우가 있다. 이럴 경우 병원에 가 보아도 이유를 알 수 없다.

첫째, 밥과 국만 아니라 모든 음식을 각자의 것을 구분하여 먹어야 한다.

둘째, 자기 몫의 음식은 되도록 남기지 않고 다 먹도록 한다.

이런 식사법에 맞는 상차림이 뷔페식 또는 일본식(조금씩 담는다) 상차림이다.

(1) 잘못된 식사법 질병 전환

부모의 체질 중 아버지를 닮은 아이는 아버지와 같은 그릇의 음식을 먹으면 안 되고, 어머니 체질을 닮은 아이는 어머니와 같은 그릇의 음식을 먹어서는 안 된다.

음식을 따로 먹는 방법과 절대로 한 사람이 먹고 남은 것은 다른 사람이 먹지 말

것 등을 구체적으로 알아야 한다.

사례) 한 여고생은 알레르기 비염으로 코 안이 매우 가려워 별 치료를 다해도 소용이 없다고 했다. 병원에서 치료를 받으면 좀 괜찮다가 다시 증상이 되풀이된다고 말했다. 식사법을 일러주었다. 딸이 하는 말이 어머니와 같은 방에 침식을 같이 하면 코가 가렵고, 딴 방에서 혼자 침식을 하면 코가 가렵지 않다는 것을 발견했다고 한다.

(2) 체질을 고려한 식사법

우리 식사법대로 반찬을 가운데 두고 모든 사람이 함께 먹는 것, 먹던 밥을 자기 숟가락으로 덜어 다른 사람에게 주는 것은 퍽 다정스럽게 보이지만, 이런 식사법은 체질을 고려할 때 반드시 고쳐져야 한다. 음식은 되도록 남기지 않도록 하고 본인이 먹고 남은 음식이 있을 때 나중에 자기가 다시 먹어도 좋으나, 다른 사람이 먹어서는 안 된다. 뷔페식은 자신이 먹을 음식의 양을 정할 수 있기 때문에 가장 좋은 방법이지만, 꼭 뷔페식이 아니고 앞접시에 음식을 덜어서 먹는 방법이면 된다. 지금의 식사법은 체질뿐 아니라 예의 및 위생 면에서도 문제가 있기 때문에 고쳐나가는 것이 바람직하다.

3) 우리 몸의 보리 역할

보리는 우리 한국인의 주식이다. 보리에 디아스타제가 풍부하게 들어 있어 소화가 잘되고 또 소화력을 돕는 식물로 알고 있다. 해열작용도 있어 열이 나는 유아들에게 흔히 보리차를 먹이기도 한다. 그러나 보리의 효과는 누구나 같은 것이 아니며, 어떤 사람에게는 해로운 식물이 될 수도 있다. 보리 음식을 먹어서 해가 되는 사람은 보리가 입에 닿는 즉시 입맛에 맞지 않아 토한다면 보리를 안 먹을 수 있지만, 인간의 감각은 무디어서 먹어서 해로운 사람, 또 유익한 사람이 같이 먹고 있는 동안에 먹어서 안 되는 사람은 해가 온다. 먹어서 유익한 사람, 또는 해로운 사람 역시 보리가 유익한지, 해가 되는지 모르고 지나간다.

인간의 질병은 분별없이 먹는 음식 때문에 오는 비율이 무엇보다 클 것이다. 야생동물과 어류들은 잡아먹히든지 아니면 자연사할 뿐 병사하지는 않는다. 가축들의 병은 기르는 인간의 잘못이 원인이 되며, 어류 또는 조류가 떼죽음을 당하는 것도 인간의 잘못으로 그들의 삶의 터전이 오염되기 때문이다. 인간은 무엇이나 검증도 안하고 뱀, 지렁이, 개구리, 몸에 해롭고 유익함을 분별할 여유도 없이 남이 좋다 하면 먹기를 좋아한다. 인삼 역시 먹어서 유익한 사람과 먹으면 결과가 나쁜 사람이 있다. 아무 거부감 없이 먹는 것이 문제가 된다.

(1) 동물의 식물 분별 능력 감각

그것은 바로 인간이 핑계치 못할 죄의 상처일 것이다. 아담이 범죄하는 그 시간 하나님을 아는 감각만 사라진 것이 아니라, 선악을 분별하는 감각과 먹을 것에 대한 구별하는 감각도 완전히 사라지고 만 것이다.

(2) 수음 체질은 보리와 상극

인간의 체질은 목양, 목음, 토양, 토음, 수양, 수음, 금양, 금음 등 여덟 가지로 분류되며, 그중 소화력이 가장 약한 체질이 수음 체질이다. 보리는 디아스타제가 풍부하여 수음체질에 가장 해로운 곡류가 보리이다. 수음체질은 이 보리를 먹는 동안 위가 무력해질 뿐만 아니라 냉각되어 하수가 되게 한다. 보리에는 녹말이 없어 당뇨병에 가장 좋은 곡류로 생각되지만, 수음체질은 이익보다 해가 많다.

(3) 토양 체질의 보리는 보약

8체질 중에 보리가 보약 같은 효과를 내는 체질은 바로 토양 체질이다. 소화력이 얼마나 강한지 식사 중에 숟가락을 통하여 묻는 타액으로 밥그릇의 밥이 녹아 그릇 안에 빙빙 도는 체질이다. 그 강한 소화력이 위열로 변하여 가슴이 답답하고, 두통이 날 때 보리밥을 먹으면 속이 후련하여진다. 8체질 중에 당뇨병 발병률이 가장 높은 체질도 이 토양 체질로, 이 체질의 당뇨병에 없어서 안 될 음식도 이 보리 음식이다. 다만, 보리는 토양 체질의 보약인 것이다.

우리가 먹는 생물 분석이 가능하지만, 안 보이는 성분 분석은 불가능하다. 인간을 비롯하여 모든 생물의 가장 중요한 성분은 안 보이게 감추어져 있다. 보리의 안 보이는 성분은 인간의 위열을 식히는 힘이다. 그 힘이 얼마나 강한지 열이 넘쳐 두통으로 변한 토양 체질의 위열을 식혀 시원하게 하고, 항상 위가 냉하여 조금만 과식을 해도 소화가 안 되는 수음 체질의 위에 이 보리가 들어가면 위의 냉은 더욱 심화된다.

수음 체질과 토양 체질을 제외하고는 다른 체질에 대한 보리의 효과는 큰 유익은 없지만, 좋은 정도 체질과 해가 약한 체질도 있다는 것을 이해하자. 끝으로 인간에게 음식을 분별하는 감각이 없지만, 자신의 체질을 분명하게 아는 것이 최선이며, 그 이유는 8체질의 유익한 음식과 해로운 음식이 이미 분류되어 있어 구별하기가 크게 어렵지 않다.

3. 체질과 맞는 비타민

비타민은 종류에 따라 어느 것은 평생을 먹어도 좋기만 하면서 마치 결핍증 같은 현상이 나타나기도 하고, 반대로 조금만 먹어도 좋지 않은 과잉증과 같은 현상이 나타나는 사람이 있다. 즉 그 좋고 나쁨이 사람마다 다르게 나타나게 되는 것이다. 비타민은 인체 안에서 생합성되는 것이 아니고 밖에서 들어와 내장들의 생리기능을 돕는 역할을 한다. 그런데 사람들의 장기는 비타민의 협조를 받아야 하는 약하게 타고난 장기도 있고, 전혀 그런 협조가 불필요한 강한 장기도 있다. 8체질이란 바로 그 장기들의 강약 배열을 선천적으로 달리하는 여덟 가지 장기 구조가 각 체질의 강한 장기는 그것들의 기능을 돕는 비타민을 평생 필요로 하고 있어 그것을 과용해도 과잉증이 생길 수 없는 것이다. 즉 체질에 따라 취해야 하는 비타민과 취해서 안 되는 비타민이 있다.

1) 폐기능이 약한 목양체질

비타민 A는 어간유이며, 식물에는 없는 것으로 이것이 결핍될 때 야맹증이 생기고 뼈의 성장에 이상이 오며 안구건조증, 호흡기점막이상, 생식기능이상 등이 생긴다.

비타민 D도 간유, 어패류, 어류, 난황, 버터 등에 포함 되어 있는 항구루병 요소로 부갑상선과도 밀접한 관련이 있다.

이 같은 비타민 A와 D의 결핍증들은 다 폐 기능의 저하로 인한 병들(뼈 성장지연, 호흡기 점막이상, 구루병, 갑상선 이상 등)과 폐의 길항장기인 간 기능의 상승으로 오는 병들(야맹증, 안구건조 등)을 가져오고 있다. 비타민 A와 D는 결과적으로 그 결핍증 환자들에게 좋은 비타민인 셈이다. 그 이유는 선천적으로 폐기능이 약하고 간 기능이 강한 목양체질과 목음체질에 맞는 비타민이기 때문이다.

따라서 이 체질들은 비타민 A와 D를 아무리 많이 오랜 동안 먹어도 좋기만 할 뿐 과잉증이 생길 수 없다.

2) 금양 및 금음체질은 비타민 A와 D가 독물

폐와 대장이 강하고 간과 담이 약한 금양체질 및 금음체질이 비타민 A와 D를 취할 때 그들이 강한 폐와 대장은 더욱 강력한 기능을 발휘하여 길항 관계에 있는 약한 간과 담은 더욱 약화되어 부작용이 나타난다. 일반적으로 '과잉증'이라고 말하지만 그 체질에게 많이 고사하고 조금만 비타민 A와 D가 들어가도 심한 거부반응이 일어나는 독물로 변할 수밖에 없게 된다.

3) 수양 및 수음체질의 결핍질환

비타민 B_1의 결핍으로 오는 최초의 증후는 식욕부진과 피로하기 쉽고, 불안하며, 결핍이 심하면 각기병이 생기게 된다. 이는 췌장 기능이 약할 때 나타나는 수양체질의 질환들이다.

또한 소화기와 관련되는 수양체질과 수음체질의 병증에는 비타민 B_2 결핍증에서 오는 구각염, 설염, 안구결막염, 유루(고민), 시력장애 등도 있다. 그러므로 비타민 B₁과 B₂군은 수양체질과 수음체질은 평생을 투여하여도 좋기만 하다. 금양체질과 금음체질에도 좋을 수가 있다.

4) 토양 및 토음체질은 비타민B를 거부

췌장과 위를 강하게 타고 난 토양체질, 토음체질는 과잉증과 같은 거부현상이 나타나며, 토양체질에 대한 비타민 B 반응은 누구의 탓도 잘못도 아닌 인류가 전혀 알지 못하고 있는 비타민 B의 토양체질에 대한 독성 때문이었다.

토양체질의 비타민 E 는 일반적으로 불임 중에 쓰는 영양물질로 알려져 있다. 그러나 건강한 몸으로 임신이 안 되는 불임자 100명 중 거의다 토양체질이다(토양체질이 다 그런게 아니라 불임자중에 다른 체질은 없다는 말이다) 그것은 토양체질이 선천적으로 신장을 가장 약하게 타고 났기 때문에 불임증이 잘 오고 또 비타민 E 는 신장 기능을 돕는 물질이기에 불임증에 효과가 있다는 것이다. 토음체질, 금양체질, 목음체질은 불임증은 아니나 신장이 약하므로 비타민 E 가 유익하다. 그러나 그밖의 체질들은 비타민 E 가 불필요하며 혹 신장이 약하지 않은 체질이 다른 이유로 불임증이 왔다 할 때도 비타민 E 는 불필요한 것이다.

비타민 C 에 대하여 장도항해선원에게 잘 걸리는 괴혈병과 인공영양아에게 잘 걸리는 묄러 발로우씨 병(Moller Barlow's disease) 등이 야채식 결여에서 오는 것이다.

비타민 C 는 간과 담을 돕는 영양소이며 그것은 간과 담이 약한 금양체질과 금음체질에 맞는 영양소이다. 비타민은 분명히 체질에 따라 필요한 것과 불필요한 것이 있다.

그와 같이 영양소가 체질에 맞는 공급방법은 단순히 영양만이 아닌 병의 예방과 치료한다. 그러나 체질을 모르는 음식과 영양소에 아무리 관심이 높아도 결과는 "나에게 좋은 음식과 영양소를 남에게 다 좋을 수 없다."는 걸 명심하자. 또한 영양소에는 인간의 내장 기능을 돕는 역할이 있는 것과 인간의 내장은 8체질에 따라 강하고 약한 배열이 다른 것을 알아야 한다. 정확한 체질에 맞게 "약한 장기를 위한 영양소는 공급되고, 강한 장기를 위한 영양소는 단절시켜야 한다."는 것을 분명히 알아야 할 것이다.

4. 체질과 귀금속의 금

1) 금에도 독

금은 귀금속 중의 보화의 대명사니며, 최상의 표현이기도 하다. 그래서 금관은 보통 사람이 가질 수 없는 왕관이며, 상중의 금상과, 메달 중의 금메달은 다 최고 최상의 뜻을 함축한다. 동양, 서양은 예나 오늘 할 것 없이 전 인류는 금을 가지는 것을 기뻐하고 행복으로 생각하며, 따라서 금은 귀금속 공예의 왕위를 차지하고 세계 모든 나라는 금을 화폐의 기준으로 삼는다. 건강에도 금은 몸에 해가 없을 뿐만 아니라 유익한 것으로 알려져 있다. 그 일례로 우리나라에는 보약 먹는 대신 금니를 하라는 전래의 말도 있다.

아마 금니를 넣은 후에 다른 건강도 좋아지는 것을 경험한데서 나온 말일 것이다. 바로 이처럼 변하지 않고 녹슬지 않는 금이 몸에 닿아 유익할 뿐 해가 없다는 것은 모든 사람의 공감이고 자연스런 생각일 수도 있다. 하지만 "금에도 독이 있다" "금이 몸에 닿으면 병이 생긴다."라고 말할 때, 그것은 긍정 받을 수 없는 독한 말이 될 수밖에 없다. 모든 사람이 아니고, 8체질 중의 금양체질(Pulmotonia)은 금이 무서운 독이 된다. 8체질에서 발견하게 된 것이다.

(1) 금양체질의 금 부작용

사례1) 어느 날 동경에서 찾아온 일본인 부부얘기다. 그 부인은 외견상 건강하고 또 지금껏 병을 앓아본 일이 없다는데, 얼마 전부터 이유 모르게 입이 마르기 시작한다는 것이다. 뿐만 아니라 입안 전체와 인후에서 기관지 상부까지 말라 견딜 수 없어 동경의 유명한 병원은 안 가본 데가 없다는데, 모든 의사가 아무 이상을 발견할 수 없었다는 것이다.

그러나 입 마름은 점점 아래로 내려가고 있으며 결과적으로 죽을 수밖에 없다는 호소였다.

체질을 진단한 결과 금양체질로 판명되었고 그의 치아에 대하여 물어보니 위아래가 다 금니라고 한다. 나는 곧 금양체질과 금니에 대한 설명을 해주었다. 그러자 자신이 돌이켜봐도 금니와 입 마름의 시간관계가 분명히 있음을 알았던지 그것들을 전부 제거하겠다며 동경으로 돌아갔다. 그러나 동경 어느 치과에서도 이를 빼어주지 않아 마침내 고향인 북부 지방의 옛 친구에게 가서 이를 빼냈는데 삼분의 이쯤 빼었을 때 병이 다 나았다고 일부러 알려주러 왔었다.

분명히 금이 금양체질에 있어서 독으로 작용함을 증명한다. 그러나 금에는 불치의 병인 류마치스를 낫게 하는 치유력이 있다는 것도 알려져 있다. 하지만 그것을 사용하기가 어려운 것은 때로는 류마치스 환자에게 금을 썼을 때 효과보다는 부작용이 나타나기 때문이다. 그렇다면 금의 작용이 금양체질에만 독이 되고 다른 체질은 치유력이 된다는 결론이다.

(2) 목양체질은 유익한 금

그것은 바로 분석 불가능한 금의 효능이, 선천적으로 폐를 강하게 타고 난 금양체질은 강한 폐를 더 강하게 하여 장기들의 불균형을 더욱 조장하는 반면 어떤 체질(폐가 약한)에는 그 강 폐력이 장기들의 불균형을 평준화시키는 데 도움을 주어 류마치스 같은 병을 낫게 한다고 볼 수 있다. 선천적으로 폐를 가장 약하게 타고난 체질은 목양체질로 그 약한 폐와 길항관계(Antagonism)에 있는 간이 가장 강한 체질이다. 이 체질은 금양체질과는 다른 반응을 보인다.

사례 1) 어느 날 젊은 변호사 부인이 심한 류머티즘으로 여기저기 헤매다가 찾아온 적이 있었다. 진찰 결과 목양체질이었다. 내가 직접 치료하는 방법도 있지만 그보다 어디든지 가서 금 주사를 찾아 맞도록 권고했다. 그 후 부인은 다행히 금 주사를 가지고 있는 의사를 발견하여 치료를 받고, 반년쯤 지난 어느 날 찾아와서는 그 심한 류머티즘을 금 주사로 완치시켰다고 말했다.

8체질의 채식과 육식

1. 8체질식의 분류

날로 채식주의자들은 증가하고 있다. 특히 난치병 환자 & 중환자는 무조건 채식을 해야 되는 것을 일반적으로 알려져 있다. 물론 채식으로 중병을 고친 사람도 많지만, 그러나 육식으로 같은 효과를 거둔 사람도 많다. 그러므로 자신의 체질을 알아야 하고, 그것을 모른다면 음식도 차라리 혼합식이나 균형식이 좋다. 무조건 채식만 선호하는 것은 마치 호랑이나 사자에게 풀을 먹이는 어리석은 위험한 편식주의가 되어 버릴 수도 있는 것을 알아야 한다.

8체질론은 세계 최초로 8체질의 음식을 분류하여 40년 전부터 환자들에게 권장하여 왔다.

1) 채식과 육식의 원리

육식을 소화시키는데 담즙의 분비가 필요하다. 따라서 육식을 많이 해야 하는 사람은 담즙의 생산기관인 간을 강하게 타고난 사람이다. 그러나 그 사람이 육식이 공급하는 영양소가 불필요한 사람이라고 할 때 담즙 때문에 육식을 많이 섭취하는 것은 결과적으로 병을 만들 수도 있다. 그런데 인간의 장기 구조는 묘하게 되어 있어, 간과 담낭이 강한 사람은 그것들과 길항관계에 있는 폐와 대장의 두 장기가 바로 육식을 요구하는 장기라는 것이다.

(1) 목양체질 &목음체질은 육식

"동물들도 육식동물은 다 대장이 짧다." 그 말은 곧 간이 강하다는 것이며, 육식동물이 된 이유이다. 육식은 그것을 요구하는 약한 폐와 대장을 보강하여 준다는 뜻이다. 그래서 간이 강하고 폐가 약한 목양 체질과 담이 강하고 대장이 약한 목음 체질은 육식을 해야 한다. 무, 당근, 도라지, 마늘 등은 최고 식품이 된다.

(2) 금양체질 & 금음체질은 채식

담즙을 생산하는 간이 약하여 육식의 소화가 잘 안 되는 사람은 폐가 강하고 대장이 길어 육식 대신에 채식을 해야 한다. 그래서 채식이 그 약한 간과 담을 보강하는 영양소가 되기 때문이다. 폐가 강하고 간이 약한 금양 체질과 대장이 강하고 담이 약한 금음 체질은 채식을 해야 하므로 배추, 상치, 오이 등은 최상 상품이 된다.

또한, 아토피성 피부염(Atopic dermatitis)은 갑자기 육식 세상이 된 우리나라에 나타난 병으로 다른 체질에 없고 금양 체질에 있는 난치병이다. 8체질론에서 이미 치료 방법도 개발되었지만 육식만 완전히 끊어도 완치될 수 있는 금양 체질의 특유 병이다.

(3) 토양체질과 토음체질

같은 육식이라도 돼지고기는 비뇨기계 장기를 도와준다. 돼지고기는 비뇨기계 장기가 약한 토양 체질과 토음 체질에게 더 좋다.

(4) 수양체질과 수음체질

닭고기는 소화기계 장기를 도우므로, 소화기계 장기가 약한 수양 체질과 수음 체질에게 더 맞는다.

2) 체질을 몰랐을 때

금양체질을 가진 사람이 자기 체질을 모르고 육식을 즐기면 편한 날이 있을 수가 없다.

주변 권유로 채식을 경험한 결과 건강이 회복되면 별안간 채식 찬양론자로 변할 수도 있다. 목양 체질이 주변 권유받고 육식을 해야 하는 사람인데 채식을 한다면 그 또한 병에 걸릴 수밖에 없다. 다행히 그가 육식으로 건강했던 과거를 회상하여 다시 육식을 해서 건강을 되찾았다면, 그는 반대로 육식 찬양론자가 될 것이다.

이 양론을 들은 체질을 모르는 사람들은 "채식만으로 어떻게 단백질과 지방을 섭취하느냐" 또는 "육식으로 콜레스테롤과 지방을 어떻게 처리하며 필연적으로 중병을 면할 수 없으리라"는 등의 이치에 맞는 것 같지만 틀린 말이다. 그러나 풀만 먹는 코끼리나 황소의 단백질과 지방질은 어디서 나오며, 육식만 하는 사자와 호랑이의 단백질과 지방질은 다 어디로 가고 민첩하고 날쌔기가 비할 데 없는지 신중히 연구해 보자.

(1) 일반 상식의 위험성

사례 1) 중풍 중증으로 오른쪽이 마비되어 내원하였다. 진찰 결과는 목양 체질의 뇌경색이었으나 치료가 잘 되어 다시 직장에 출근하게 되었다. 치료 중에 당부를 했고, 육식을 주식으로 해야 한다고 치료를 마칠 무렵에 분명히 일러주었다. 그러나 본인은 음식이 그렇게 중요하다 생각할 수 없었다. 그 후 1개월이 지나 혈액검사를 한 결과 콜레스테롤 치수가 400, 그때부터 육식을 폐지하고 1개월 동안 채식을 하고, 그 후 다시 혈액 검사를 하니 콜레스테롤이 1,700으로 뛰어올랐다. 놀란 표정으로 말하는 그에게 반대로 1개월간 다시 육식을 하여 보라고 말했다. 그런 결과 다시 400으로 떨어졌다. 그에게 있어 그런 경험은 육식이 앞으로 정상 수치를 찾게 하는 데 도움을 줄 것이라 주지시켰다.

육식이 콜레스테롤을 올릴 뿐 내리게 할 수 없다는 일반적인 상식이 얼마나 위험한 가를 알게 하는 계기가 되었다.

(2) 채식 신드롬

사례 1) 거의 모든 사람의 채식 경험은 유익보다는 해로웠던 것으로 뜻이 모아졌다. 만성 간염을 치료받던 모사장이 자신한테는 육식만 하라고 말했고, 또 다른 간경화 환자에게 채식만을 하게 해서 치료를 잘 마쳤던 적이 있다고 그때 일을 그가 기억하면서 "사람에 따라 채식과 육식을 해야 하는 분별이 있는 것이 아닌가" 싶다며 그에 뜻을 모임에서 말하게 됐고, "그러면 그 한의사를 만나 이야기를 들어보자"는 것으로 결론이 나서 모사장이 대표로 교섭차 불러 배석했다. 그중 두 사람만 채식을 해야 할 사람이고, 나머지 수십 명이 육식을 해야 하는 체질임을 알고, 채식 논란이 당연했음을 짐작할 수 있었다. 마치 어떤 이에게는 인삼이 영약이 되나, 맞지 않는 사람에게 독약이 될 수도 있다는 것과 같은 이치다.

(3) 장수의 비결

중환자와 난치병 환자에게 체질 음식표를 주면 의례 하는 말이 "내가 좋아하는 것은 다 못 먹게 한다"는 것이다. 건강한 사람이 체질을 물어 왔을 때, 체질 음식표를 받고 나오는 말은 "내가 좋아하는 것만 먹으라 한다"고 말한다. 이 같은 현상은 음식 때문에 중병을 앓고, 또 음식 때문에 건강을 유지한다는 것을 잘 설명해 준다. 즉 해로운 음식을 즐기는 사람들이 자기도 모르는 사이에 즐겨 먹게 된 것이 건강 상태를 결정하게 된다는 얘기다. 그러나 그들도 자기 체질을 알아야 하자만, 그들이 즐겨 먹는 해로운 음식을 버리는 것과 유익한 음식의 참맛을 아는 것도 체질에 대한 인식이 인정되어 질 때 가능하기 때문이다.

3) 체질과 포도당 주사의 결과

중환자가 입으로 음식을 먹을 수 없을 때 혈관을 통해 영양을 취하는 가장 기본 영양소 포도당 주사가 중독을 일으킬 수 있다고 말하면, 그것은 마치 밥에 독이 있음을 말하는 것과 같은 상식 밖의 말 같다. 세상에 어느 누구한테 들을 수 없는 오직 8체질에서 주장한다. 다만 해당하는 체질의 환자들에게 경고하고 있지만, 임상실험 결과 50여 년이 지난 지금 그것을 쓰게 되어 조심스럽기도 하지만 사실이다.

(1) 목양체질은 포도당이 독

사례 1) 약 35~6년 전 미국 모 의과대학 교수 한 분이 뇌종양으로 수술을 받은 후에 언어와 왼쪽 수족이 부자유스러워 나한테 치료를 받고 있을 때 일이다. 하루는 조그마한 종잇 조각을 가지고 내게 왔다. 그 전날 환자를 치료하고 있는 내 뒤에 앉아서 어느 환자에게 "포도당 주사를 맞으면 큰일이 난다"고 주의 주는 내 말을 듣고 문득 생각이나 숙소에 가서 가방을 뒤졌더니 마침 있어 가져왔다고 했다. 어느 동료 교수가 몇 년 전에 포도당에 독이 있는 것 같기도 하다는 의심을 알리는 내용이었다. 그 후 소식이 끊어지고 말았다는데, 나에게는 그것이 마치 내가 외치는 메아리를 듣는 것 같은 흥분을 일으키게 했다. 물론 포도당 주사가 누구나 중독을 일으키는 것은 아니다.

다만 인류 8분의 1에 해당하는 목양 체질의 문제이다. 이 말은 바로 선천적으로 간을 가장 강하게 타고난 목양 체질의 간기능이 포도당 주사에 의하여 더욱 강화된다는 것을 뜻하며, 그것은 포도당이 간을 보강하는 영양소라는 것과 8체질론에서 목양 체질은 포도당이 많이 함유되어 있는 채식을 못 하게 하는 것과 일맥상통한다. 다시 말해서 포도당에 대한 친화력이 강한 장기가 간이며, 그것은 포도당이 간을 보강하는 영양소라는 뜻도 된다. 또한, 혈액이 모든 세포에 공급하는 포도당은 간의 영향력이라고도 말할 수 있다.

그런데 목양 체질이 포도당을 혈관주사를 통해 받는 것은 중독이 되나 포도당으로 전환되는 밥은 아무리 많이 먹어도 중독이 안 되는 이유가 있다. 먹어서 섭취되는 포도당은 몸 안에서 혈액 중의 포도당이 위험 선을 넘지 않도록 글리코겐으로 만들어 간에 저장하므로 미리 조절하는 생명의 신비가 있지만, 혈관에 바로 주사하는 포도당은 목양 체질의 특성과 그 혈액 중 포도당의 위험선의 헤아림이 없이 주입하는 데서 문제가 되는 것이다.

목양 체질 〉 수양 체질 〉 수음 체질 〉 목음 체질의 계열이다.

※ 목양 체질도 포도당은 필수불가결한 기본 영양소이지만, 다만 혈관주사에 의한 포도당의 혈중 과잉이 공급될 때, 간의 영향력을 강하게 받고 있는 목양 체질의 세포들이 포도당 중독에 걸릴 두려움이 있다는 것이다.

(2) 금양 체질에 유익한 포도당

사례 1) 체질에 따라서는 포도당이 기본 영양소를 넘어서 보약이 되고, 불치병을 치료하는 특효약이 될 수도 있다. 그때 상태가 회생 가능성이 전무한 중태여서 진찰도 치료도 불필요하고 다만 포도당 주사로 시간만 지체되길 기다리는 정도였다. 이상하게도 시간이 가는 대로 저절로 깨어나기 시작하여 포도당 공급 이외에 아무 치료 없이 그림자도 없는 완전 자연 치료가 되었다는 것이다. 병원에서는 불가사의로 생각하고 교회 장로인 본인은 하나님의 은총으로 생각한다고 말했다.

나는 그 말을 듣는 동안 그 체질을 알아챘으며 진찰 결과도 생각대로 금양 체질이었다. 그래서 나는 설명하였다.

"장로님에 대한 하나님의 은총은 전혀 회생 불가능의 상태로 병원에 가게 한 그것입니다. 백약이 듣지 않던 금양체질이 그 실망적인 상태 때문에 모든 치료를 피하게 만들고 반대로 다른 체질과 달리 영양소를 넘어서 그 체질에는 유일한 치료제가 될 수 있는 포도당만 맞게 하는 계기를 만들어 불가사의한 완치에 이르게 한 것이지요. 만약 그때 치료할 수 있는 상태로 병원에 갔으면 장로님에게 오늘이 없는 것입니다."

금양 체질의 세포들은 항상 간의 영향력이 결핍한 상태로 되어 있어 포도당의 계속된 혈관 주입은 그 결핍을 보완하므로 병을 낫게 하는 불가사의가 아닌 합리적인 치료법이 된 것이며, 이것이 바로 금양 체질에게 포도당이 풍부하게 함유된 채식을 권하는 이유이다.

기본 영양소인 포도당 혈관 주입이 다른 체질들에게 좋은 차례 관계, 금양체질 > 토음체질 > 토양체질 > 금음체질의 계열이다.

포도당의 기본 영양소라는 뜻을 가볍게 생각하기 쉬우나 기본 영양소이기에 그 과잉은 그것을 받아먹는 인간 세포들을 그만큼 상하게 하고, 또 복구되게도 하며 그 억제력과 보충력은 위대한 치료 효과로 발휘된다. 그래서 8체질론은 목양 체질의 음식표에 포도당 주사를 금하고 금양 체질의 음식표에 유익한 것으로 명기하고 있다.

2. 체질에 따른 목욕 방법

1) 목양체질과 여름철 온수욕

목욕은 몸을 깨끗이 한다는 청결의 목적이 우선이지만, 사람이 하는 목욕의 효과가 보이지 않는 건강과 얼마나 크게 작용하는지, 또한 개인의 건강과 결부되는 목욕의 선택이 중요하게 필요하다 말하고 싶다.

목욕의 종류는 더운물로 하는 온욕과 찬물로 하는 냉욕으로 분류된다. 온욕은, 온천욕과 한증탕도 거기에 속하며 냉욕에 냉수마찰, 수영 등이 포함된다. 목욕의 선택은 땀이 나게 하는 온욕과 땀을 막는 냉욕의 구분을 말한다. 사람은 몸에 땀을 많이 내야 하는 사람이 있으며, 항상 땀이 나지 않게 하는 사람도 있다. 땀을 꼭 내야 하는 사람이 냉욕으로 땀을 막으면 병의 원인이 된다. 또한, 땀을 막아야 하는 사람이 온욕으로 땀을 흘리면 역시 병을 부른다. 그래서 사람들이 전신이 아프고 관절통이 심할 때, 더운물에 들어가 땀을 빼고 나면 시원해지고 감기가 들었을 때도 목욕탕에 가서 땀을 흘리고 나면 가뿐해지는 사람이 있다. 그러나 감기로 목욕탕에 가서 땀을 빼고 나면 처음에는 가벼움을 느끼다 다음날 감기가 더 심해져서 다시 탕에 들어가 땀을 흘리고 나면 한 달 넘어도 낫지 않는 중환자가 되어 버리는 사람도 있다.

냉수마찰과 수영으로 건강이 증진되는 사람이 있지만, 그런 것들이 별로 도움이 안 될 뿐만 아니라 오히려 해롭게 나타나는 사람이 있다. 밤에 잠자는 동안 땀이 나면서 건강이 쇠퇴하여 가는 것을 느끼는 사람이 있으며, 반대로 아침에 일어나면 누웠던 요가 젖을 정도로 땀이 나 걱정스러웠지만, 그때부터 건강이 증진되는 것을 발견하기도 한다. 그런 결과는 같은 사람들이지만 건강에 따라 나타나는 변화가 아니라, 건강을 막론하고 항상 각자의 체질대로 사람마다 체질적인 이유를 가지고 있는 것이다.

사람들의 체온은 속과 겉이 조금씩 달라서 '속이 겉보다 조금 높은 사람이 있고, 겉이 속보다 높은 사람이 있다.' 그 이유는 '성격의 차이, 행동의 차이, 취미의 차이'를 만들어 다양한 세상의 삶, 다양한 문화, 다양한 풍습을 만드는 원동력이 된다.

2) 겉열 & 속열을 분별

사람들은 속 열이 높을 때 자신은 열이 높다는 것을 느낄 뿐 속 열인지 겉 열인지 분간할 수 없고, 겉 열이 높을 때도 그렇다. 바로 자신의 체질을 아는 것만이 방법이라는 것이다.

오장의 (심장, 폐, 췌장, 간, 신장), 과 오부의 (위, 담낭, 소장, 대장, 방광) 기능의 강약 배열이 서로 다른 8개의 장기 구조가 8체질을 만들어 내며, 그중 목양체질, 목음체질, 토양체질, 토음체질은 속 열이 높은 부교감신경 긴장체질(Vagotonia)이다. 그래서 목양 체질, 목음 체질, 토양 체질, 토음 체질은 더운 목욕을 해야 하며, 냉수마찰이나 수영은 꼭 피해야 한다.

반대로 수양체질, 수음체질, 금양체질, 금음체질은 겉 열이 높은 교감신경 긴장체질이기 때문이다. 냉수마찰 또는 수영을 해야 하며, 더운 목욕은 꼭 피해야 한다.

8체질의 8개 장기 구조와 교감신경 및 부교감신경에 있어 관계의 체질론적 복잡한 설명은 할 수는 없지만, 누구나 아는 모든 장기는 교감신경과 부교감신경에 의하여 운동한다. 내 맘대로 내 손과 발, 눈과 혀를 움직일 수 있으나, 내 속에 있는 장기들의 하나도 내 뜻대로 멈추게 할 수 없고 움직이게도 할 수 없다.

자율이라는 말은 사람인 내 뜻대로가 아닌 '자율신경 자체의 뜻대로'라는 뜻이 되지만, 거기에는 '자율신경을 운전하는 생명의 주인의 뜻대로'라는 더 깊은 뜻이 있음을 엿듣게 하며, 체질에 맞추어 선택되는 목욕법은 생명의 법을 따라 사는 길이라 말할 수 있다.

8체질 이론에 근거하여 목양 체질 등 4체질은 건강한 때나 병중에나 봄, 여름, 가을, 겨울 어느 계절에도 온수욕을 즐겨 해야 하고, 수양 체질 등 4체질은 반대로 냉수욕을 즐겨 해야 한다는 것을 명심해야 할 것이다.

3. 체질을 알고 결혼

세상에는 위인의 현처에 대한 말은 별로 전해지고 있지 않지만, 악처에 대해서 더러 알려져 있다. 소크라테스의 처가 악처이며, 톨스토이, 링컨, 웨슬레의 처도 악처로 알려져 있다. 공자도 처에 대한 글을 남기지 않은 것으로 보아 독신자가 아닐까? 라는 견해도 있으나, 후손이 있는 것으로 보아 처가 있었으나 글에 남기고 싶지 않을 정도의 악처가 아니었을까 생각되기도 한다. 그러나 악처란 따로 있는 것이 아니다. 결혼 전에는 정숙하고 훌륭한 여자였지만 결혼 후 화합하지 못했을 때, 그 탓을 아내 편으로 돌리게 되어 악처가 된 것일 수도 있다. 사실 부부가 화합하지 못한 것은 어느 한 편의 책임이 아니고, 두 사람 사이에서 일어난 '역풍' 때문일 것이다. 따져보면 유명하게 된 남편들의 위대한 인격과 업적과 사상과 철학은 악처가 아닌 역풍 때문에 만들어진 것이다.

결혼은 두 사람이 만나 한 몸이 된 것이다. 타의 건 자의 건 분리될 수 없는 운명이다. 앞길에 무엇이 있는지 가보지 않고는 알 수 없는 미지의 항해이다. 순풍을 만나면 순탄하게 잘 갈 것이고 역풍을 만나면 얼마든지 거슬러 갈 수 있는 항해법을 찾아 그렇게 가야 한다. 역풍을 거슬러 가다 보면 순풍을 타고 간 배보다 훨씬 큰 보화를 만날 수도 있는 것이다.

1) 맞는 체질은 좋은 만남

남녀의 결합은 안전하게 인생 항로를 가기 위한 절대 필요조건이다. 결혼에서 시작된 항해는 어떤 이유 불문하고 도중에 파괴해서는 안 되는 것이다. 그렇다면 결혼을 잘해야 한다. 잘한다는 것은 돈이나 명예, 지식이나 권력을 뜻하는 것이 아니라 바로 '맞는 짝', 다른 말로 '맞는 체질'을 만나는 것이다. '맞는 체질의 만남'이란 '내장기능의 강약 구조가 반대로 된 체질이 만나 결합하는 것'을 말한다. 그 반대의 도가 심할수록 좋으며, 가장 좋은 것은 정반대 내장 구조의 체질이 만나는 것으로 여기에서 중요한 것은 '만남'이다.

좋은 만남의 효과는 상대방의 강한 위가 나의 약한 위를 보충하여 주고 그 때문에 상대방의 강한 위는 약화되어서 좋고, 상대방의 약한 신장이 나의 강한 신장에서 보충을 받고, 나의 강한 신장은 힘이 덜어져서 좋게 된다. 그렇게 정반대되는 구조의 모든 장기들이 상호보완 작용을 할 때, 그 부부는 만사가 기쁘고 서로 고맙기만 하다.

서로 만나는 것만으로 기뻐지고 위안이 되며 희망과 행복감으로 넘치게 된다. 서로가 의심이 있을 수 없고 다른 사람에게 한눈을 팔지 않는다. 그러므로 만사가 잘되고 불만이 없으며 온 가정이 평화스럽고 누구에게나 선하게 대한다. 자식들도 엄마를 닮은 자식은 아빠를 존경하고 아빠를 닮은 자식은 엄마를 존경하며 세상에 부러운 것이 없을 만큼 만족스럽다. 이런 사이를 깨뜨릴 자가 없고 자의로 헤어지는 것은 어려운 일이다.

(1) 만나면 좋은 체질들

- 수양체질 = 토양체질 〉 목음체질 〉 토음체질이 좋다.
- 수음체질 = 토음체질 〉 토양체질 〉 금양체질이 좋다.
- 목양체질 = 금양체질 〉 토음체질 〉 토양체질이 좋다.
- 목음체질 = 금음체질 〉 수양체질 〉 수음체질이 좋다.
- 토양체질 = 수양체질 〉 금음체질 〉 목양체질이 좋다.
- 토음체질 = 수음체질 〉 목양체질 〉 수양체질이 좋다.
- 금양체질 = 목양체질 〉 수음체질 〉 수양체질이 좋다.
- 금음체질은 목음체질〉 토양체질〉 목양체질이 좋다.

이상의 체질적 배합은 그 배합 자체가 그들의 '이상의 실현'이다. 그 이상 더 바랄 것이 없다. 그들은 함께 만나고 함께 일하며 함께 기쁨을 누린다. 다른 열 사람의 조언이 아무리 훌륭해도 반대 의사를 말하는 배우자 한 사람의 말에 따르며, 또 그 결과도 놀랄 만큼 좋은 것을 경험한다. 그들의 모든 것은 어떻게 보면 이기적이다. 그들에게는 다른 이상이 없다.

그래서 그들에게 사회적으로 크고 획기적인 것을 기대하기 어렵다. 그들은 현실에 만족하기 때문이다. 그러나 순풍을 타고 가는 이 평화의 쌍들이 주의할 것은 기쁨에 너무 심취할 때 건강하면서도 얼굴에 잔주름이 많아지고 빨리 늙으며 기쁨도 조절이 필요하다.

(2) 위대한 목표로 인도하는 역풍

반대로 순풍을 타고 가는 체질들의 만남 이외의 다른 만남들은 그들 자신을 위한 만남보다는 사회와 역사가 요구하고 하늘이 요구하는 만남이다. 그렇다면 순풍이 아니라 '역풍'이 있다. 그러나 그런 것이 무서워 이혼하든가, 맨 처음부터 방법을 달리하는 나쁜 풍조는 자신들 뿐만 아니라 가정과 자녀와 사회를 망치는 결과를 초래한다. 역풍은 인성을 깨운다. 지혜를 일깨우며, 높은 데를 바라보게 한다. 새것들이 보이며 그것을 향해 가고 싶게 만든다.

거기에 인류의 발전이 있고 희생이 있으며 참 행복이 있다. 그러므로 하늘이 변화를 섭리할 때는 그것을 담당할 역군들에게 순풍 아닌 역풍을 안겨주는 것이다. 역풍으로 깨우친 지혜는 높은 차원의 행복을 느끼게 하며 주어진 사명을 받아들이게 한다.

역풍은 목표를 향해 가는데 방해의 바람이었지만, 지나고 보면 그것 때문에 목적을 향하여 가속도로 왔다는 것을 깨닫게 된다. 역풍을 타고 가는 길에서 신변에 있는 작은 것들에 한눈을 팔지 않고 멀리 있는 위대한 목표만을 보게 된다. 그때 그들은 참 기쁨과 행복을 느끼며, 감사함으로 모든 것을 받아 드림을 배운다.

(3) 쉼을 통한 재충전

쾌속이 지나치면 적기에 쉬어가야 한다는 것은 중요한 의미가 있다. 쉬는 방법은 그들이 함께 쉬는 방법이 있고, 서로 떨어져 각기 쉬는 방법이 있다. 떨어져 쉬는 것은 더욱 효과적이다. 각기 가고 싶은 곳에 가서 쉬는 동안 흥분이 가시고 사모하는 정으로 채워진다. 자신을 반성하며 상대방을 이해하게 되고, 만나고 싶은 마음으로 재충전될 때 다시 항해를 계속한다.

쉬는 것이 그들에게 왜 중요한가? 그들 부부는 체질적으로 장기 구조가 완전히 같거나 거의 같아 그들의 만남은 그들의 강한 장기들이 함께 달아오르고 약한 장기들은 함께 약화되어 거기에서 바람이 일어난다. 그리고 그 바람은 역풍이 된다. 그러나 그 역풍은 조종하기에 따라 순풍과는 비교할 수 없는 위대한 추진력이 되어 그들로 위대한 항해자가 되게 한다.

그래서 순풍을 타는 사람들과 생활이 달라야 하고, 때를 따라 쉴 줄도 아는 항해법을 따라야 한다. 생활 방법은 '남 같은 부부'라고도 말할 수 있는 것으로, 틀림없는 부부지만 '침이 섞이지 않는 부부'가 되어야 한다. 그 효과는 경험 없이 이해할 수 없다. 그렇게 할 때 그들은 순풍을 가는 부부는 상상도 할 수 없는 위대한 항해를 해낼 수 있으며, 하늘은 그들을 돕는 후원자가 될 것이다.

그러나 역풍이 싫고 견디기 어렵다고 서로를 떠나고 항해를 포기할 때, 그 결과는 파선당한 배가 망망대해를 표류하는 비참한 상태일 것이며, 그 자녀들 또한 범죄의 바다에서 헤어나지 못하는 처참한 결과를 초래할 것이다.

2) 체질에 따라 소아 난치병

소아 뇌성마비, 소아 천식, 소아 재생불량성 빈혈, 소아 백혈병, 소아 백혈구감소증, 소아 혈소판감소증 등의 소아 난치병은 생후 바로 나타나는 것도 있지만, 얼마간 지난 후 나타날 수도 있다. 병의 원인은 부모와 같은 체질일 때 그 자식에게서 나타날 수 있다.

(1) 체질로 본 소아 난치병 원인

8체질에는 각기 체질적인 특성이 있다. 금양 체질은 선천적으로 간과 신장기능이 약하고 폐와 췌장기능이 왕성하다. 같은 체질의 두 남녀 사이에서 난 아이는 유전적으로 다른 체질은 나올 수가 없고 금양 체질만 나오는데, 체질적인 특징 즉 장기 간의 기능 차이를 그 부모보다 훨씬 강하게 타고 나며, 강한 체질적인 특징은 소아 불치병의 원인이 되기도 한다.

금양 체질의 부부는 대개 골수성 백혈병, 백혈구 감소증, 재생불량성 빈혈로 나타난다.

금음 체질의 부부는 하지를 못 쓰는 근육무력증의 아이가 생겨날 수 있다.

목양 체질의 부부는 뇌성마비 혹은 지체부자유아가 되기 쉽다.

수음 체질의 부부는 선천성 뇌수종 또는 림프구성 백혈병이 나타나기도 한다.

이와 같은 소아 난치병에 대해 의학계는 많은 연구를 해왔지만, 결과적으로 체질적인 원인을 생각하지 못한 대증치료에서 맴돌고 있는 것이 현실이다. 다시 말해서 모든 질병에는 원인이 있으며 그것을 없애는 것이 근본적인 치료일 것이다. 소아 불치병의 경우 체질이 같은 부모의 체질적 특성이 자녀에게 지나치게 강하게 나타나는 것이 병의 원인이 되는 것이다.

(2) 장기의 과불균형을 적불균형으로

소아 난치병은 출생 후 아이의 소행, 또는 섭생 부주의에서 온 것이 아니며, 다른 어떤 것에서 전염되거나 피해를 입어서 된 것도 아니다. 다만 그 아이 안에 부모에게서 받은 장기들의 과불균형이 만든 질환인 것이다. 물론 체질을 형성하는 것은 인간의 장기간의 불균형 때문이며, 타고난 불균형은 각 체질의 개성 및 성품과 사고와 적성을 다르게 할 뿐 질병과는 무관한 적불균형으로 타고 난다. 그대로 섭생을 잘하고 행동에 주의하므로 그 적불균형이 잘 유지된다면 건강한 생애를 보낼 수 있다.

그러나 출생 이후 생활과 섭생이 체질에 맞지 않게 될 때, 그 장기의 적불균형은 과불균형으로 변하여 질병의 원인이 된다. 일반적인 모든 질병은 후천적으로 본인의 잘못에 그 원인과 책임이 있지만, 소아 난치병은 선천적으로 타고난 장기들의 과불균형이 원인이 되는 것이다. 그러므로 소아질환을 치료함에 있어서는 그 관점을 달리해야 하는 것이다.

(3) 8체질 의학의 소아 난치병 치료와 양육

8체질 의학에서 인간 장기들의 보이지 않는 기능을 추구하고 그것들을 조절하는 방법으로 소아 난치병을 치료할 수 있으며, 동시에 철저한 체질식을 병행한다. 체질식은 각 체질의 강한 장기를 돕는 음식을 제외하고 약한 장기를 돕는 음식만으로 조직된 음식법으로, 편식 같아 보이지만 각 장기 간의 과불균형을 적불균형화 시키는데 큰 도움이 된다.

① 난치병 소아의 양육 주의

같은 체질의 부부 사이에서 출생한 아이라고 해서 모두 난치병에 걸리는 것은 아니다. 그러나 다른 아이들보다 주의를 기울여 양육하지 않으면 안 된다.

예) 금양 체질의 부부 사이에서는 천재가 태어날 수 있는데 그 아이는 어려서부터 육식을 싫어하고 잘 때는 이불을 덮지 않고 찬 곳에서 자는 습관이 있다.

그 아이를 지켜보는 부모의 마음으로는 아이에게 육식을 먹이고 싶고, 밤에는 따뜻한 곳에서 이불을 덮어서 재우고 싶을 것이다. 하지만 그렇게 할 경우, 건강이 나빠질 뿐 아니라 몸에는 아토피스 피부염(Atopic dermatitis)이 찾아오고, 뛰어난 머리는 보통 아이들보다도 못한 상태가 되고 만다. 그 아이가 육식을 싫어하는 것은 금양체질의 체질적인 특성이 강한 사람의 자연적인 현상이고, 몸은 표열(external fever)이 높기 때문에 더운 것을 싫어하는 것인데 그런 자연적인 욕구를 억제할 때 병이 생기는 것이다.

같은 체질의 부부 사이에서 난 아이는 건강하든지 선천성 난치병을 가졌든지 그 부모와 분리시켜서 재우고 분리시켜서 먹여야 하며 부모가 먹던 수저로 아이의 음식을 떠먹이지 말아야 한다. 그리고 될 수 있는 대로 부모는 아이를 안아주지 않는 것이 좋으며 뽀뽀도 안하는 것이 좋다. 부모의 침이 아이 입에 닿는 것과 부모의 체취와 비듬이 아이의 코로 들어가는 것도 아이의 장기 불균형을 심화시켜 알레르기성 호흡기 질환이나 소아 난치병으로 이어질 수 있기 때문이다.

3) 8체질별 특징

(1) 금양체질은 어떤 특징

금양체질 Pulmotonia / 金陽體質

금양체질은 오장육부 중에서 폐가 가장 강하고 간이 가장 약하게 타고난 체질이다. 금양 체질은 8체질 중 독창성이 가장 뛰어난 체질인 반면에 비현실적이고 비노출적이며, 비사교적이다. 머리가 비상하고 상상력이 풍부하여 학구적이다. 몸에 아토피성 피부병이 있는 사람, 코가 자주 막히는 사람, 여러 가지 알레르기성 질환이 있어 고생한다. 금양 체질은 가난한 집에 태어나서 고기를 못 먹고 채소만 먹고살면 아주 건강하다. 그런데 잘사는 집에 태어나서 육식을 한다든지 기름기를 풍부하게 먹으면 오히려 병이 생긴다. 코가 막히고 눈물이 나오고 피부가 헐기도 한다. 관리를 안 하면 대머리가 된다.

금양체질은 육식을 하면 안 되는 사람이며, 뇌졸중 동맥경화 등 혈관질환이 잦다. 간의 성능이 안 좋은 탓에 지방대사 기전이 안 좋아서 라면이나 기름 많은 음식을 먹게 되면 남들과 같은 칼로리를 먹고도 억울하게 파오후 된다. 좀 많이 먹었다고 살이 찌지 않지만, 기름기 많은 것을 먹으면 체중 증가, 불포화지방도 많이 먹는 건 피해야 한다. 술 약하고 주량 적음, 잘 취한다.

(2) 금음체질의 특징

금음체질은 오장육부 중에 대장이 가장 강하고, 쓸개를 가장 약하게 타고난 체질이다. 금음 체질은 무엇보다도 세상을 한눈에 꿰뚫어 보는 직관력과 큰 야심, 뛰어난 통치력의 소유자가 많아 위대한 정치가의 전기를 살펴보면 네로황제, 나폴레옹, 등소평, 모택동 등 금음 체질로 추정되는 사람이 많다. 금음 체질은 아주 희귀한 병이 많은 사람이다.

옛날에 고기를 흔히 먹지 못했지만, 해방 후부터 점점 고기를 많이 먹게 되었고, 요사이는 고기로 사는 사람도 많다. 금음 체질이 고기를 먹으면 파킨슨병, 치매 등 소뇌가 점점 줄어들어 가는 병이 생긴다. 이 체질은 대머리 체질, 여자도 스트레스성 탈모로 고생한다고 한다. 치매는 이 체질이 정말 잘 걸린다. 소장이 짧아서 먹어도 살 안 찌는 체질이 간혹 있다. 목음 체질과 더불어 과민성 대장증후군을 조심해야 한다.

(3) 목양체질의 특성

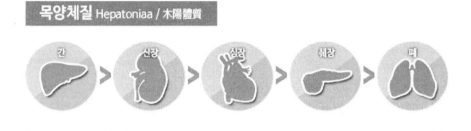

목양체질은 오장육부 중에서 간을 가장 강하게, 폐를 가장 약하게 타고난 체질이다.

건강할 때 혈압이 평균보다 높은 편이며 땀이 많다. 사우나를 즐기는 것은 체질적인 양상과 잘 맞아서 좋은 건강법이 된다. 목양 체질의 사람들은 대개 말을 잘 안 하는 과묵한 사람들이다. 다른 사람이 열 마디를 하면 한마디로 답변해 버린다. 그렇게 과묵한 이유는 말을 내보내는 기관인 폐가 작아 말을 많이 하면 금방 피곤해지기 때문이다. 그래서 목양 체질인 사람은 말을 안 하는 것이 자신은 편하고 기분이 좋다. 폐가 작으니까 말만 적게 하는 것이 아니라 노래도 잘 못 하고 동시에 몸은 뚱뚱해서 건강하게 보이고 덕이 있어 보이기도 한다. 주량이 큰 술고래 체질이다. 암만 마셔도 남들보다 안 취한다. 약간 통통하게 생겨서 죽어라 노력해도 살이 잘 안 빠지는 내배엽들이 좀 많다. 이 목양 체질과 목음 체질만이 약한 과체중이 건강과 면역력에 도움을 받는다. 전염병, 종양, 암 등 큰 병에 걸리면 우선 살부터 눈에 띄게 빠지기 시작한다.

목양체질이 포도당 주사에 안 맞는 체질의 이유는 간의 용량이 큰 탓에 혈중의 혈당 처리 기전이 매우 기민하기 때문이다. 그래서 직접적인 과부하 & 피드백이 쉽게 오며, 목음 체질도 해당한다. 이런 까닭에 이 목음 체질들은 쉬이 당뇨병에 안

(4) 목음체질의 특징

목음체질은 오장육부 중에서 쓸개를 가장 강하게, 대장을 가장 약하게 타고난 체질이다. 약한 대장 대문에 몸이 차고 정신이 우울하며, 잠에 쉽게 들지 못해 항상 예민한 편이다.

마음에 상처가 있을 때 과민성 대장증후군을 조심해야 하며, 불면증에 시달리고 혈액순환이 되지 않아 다리가 무거워지고 설사를 한다.

목음체질은 하루에도 몇 차례씩 화장실에 간다. 그렇게 자주 배설을 하니 몸이 쇠약할 것 같으나, 만약 위에 문제가 생겨 설사를 자주하면 당장 건강에 영향이 오지만, 이 사람은 위 때문에 설사를 하는 것이 아니라, 위는 건강하여 소장에서 흡수할 것은 다 흡수하나 다만 대장에 힘이 없어 수분 처리가 잘 안 되고 저장하는 창고가 좁아서 빨리 내보내는 것이며 건강에는 큰 지장이 없다.

식욕 자제가 미친 듯이 안 돼서 100kg대 파오후가 되기 쉽다. 목양 체질과는 달리 식욕 조절 잘하는 사람은 평균체중을 유지할 수 있다. 그렇게 자주 화장실에 다니는 것은 다른 사람들보다 대장이 짧다. 담낭은 대장의 가장 큰 적으로 그것을 의

학적으로 안타고니스트(길항근)라고 한다. 대장이 무력해지면, 대신 담낭의 기운이 세어진다. 목음이란 담낭을 말하는 것이다.

(5) 토양체질의 특성

토양체질은 오장육부 중에 췌장을 가장 강하게, 신장을 가장 약하게 타고난 체질이다. 매우 활동적이고 외향적인 성격을 가지고 있으며, 새로운 것에 대한 호기심이 강하고 항상 생각과 행동이 바쁘고, 한마디로 성질이 급하며, 걸어가도 남들 앞에서 걸어야 하고, 준비를 미리 다해 놓고 기다려야지 나중에 되는대로 준비를 한다는 생각은 할 수 없다.

그 사람에게 제일 곤욕스러운 일은 집에 가만히 앉아 있는 것이다. 일이 없으면 일을 만들어 돌아다닌다. 그래서 부지런하고 센스가 빠르며 일을 많이 만드는 대신 뒤처리는 잘못하는 성질이다. 토양이란 췌장을 가리킨다. 췌장이 그 몸속에서 가장 강한 역할을 하는 체질이며, 이 체질은 호기심이 많고 사교성도 강하고 봉사정신도 강한 편이지만 뒷마무리가 약한 것이 문제이다.

위가 커서 음식이 많이 들어가며, 그리고 100% 당뇨를 얻는다. 이 토양 체질은 고도 비만이 되면 빨리 살 빼지 않으면 나이 들어 당뇨병이 생겨버린다. 남자의 경우 파오후가 되어도 다리만큼은 비교적 정상인과 같은 굵거나 가늘다. 젊어서 말랐는데 늙어서 살찌기 쉽다. 여자는 갑상샘 질병을 자주 앓는 경향이 있다. 오줌 참는 걸 못 한다. 짜게 먹으면 퉁퉁 붓는다.

(6) 토음체질의 특성

토음체질 Gastrotonia / 土陰體質

위장 > 대장 > 소장 > 쓸개 > 방광

    토음체질은 오장육부 중에서 위장을 가장 강하게, 방광을 가장 약하게 타고난 체질이다. 아주 귀해서 임상을 해보면 1년에 한 사람을 만날까 말까 한다. 그 체질 자체가 드물어서 오질 않는지 병이 없어서 오질 않는지 좌우간 오질 않는다. 환자를 발견할 수 없고, 특징이 별로 없어 애매한 점이 많다. 페니실린을 맞으면 10만 명 중의 한 사람이나 혹은 2만 명 중의 한 사람이 쇼크를 일으킨다고 하는데, 그 사람이 토음 체질이다.

    만약 토음체질이 페니실린을 맞으려면 각별히 주의해야 된다. 유리 조각 씹어 먹고 나사못 씹어 먹는 엄청 센 위장을 가지지 않는 이상 이 부류는 없다. 양약 중 페니실린 관련 항생제에 알레르기 쇼크 반응이 생기기 쉽다.

(7) 수양체질의 특성

수양체질 Renotonia / 水陽體質

신장 > 폐 > 간 > 심장 > 췌장

    수양체질은 오장육부 중에서 신장을 가장 강하게, 췌장을 가장 약하게 타고난 체질이다. 어깨가 조금 넓은 편이고 허리는 가늘고 엉덩이가 나와 몸매가 아주 귀엽고 아름다우며, 얼굴은 계란형이다. 수양 체질의 대표적인 특징은 변비다. 사흘이 지나도, 닷새가 지나도 화장실에 가고 싶지 않고, 심지어 열흘이 되었는데도 안 간다. 서양의학에 관심이 있고, 소설을 잘 쓰고, 사무를 잘 보는 차분한 성격이다.

의심이 많다. 그 대신 완벽하다. 수양 체질의 사람에게 회계 문서를 맡겨 놓으면 아주 정확하게 잘하니까 나중에 감산할 필요가 없다. 토양 체질들이 만들어 놓은 일들을 뒤처리할 사람이다. 이런 체질은 변비가 심하고 좀처럼 설사를 하지 않는다.

여자는 물론 남자도 변비를 많다. 일사병을 쉽게 앓는다. 이 체질의 여자가 가슴은 작은데, 골반이 크고 하체가 굵다. 여덟 체질 중에서 가장 밝히는 성격이 되기 쉽다고 한다. 늙어서도 다른 사람보다 정력이 늦게 쇠하며 여자의 폐경기도 다른 체질보다 느리게 온다.

(8) 수음체질의 특성

수음체질은 오장육부 중에서 방광을 가장 강하게, 위장을 가장 약하게 타고난 체질이다. 입맛이 까다롭고, 위가 약해 조금만 예민해지면 위산이 자주 들끓는다. 조용하고 침착하며 굉장히 꼼꼼하다. 서기를 맡아서 글씨를 예쁘게 쓰고, 스케줄을 아주 섬세하게 하나도 빠지지 않고 빼곡히 수첩에 적어 둔다. 위하수증은 거의 수음체질의 독점 병이다. 이 사람은 날 때부터 위를 작게 타고났다. 그래서 폭식을 한다든지 과식을 한다든지 하는 게 거듭되면 위가 무력해지고 밑으로 처져 버린다.

그런 위하수체질이 수음 체질이다. 이 체질은 위만 건강하면 큰 병에 걸리지 않는다. 수음 체질은 목양 체질과 수양 체질의 중간쯤 되는 성격으로 보면 된다. 이 사람은 태어나면서부터 잠재된 사소한 장기간 화음의 불균형을 갖고 있기 때문에 나이를 먹으면 기계 부품이 닳듯이 어느 한 장기 혹은 여러 장기의 부실해짐이 커지기 시작하여, 그 불균형이 체질로 정착되어 병이 된다.

4. 체질별 섭생표

사람의 마음이 항상 부정적인 것에 더 기울기 쉬운 편이다.

알고 보면 먹을 수 있는 음식이 많지만, 막상 체질 판별을 받은 후부터 구체적으로 실생활에서 어떤 음식을 먹어야 하나 막막해 걱정 근심이 많다.

1) 금양, 금음체질

특히 기본적으로 육식을 절대로 금하고 있으며, 밀가루, 유제품 등 흔하게 우리가 먹는 식품들이 많이 제약을 받고 있어, 체질 판별을 받은 분들의 심리적 부담이 적지 않을 것이다. 그래서 금 체질 식단을 먼저 공지하게 된다. 체질식을 지속적으로 성 공하길 바란다. 본인이 섭취하고 있는 음식의 유·무효 이전에 체질 침을 아무리 열심히 맞아도 체질식을 지켜 주지 않으면 아무 소용이 없다. 특히 병중이 있을 시 필수적으로 철저히 지켜 주어야 확실한 체질 감별과 치료가 가능하다.

또한, 주의할 점은 한 식구라도 같은 체질끼리는 찌개나 국을 함께 드시면 안 좋다. 꼭 개인 접시를 이용해 먹는 것이 좋다. 아이가 같은 체질일 경우 뜨거운 음식을 입으로 불어 먹이는 일조차 없어야 한다. 이 경우 사랑이 독이 될 수 있으니, 잠도 될 수 있으면 부모 중 다른 체질의 부모가 데리고 자거나 따로 재우는 편이 좋다.

금 체질은 메밀이 상당히 좋은 식재료이나 시중에 판매되고 있는 대부분의 재료는 밀가루가 첨가된 것이 많으니 100% 메밀을 구하지 못할 시엔 차라리 드시지 않는 것이 좋다.

(1) 금양체질

금양체질 식단		
밥	쌀밥이 가장 좋다.	그 외 메밀밥, 팥밥, 보리밥 등
국/찌개	해물과 채소를 위주로 한다. 그중에서도 조개류가 좋다.	배춧국, 김칫국, 시금칫국, 아욱국, 북엇국, 홍합국, 조개냉이국, 쑥국, 조개탕, 대구지리, 생태찌개, 게찌개, 아욱된장국, 해물탕, 대합국, 연포탕, 우거지꽁치조림, 홍어탕, 김치참치찌개, 홍합우거짓국, 알탕, 떡국, 시레기국, 파국, 오징어국, 새우탕, 굴국
김치	김치 종류	김치, 백김치, 오이소박이, 물김치
나물	각종 봄나물	취나물, 방풍나물, 원추리나물 등 봄동겉절이, 깻잎, 가지나물, 달래오이무침, 오이부추무침, 돈나물, 시금치, 쑥갓나물, 고사리나물, 고구마순, 숙주나물, 미나리 나물
샐러드류	각종 푸른 채소	연어, 게살, 양상치, 치커리, 오이, 브로콜리, 감, 복숭아, 딸기, 키위, 바나나, 파인애플, 옥수수, 달걀, 콘슬로우, 소스는 될 수 있으면 감식초, 모과청, 포도당등을 이용해 주시면 좋다.
전/구이	각종 생선구이	생선전, 가지전, 메밀전, 배추전, 녹두전, 관자전, 굴전, 조개구이 조림
기타	각종 채소/포무침	각종 젓갈, 멸치, 뱅어포볶음, 한치, 오징어 초무침, 홍어초무침, 전복장아찌, 게장, 오이피클, 아구찜, 미더덕찜, 꼬막찜, 각종 채소쌈, 달걀김말이, 달걀장아찌, 메밀묵, 알로에, 굴부추무침
차종류	녹즙/주스 등	메밀차, 보리차, 모과차, 감잎차, 냉수, 산성음료수, 생과일 쥬스(딸기, 키위, 바나나 레몬), 오가피차, 코코아, 녹즙, 솔잎차

금양체질 식단		
별미	쌈/구이 등	야채비빔밥, 김치메밀묵밥, 각종 초밥, 연어뱃살돈부리, 메밀전병, 날치알밥, 생선회, 문어숙회, 낙지구이, 조개구이, 메밀국수(100%) 호박잎쌈, 양배추쌈, 떡(쌀떡류), 회덮밥, 새우덮밥, 해물철판볶음, 골뱅이무침, 소라, 멍게 등
육수	일반적으로 집에서 손쉽게 준비할 수 있는 육수	마른 멸치나 홍합 등
TIP	기름은 올리브유를 사용하는 것이 가장 좋다. 달걀은 흰자만 골라 먹는 것이 좋다. 떡은 100% 맵쌀로 만들어진 것이 좋다.	

(2) 금음체질

금음체질 식단		
밥	쌀밥이 가장 좋다.	그 외 메밀밥, 팥밥, 보리밥 등
국/찌게	해물과 채소를 위주로 한다. 그중에서도 조개류가 좋다.	배춧국, 김칫국, 시금칫국, 아욱국, 북엇국, 홍합국, 조개냉이국, 쑥국, 조개탕, 대구지리, 생태찌게, 게찌게, 아욱된장국, 해물탕, 대합국, 연포탕, 우거지꽁치조림, 홍어탕, 김치참치찌게, 홍합우거짓국, 알탕, 떡국, 시레기국, 파국, 오징어국, 김국
김치	김치 종류	김치, 백김치, 오이소박이, 물김치
나물	각종 봄나물	취나물, 방풍나물, 원추리나물 등 봄동겉절이, 깻잎, 가지나물, 달래오이무침, 오이부추무침, 돈나물, 시금치, 쑥갓나물, 김무침 고사리나물, 고구마순, 숙주나물, 미나리나물
샐러드류	각종 푸른 채소,	연어, 게살, 양상치, 치커리, 오이, 브로콜리, 감, 복숭아, 딸기, 키위, 바나나, 파인애플, 옥수수, 달걀, 콘슬로우, 소스는 될 수 있으면 감식초, 모과청, 포도당 등을 이용하 면 좋다.

		금음체질 식단	
전/구이	각종 생선구이	생선전, 가지전, 메밀전, 배추전, 녹두전 조개구이 조림, 관자전	
기타	각종 채소/포무침	각종 젓갈, 멸치, 뱅어포볶음, 각종 생선구이, 한치, 오징어 초무침, 홍어초무침, 전복장아찌, 게장, 오이피클, 아구찜, 미더덕찜, 꼬막찜, 각종 야채쌈, 계란김말이, 계란장아찌, 메밀묵, 알로에, 겨자채(해물, 오이, 달걀흰자 등), 카레(해물, 양배추, 브로콜리 등)	
차 종류	녹즙/주스 등	메밀차, 보리차, 모과차, 감잎차, 냉수, 산성음료수, 생과일 주스(딸기, 키위, 바나나), 오가피차, 코코아, 녹즙, 솔잎차	
별미	쌈/ 구이 등	야채비빔밥, 김치메밀묵밥, 각종 초밥, 연어뱃살돈부리, 메밀전병, 날치알밥, 생선회, 문어숙회, 낙지구이, 조개구이, 메밀국수(100%) 호박잎쌈, 양배추쌈, 떡(쌀떡류), 회덮밥, 해물철판볶음, 골뱅이, 소라, 멍게, 참치 김밥, 김치볶음 (멸치), 해물철판볶음	
육수	집에서 손쉽게 준비할 수 있는 육수	마른 멸치나 홍합 등	
TIP	기름은 올리브유를 사용하는 것이 가장 좋다. 달걀은 흰자만 골라 먹는 것이 좋다. 떡은 100% 맵쌀로 만들어진 것이 좋다.		

2) 목양체질과 목음 체질

목양체질은 일반적으로 금 체질의 정반대라고 해도 무방하겠다. 고기나 밀가루 음식을 좋아하는 젊은 층에게 축복받은 체질이기도 하지만, 실상은 장년층의 경우 건강 염려로 인해 육식에 대한 거부감을 보이는 사람들이 적지 않은 관계로 이런 분들 중 간혹 목양 체질이지만, 시중에 상식적으로 권장되는 채식 위주의 식이를 하다 여러 질병을 얻은 사람들이 많이 있다. 그리고 과유불급이라 했으니 기름지고 열량이 높은 목양 체질 식단은 비만의 위험이 있으니, 과식을 금하고 균형 잡힌 식이를 바란다.

더불어 목양체질 역시 잎채소와 바다생선과 해물류를 반드시 피해야 하는 것이 목양 체질에게 가장 중요한 것이다. 위 식품을 장복할 경우 가랑비에 옷 젖듯이 서서히 독소가 몸에 쌓여 큰 병을 초래할 수 있다. 그리고 다시 한번 강조하지만, 아무리 체질 침을 열심히 맞아도 체질식을 지켜 주지 않으면 아무 소용이 없다. 특히 병증이 있을 시엔 필수적으로 철저히 지켜 주어야 확실한 체질 감별과 치료가 가능하다.

다만 체질식은 즐겁게 해야 하며, 간혹 음식을 가려 먹어야 한다는 강박관념에 사로잡힌 분들이 있으나 문제는 부지불식간에 상충되는 음식을 장복한 경우이니, 체질식을 하느라 과도한 스트레스를 받는 것보다 먹을 수 있는 음식 위주로 즐거운 식이 생활을 해야 한다.

(1) 목양체질

목양체질 식단		
밥	쌀밥, 콩밥, 무밥, 밤밥, 콩나물밥, 감자밥, 조, 수수밥 등	
국/찌게	찌개, 전골에 잎채소보다 무를 넣고, 가급적 돼지고기는 피함	갈비탕, 설렁탕, 곰탕, 사골국, 소고기무국, 청국장, 추어탕, 장어탕, 버섯전골, 만두국, 닭볶음탕, 된장찌개, 곱창전골, 비지찌개, 순두부, 미역국, 소고기버섯찌게, 무콩나물국, 콩나물국
김치	무김치, 깍두기, 동치미(무), 총각김치	
밑반찬	불고기, 갈비찜, 떡갈비 오리양념구이, 곱창구이, 소고기 장조림, 소시지류, 단호박찜, 연근조림, 단호박오리훈제, 무생채, 무말랭이, 호박나물, 감자볶음/조림, 미역줄기볶음, 미역초무침, 김, 파래무침콩자반, 두부부침/조림, 겨자채(해물제외), 도라지무침, 더덕무침, 더덕구이, 버섯볶음, 잡채(시금치제외), 연두부, 다시마쌈, 양배추쌈(흰부분), 아삭고추, 죽순볶음/조림, 마늘쫑조림	
간식	빵, 샌드위치, 감자샐러드, 애플쨈, 땅콩쨈, 스테이크, 파스타류, 찐만두, 약식, 콩국수, 애플파이, 떡류(팥앙고는 제외), 감자버터구이, 고구마맛탕, 사골칼국수, 김밥, 카레, 수수떡, 호두과자, 치즈류, 배, 수박	

목양체질 식단	
차 종류	율무차, 우유, 두유, 알카리성 음료(이온음료), 생과일 주스(망고, 자몽, 오렌지), 커피, 녹차, 홍차, 홍삼(인삼)차, 숭늉
전 종류	호박전, 연근전, 버섯전, 산적류(파는 흰 부분), 감자전
건강 식품	비타민 A, D, 청국장 분말, 마즙, 칡즙, 클로렐라, 흑염소중탕, 마늘환, 낫토
TIP	양념은 마늘을 많이 넣고 식초는 간을 과강하게 하는 면이 있으니 조금만 넣는다. 비, 위장 기능이 상대적으로 약한 체질이니 과식은 금물 밀가루는 가급적 통밀을 이용한 제품이 좋다. 라면과 같은 인스턴트류는 피하고 햄버거도 수제 햄버거를 이용한다. 열무도 무 부위만 먹으며, 홍삼 제품 중 타약물이 혼합된 것은 피한다. 녹용은 다른 약재와 함께 먹어야 하니 남용은 금물(한의사와 상담)

(2) 목음체질

육식을 주기적으로 해야 힘이 나고 건강해지며 잎채소나 생선 해물류 오래 섭취할 시 피곤해지고 건강이 나빠질 수 있다. 목음 체질이 선천적으로 강하게 타고난 담(간)을 오히려 항진시키며 가장 약한 대장을 더욱 약하게 하여 여러 질병을 초래할 수 있다.

그밖에 피해야 할 과일과 건강식품 등을 참고하자면 정반대 체질인 금 체질 식단을 참고하면 좋다. 또한, 음식 외에 금 체질에게 독이 되는 금니는 목음 체질에게 대체로 좋은 영향을 준다. 금장신구나 금니를 늘 상 착용하는 것이 좋다. 운동 역시 금 체질에게 이로운 수영이 목음 체질에게 해롭다.

오히려 금 체질에게 금하는 등산이 좋다. 목음 체질은 다른 체질에 비해 대장의 길이가 가장 짧아 생리적으로 무력해지는 경우가 많다. 음식과 더불어 항상 아랫배를 따뜻하게 해줄 것을 꼭 기억해 두기 바란다. 특히 목양 체질에 비해 비/위장이 강하여 항상 식욕이 좋은 편이니 비만에 대비하여 과식을 삼가고 균형 잡힌 식이를 해야 한다.

(1) 목음체질

목음체질 식단	
밥	쌀밥, 콩밥, 무밥, 밤밥, 콩나물밥, 감자밥, 조, 수수밥 등
국/찌게	찌개, 전골에 잎채소보다 무를 넣고, 돼지고기는 피함 · 갈비탕, 설렁탕, 곰탕, 사골국, 소고기무국, 청국장, 추어탕, 장어탕, 버섯전골, 만두국, 닭볶음탕, 된장찌개, 곱창전골, 비지찌게, 순두부, 미역국, 소고기버섯찌게, 무콩나물국, 콩나물국, 순댓국
김치	무김치, 깍두기, 동치미(무), 총각김치
반찬	불고기, 갈비찜, 떡갈비 오리양념구이, 곱창구이, 소고기 장조림, 소시지류, 단호박찜, 연근조림, 단호박오리훈제, 무생채, 무말랭이, 호박나물, 감자볶음/조림, 미역줄기볶음, 미역초무침, 김, 파래무침콩자반, 두부부침/조림, 겨자채(해물 제외), 도라지무침, 더덕무침, 더덕구이, 버섯볶음, 잡채(시금치 제외), 연두부, 다시마쌈, 양배추쌈(흰 부분), 아삭고추, 죽순볶음/조림, 마늘쫑조림
간식	빵, 샌드위치, 감자샐러드, 애플쨈, 땅콩쨈, 스테이크, 파스타류, 찐만두, 약식, 콩국수, 애플파이, 떡류(팥앙고는 제외), 감자버터구이, 고구마맛탕, 사골칼국수, 김밥, 카레, 수수떡, 호두과자, 치즈류, 배, 수박
차 종류	율무차, 우유, 두유, 알카리성 음료(이온음료), 생과일쥬스(망고, 자몽, 오렌지), 커피, 녹차, 홍차, 홍삼(인삼)차, 숭늉
전 종류	호박전, 연근전, 버섯전, 산적류(파는 흰부분), 감자전
건강식품	비타민 A, D, 청국장 분말, 마즙, 칡즙, 클로렐라, 흑염소중탕, 마늘환, 낫토
TIP	양념은 마늘을 많이 넣고 식초는 간을 과강하게 하는 면이 있으니 조금만 넣는다. 비, 위장 기능이 상대적으로 약한 체질이니 과식은 금물 밀가루는 가급적 통밀을 이용한 제품이 좋다. 라면과 같은 인스턴트는 피하고 햄버거도 수제 햄버거를 이용한다. 열무도 무 부위만 먹으며, 홍삼 제품 중 타약물이 혼합된 것은 피한다. 녹용은 다른 약재와 함께 먹어야 하니 남용은 금물(한의사와 상담)

3) 토양체질과 토음체질

토양체질은 기본적으로 췌장과 위장이 강하고 신장이 약한 체질이다. 식욕이 왕성하여 뭐든 잘 먹는 분이 많으나 강한 위장과 췌장의 열을 내려주고 약한 신장의 기능을 도와 주는 식단 위주로 잘 가려 먹어야 한다. 몸에 좋다고 많이 챙겨 먹는 홍삼, 현미밥, 보신탕, 개소주, 흑염소 같은 건강식은 이 체질에겐 오히려 큰 질병을 초래할 수 있는 음식이다. 체질 감별을 정확하게 받아 평소 잘못된 식이를 하지 않게 유의하기 바란다.

또한, 토양체질이 유의할 음식을 좀 더 알아야 한다. 대부분이 열성을 띠는 음식으로 닭, 오리, 개고기, 염소고기, 현미, 인(홍)삼, 하수오, 해조류(미역, 다시마, 김), 감자, 고구마, 술, 고추류, 꿀, 사과, 귤, 망고, 오렌지, 토마토, 참기름, 부추, 대추, 자극적 양념류(파, 마늘, 생강, 겨자, 후추…) 등이다. 특히 당부할 점은, 절대 본인의 호, 불호 음식으로 섣불리 체질을 판단하면 안 된다. 본인이 무슨 음식을 좋아한다고 하는 것은 체질에 적합한 음식과는 전혀 상관없는 본인이 살아온 세월의 습성에 관한 문제다

(1) 토양체질

토양체질 식단		
밥	보리밥, 쌀밥, 콩밥류, 팥밥	
국/찌게	된장국류(아욱, 배추, 시금치), 김치찌개(돼지), 된장찌개, 복국, 홍어탕, 애호박돼지찌게, 육개장, 콩나물국, 비지찌게, 순두부, 갈비탕, 설렁탕, 곰탕, 사골국, 청국장, 추어탕, 장어탕, 버섯전골, 만두국, 곱창전골, 소고기버섯찌게, 순대국, 섞어찌게, 부대찌게, 매운탕류(바다, 민물생선류), 굴국, 연포탕, 해물전골, 탕류(게, 새우, 굴, 조개, 낙지, 문어…)	
김치	모든 김치류가 가능하나 고춧가루가 많이 들어가지 않도록 해야 한다.	백김치, 동치미, 물김치, 오이소박이 (부추 대신 당근, 양파)
반찬	돼지불고기, 돼지갈비찜, 돼지껍질, 보쌈, 족발, 떡갈비 곱창구이, 소고기 장조림, 전복 장아찌, 소시지류, 콩자반, 취나물,두릅, 비듬나물, 참나물, 오이무침, 피클, 우엉조림, 호박나물, 단호박찜, 두부부침/조림, 숙주나물, 시금치, 치커리, 케일, 셀러리, 브로콜리, 고사리나물, 미나리, 계란요리(말이, 찜) 각종버섯볶음/구이, 연두부, 양배추와 각종쌈, 순대볶음, 생선조림/구이/찜, 건어물볶음, 게, 대게, 굴, 새우, 홍어삼합	
간식	밀가루류(빵, 보리빵, 수제비, 칼국수, 수제비, 우동등) 샌드위치, 메밀국수 샐러드(오이, 당근, 치커리, 셀러리, 견과류, 딸기, 바나나, 파인애플 등), 스테이크, 파스타류, 찐만두, 콩국수, 떡류(팥은 좋고 찹쌀류 제외), 호두과자, 팥빙수(찹쌀떡 제외), 오므라이스, 죽류(팥죽, 호박죽, 잣죽, 전복죽, 굴죽	
차 종류	보리차, 구기자차, 감잎차, 두충차, 생과일주스(딸기, 바나나, 메론, 파인애플등), 수박화채, 땅콩차, 메밀차	
전 종류	배추전, 호박전, 연근전, 버섯전, 생선전류, 동그랑땡, 녹두전, 메밀전	
건강 식품	영지버섯, 구기자차, 복분자, 산수유, 비타민 E	

토양체질 식단	
과일	감, 배, 참외, 수박, 메론, 딸기, 바나나, 파인애플/딸기잼, 땅콩잼
TIP	양념은 기본적으로 자극적이지 않도록 담백하게 한다. 짜지 않게 하도록 특히 유의하며, 고추장보단 간장 된장 사용을 권장한다. 식초류는 현미식초, 사과식초를 피하고 감식초 사용을 권장한다. 달걀도 가능한 흰자만 먹으면 좋다. 참깨, 참기름은 안 좋고, 들기름은 무방하다. 토마토케첩, 겨자소스를 피하고 마요네즈, 오리엔탈드레싱 등을 사용한다. 밀가루는 가급적 통밀을 이용한 제품이 좋다. (향신료가 많이 첨가된 피자류도 좋지 않다) 라면과 같은 인스턴트류는 피하고 햄버거도 수제 햄버거를 이용한다. 시원한 음식은 좋으나 냉수욕은 금한다. (반신욕은 좋음)

(2) 토음식단

토음체질은 8체질 중 가장 희박하나 간혹 발견되는 바, 그 특이성을 보면 오장육부 중 위, 췌장의 기능을 가장 강하게, 신장 방광의 기능은 가장 약하게 태어난 체질이라고 볼 수 있다. 소화력은 토양 체질과 더불어 가장 왕성한 편인 반면에, 심한 위열로 인해 오히려 소화기 질환을 많이 갖고 있는 체질이기도 하다. 따라서 매운 음식, 열성 음식에 대한 부작용이 토양 체질보다 민감하여 항상 냉한 음식이나 신선한 음식 위주로 식이를 해야 한다.

또한, 신장에 무리가 가지 않도록 짜지 않게 먹어야 한다. 특히 페니실린 또는 기타 약물에 대한 부작용을 보이는 체질로서 각별한 주의가 필요하다.

4) 수양체질과 수음체질

수양체질은 수음체질과 대동소이하여 유의해야 할 식단도 거의 흡사하다고 본다. 수양체질에게 흔히 나타나는 증상인 '변비'는 체질적 특이성에서 기인한 점이므로 이로 인해 굳이 식단을 채식 위주로 할 필요는 없다. 단지 수음 체질과 마찬가지로 비, 위장이 냉한체질 이므로 온도뿐 아니라 성분 자체도 냉하지 않은 음식 위주로 섭취하는 것이 중요하다. 또한, 체질식단은 체질 감별이 완벽하게 이루어진 사람에 한해 참고하길 바라며, 자칫 언급된 체질별 음식에 대한 본인의 호, 불호에 의지하여 섣불리 체질을 추측하는 일은 없어야 한다.

예를 들어 돼지고기를 좋아하고 소화도 잘 시키는 수 체질도 있으며, 닭고기를 좋아하는 토 체질, 고기를 좋아하고 소화를 잘 시키는 금 체질도 많다는 사실이다. 당장 병증이 나타나지 않더라도 부지불식간에 잘못 섭취한 음식들은 훗날 여러 병의 원인이 될 수 있다. 마지막으로 집에서 항상 개인 접시나 개인 컵 등을 이용하여 같은 체질끼리 타액이 섞일 기회를 줄이는 습관 또한 건강한 체질식의 기본이다.

(1) 수양체질

수양체질 식단	
밥	찰밥, 쌀밥, 콩밥, 누른밥, 현미밥
국 / 찌개	닭고기미역국, 삼계탕, 설렁탕, 된장국, 쑥국, 청국장, 감자다시마국, 닭계장, 동태찌개, 소고기무국, 오리전골, 감자전골, 닭볶음탕, 추어탕, 보신탕, 육계장, 매생이국, 북어국, 조기매운탕, 버섯전골
김치	모든 김치류가 가능하나 오이가 들어간 종류만 삼간다. / 갓김치, 부추김치, 열무김치
밑반찬	연근조림, 무생채, 호박잎쌈, 단호박찜, 두부부침/조림, 감자(조림, 볶음, 구이) 꽈리고추멸치볶음, 소고기장조림, 소불고기, 쑥갓두부무침, 조림/장아찌(깻잎, 고추, 마늘, 양파), 김, 미역줄기볶음, 부각(다시마, 김, 고추),부추잡채 (돼지고기 제외), 수삼뿌리무침, 도라지무침, 더덕무침/구이, 버섯요리(불고기, 볶음, 전),도토리묵무침(쑥갓, 깻잎함께) 오리불고기, 겨자채(해파리, 오이 제외), 수삼샐러드
차 / 종류	대추차, 생강차, 계피차, 양파즙, 생과일 쥬스(사과, 귤, 오렌지, 망고, 토마토), 인삼차, 홍삼액, 산삼액, 숭늉, 산성 음료수
전 / 구이	호박전, 연근전, 녹두전, 감자전, 버섯전, 생선전류(흰살생선)
건강식품	비타민 A, B, C, D, 벌꿀, 인삼, 홍삼
과일	사과, 귤, 오렌지, 토마토, 망고
TIP	가급적 날것은 피한다. (생선회, 육회, 생채소 등)생선류는 흰살생선이 좋으며 찜, 구이, 전 등 익혀 먹을것을 권장한다. 채소 역시 가능한 삶아 먹도록 한다. 식초류는 현미식초, 사과식초를 권장한다. (감식초는 피한다) 달걀도 가능한 노른자만 먹으면 좋다. 들기름보단 참깨, 참기름이 좋다. 고추, 생강, 파, 양파, 겨자등 열성 양념을 즐겨 먹으면 좋다.

(2) 수음체질

수음체질은 가장 두드러진 특징이 위가 작고 약하며 냉한 체질이다. 항상 소식을 해야 하며 더운 음식 위주로 먹어야 만병을 예방할 수 있다.

예를 들면 과식은 이 체질의 경우 만병의 근원이라 할 수 있다. 특히 이 체질의 단골 질병인 위무력증과 위하수를 유발할 수 있으니 조금씩 여러 번에 나눠 먹도록 한다. 한여름이라 해도 냉한 음식을 가급적 피해야 하며 더운 기질을 갖고 있는 음식을 평소 숙지하여 상식할 수 있도록 한다.

수음체질이 피해야 할 음식으로는 대체로 찬 성질을 가지고 있는 음식으로서 '돼지고기, 보리(맥주, 보리밥 등), 팥, 메밀, 복어, 조개류, 갑각류(게, 새우, 소라, 골뱅이), 낙지, 오징어, 바다 장어, 생선회, 달걀흰자, 오이, 날배추, 참외, 감, 바나나, 딸기, 청포도, 모과차, 감잎차, 알로에, 견과류, 비타민 E, 초콜릿, 오메가3, 모든 냉한 음료 및 음식 등이 있다. 특히 일상적으로 집에서 끓여 먹는 '보리차'는 부지불식간에 큰 폐해를 줄 수 있는 음료이므로 절대 마시면 안 된다.

수음체질 식단		
밥	찰밥, 쌀밥, 콩밥, 누른밥, 현미밥	
국/찌개	닭고기미역국, 삼계탕, 설렁탕, 된장국, 쑥국, 청국장, 감자다시마국, 닭계장, 동태찌개, 소고기무국, 오리전골, 감자전골, 닭볶음탕, 추어탕, 보신탕, 육계장, 매생이국, 북어국, 조기매운탕, 버섯전골,	
김치	모든 김치류가 가능하나 오이가 들어간 종류만 삼간다.	갓김치, 부추김치, 열무김치
밑반찬	연근조림, 무생채, 호박잎쌈, 단호박찜, 두부부침/조림, 감자(조림, 볶음, 구이) 꽈리고추멸치볶음, 소고기장조림, 소불고기, 쑥갓두부무침, 조림/장아찌(깻잎, 고추, 마늘, 양파), 김, 미역줄기볶음, 부각(다시마, 김, 고추), 부추잡채(돼지고기 제외), 수삼뿌리무침, 도라지무침, 더덕무침/구이, 버섯요리(불고기, 볶음, 전), 도토리묵무침(쑥갓, 깻잎함께) 오리불고기, 겨자채(해파리, 오이 제외)	

수음체질 식단	
차/ 종류	대추차, 생강차, 계피차, 양파즙, 생과일 주스(사과, 귤, 오렌지, 망고, 토마토), 인삼차, 홍삼액, 산삼액, 숭늉, 산성 음료수
전/ 구이	호박전, 연근전, 감자전, 버섯전, 생선전류(흰살생선)
건강 식품	비타민 A, B, C, D, 벌꿀, 인삼, 홍삼
과일	사과, 귤, 오렌지, 토마토, 망고
TIP	가급적 날것은 피한다. (생선회, 육회, 생채소등) 생선류는 흰살생선이 좋으며 찜, 구이, 전 등 익혀 먹을 것을 권장한다. 채소 역시 가능한 삶아 먹도록 한다. 식초류는 현미식초, 사과식초를 권장한다. (감식초는 피한다) 달걀도 가능한 노른자만 먹으면 좋다. 들기름보단 참깨, 참기름이 좋다. 고추, 생강, 파, 양파, 겨자 등 열성 양념을 즐겨 먹으면 좋다.

미용 건강과
생활습관

바른 생활습관은 최고의 유산

1. 생활습관 관리

습관은 침전에 의해 수동적 차원으로 이행한 자아의 태도 결정이다. 자아 극에 침전된 태도 결정은 습관으로서 그 후의 자아를 지속적으로 규정한다. 그러나 태도 결정이라는 말은 가장 넓은 의미에서 사용되는 의식 역시 태도 결정이다. 우리를 둘러싼 생활 세계의 사물이 친숙함이 있는 사물로써 안정성을 지닌다는 것은 유아기부터의 학습이 습관으로 침전해 있기 때문이다.

부부생활을 하다 보면 사소한 생활습관의 차이로 서로 다투거나 심각한 불화를 일으키는 경우를 자주 본다. 내 물건 정리정돈을 잘 하지 못해 싸우는 경우도 많지만, 운동을 게을리해서 비만으로 다투는 일과 잘 씻지 않아서 불평하며 싸우는 일, 그리고 돈 씀씀이 때문에 투덕 거리는 부부까지, 그 내용도 천차만별이다. 또 직장이나 학교에서 시간 개념이 부족해 매일 지각을 하거나 회의 시간에 매번 늦고, 보고서나 과제물을 제때에 내지 않아 꾸중을 듣는 경우도 허다하다. 하지만 사소해 보이는 이런 생활습관의 차이가 의외의 큰 갈등이나 불화로 발전되기 쉽다. 중요한 문제는 아무것도 아닌 조그만 습관 하나도 고치기가 여간 어렵지 않다.

또한, 생활습관 교육 시 중요한 점은 잘못된 습관을 지적하고 나무라는 것보다 바람직한 행동을 했을 때 칭찬하고 격려해 주는 '상반 행동 강화' 전략이 훨씬 더 효과적임을 명심할 필요가 있다. 강화에는 과자나 장난감, 돈 같은 물질적 강화도 있지만, 칭찬이나 인정, 미소 같은 사회적 강화가 더욱 효과적이다. 이렇게 계속적 강화와 간헐적인 강화를 조화시켜 바람직한 행동을 한 뒤에는 '즉시'라는 타이밍을 놓치지 말아야 한다. 그래서 편식하는 버릇을 고치려 하기보다는 골고루 잘 먹어야 하며, 게으름을 피우고 있을 때 핀잔을 주거나 나무라지 말고, 뭔가 부지런하게 하고 있을 때 격려하고 칭찬을 해 주는 것이 바람직하다.

그리고 또 한 가지 전략은 '관심 철회 원리'이다. 자기가 원하는 것을 사 내놓으라고 울고불고 떼를 쓰는 아이들의 경우 비위를 맞춰 주고 혼내는 것보다는 무관심하거나 무시해 버리는 것이 더 효과적이다. 머리를 벽에 찧거나 자기 몸을 자해하는 극단적인 경우에는 당연히 전문가의 도움을 받아야 하지만, 자기의 억지에 부모가 반응하지 않으면 아이들은 더 이상 똑같은 행동을 계속하지 않는 법이다. 그다음 작전은 '포만의 원리'를 적용해 보는 것인데, 계속해서 다리를 떨거나 손톱을 물어뜯고 욕을 할 때 말리지 말고, 그 행동을 계속해서 하게 하는 방법이다. 이때 중요한 것은 위협적인 태도를 보여서는 안 되는 것이다.

습관이란 인간학 또는 교육학에 따르면 의거해야 하는 준칙을 지니지 않은 채 동일한 행위를 자주 반복함으로써 뿌리내린 주관적 필연성으로서의 행위, 지금까지 행동해온 것과 동일한 방식으로 계속 행동하고자 하는 자연적인 내적 강요이다. 그것은 생각 없이 동일한 행위를 반복하는 것이며, 인간에게 자유를 빼앗고 인간을 동물과 같게 만드는 것이다. 그러므로 습관은 선한 행위에서 도덕적 가치를 빼앗아버린다. 덕은 인간의 자유로운 선택 의지의 결과로 준칙 가운데 놓여 있는 것이지, 습관 속에 놓여 있는 것이 아니다. 덕은 언제나 새롭게 근원적인 마음가짐의 혁명에 의해서 실현되어야 하고, 도덕 교육에서 우리는 학생이 습관적이 아닌 자신의 준칙에 기초하여 선을 행하며, 또한 선을 이루도록 해야 한다.

1) 자녀의 최고 스승은 부모

습관이란 정형적이며 자동적으로 발생하는 반응이라는 점에서 자유로이 변화하는 의도적 반응과 구별된다. 또한, 습관은 습득된 결과에서 선천적 반응과 구별된다. 술·담배 또는 특정 약물의 상용이나 열대·한대에서의 장기 생활, 우주비행에서의 기압이나 무중력 상태에 대한 적응 등 특수한 외적인 상황에 대한 반응의 정형화는 '순화'라고 하여 습관과 구별한다.

습관 형성은 조기에 행하는 것이 중요한다. 그러므로 유아기가 습관 형성의 적합한 시기로 본다. 기본적인 생활습관, 사회적인 습관은 부모의 좋은 모범으로 형성된다. 이것은 넓은 의미에서 볼 때 학습의 결과이며, 경험의 반복과 생활체의 욕구 충족이 그 조건이 된다.

개인의 습관이나 버릇은 천차만별이며, 자녀의 연령이나 상황에 따라 한 가지 정답이 정해져 있는 것 또한 아니다. 하지만 어릴 때의 잘못된 습관으로 평생 엄청난 대가를 지불하며 사는 경우를 볼 때 좋은 습관이 몸에 밸 수 있도록 부모가 지도하고 격려하는 일은 그 무엇보다도 중요하다.

어릴 때부터 올바른 생활습관과 식습관을 길러 준다면 비만이나 성인병도 예방할 수 있으며, 책 가까이 하기, 인사 잘하기, 자기 몸 깨끗이 하기, 시간 잘 지키기, 절약하기와 같은 습관을 제대로 길러 준다면 그 어떤 것과도 비교할 수 없는 최고의 유산을 물려주는 셈이다. 이십 년 넘게, 삼십 년 가까이 한 지붕 밑에 함께 살면서 가장 지속적이고 반복적으로 보는 자녀들의 모델이 부모이며, 올바른 생활습관을 길러주는 최고의 스승도 부모라는 것을 명심하자.

2) 생애주기와 발달

개인은 영·유아기, 아동기, 청소년기, 성년기, 중년기, 노년기의 일정한 생애주기를 거친다. 이때 각 시기마다 수행해야 하는 중요한 역할을 발달 과업이라 말한다.

(1) 영아기

출생 후 1개월을 신생아기라고 하며, 영아기는 생후 24개월까지를 말한다. 영아기는 제1의 성장 급등기로 신체가 빠르게 성장하고 걷기, 뛰기 등을 할 수 있게 된다. 언어의 발달은 4~5개월 정도에 옹알이를 시작하고, 생후 1년이 되면 첫 단어를 말한다. 생후 2년이 되면 감정을 표현하는 단어를 사용하기 시작하고 사용하는 어휘의 수가 급격히 늘어 다른 사람과 의사소통이 가능해진다.

- **영아기의 발달 과업**

고개 가누기, 일어서기, 걷기 등의 새로운 운동 기술을 단계적으로 습득한다. 모유에서 이유식, 이유식에서 고체 음식물을 먹는다. 주변의 소리를 듣고 따라하는 노력을 통해 사용 가능한 어휘의 수를 늘린다. 양육자와 애착 관계를 형성하고, 격리 불안과 낯가림 등을 나타낸다.

① 3~4개월: 목을 가눈다.

② 7~8개월: 혼자 앉는다.

③ 9~10개월: 붙잡고 일어선다.

④ 12~13개월: 혼자 선다.

⑤ 13~15개월: 혼자 걷는다.

⑥ 18~24개월: 혼자 계단을 오르내린다.

(2) 유아기

유아기는 만 2세부터 보통 초등학교 입학 이전까지의 시기를 말한다. 이 시기에는 인지능력이 발달하고 상상력이 풍부해지며, 놀이를 통해 다양한 발달적 측면이 자극을 받기 때문에 '놀이의 시기'라고 불리기도 한다. 또한, 자율성이 증가하면서 스스로 하려는 일이 많아진다.

- **유아기의 발달 과업**

식사하기, 옷 입기 등과 같은 기본적인 생활습관을 습득한다. 일상적인 의사소통이 가능하도록 말하는 방법을 익힌다. 배뇨·배변 훈련을 통해 배설물을 조절하는 능력을 기른다. 부모, 형제자매와 정서적 관계를 맺는다.

(3) 아동기

아동기는 만 6세부터 만 12세까지로 초등학교에 다니는 시기를 말하며, 또래 집단과 학교생활은 이 시기의 발달에 중요한 영향을 미친다. 아동이 학교생활에 잘 적응하면 근면성이 발달하고, 적응하지 못하면 열등감이 생길 수 있다. 또한, 이 시기에는 독립심과 사회성이 발달하게 된다.

- 아동기의 발달 과업

놀이나 운동에 필요한 신체적 기능을 학습한다. 읽기, 쓰기, 셈하기 등 기본적인 지식을 습득한다. 학교생활을 통해 규칙과 질서를 배운다. 또래와 어울리며 사회성을 발달시킨다.

(4) 청소년기

청소년기는 아동기와 성년기를 연결하는 과도기이며, 개인의 생애 주기에서 변화가 많은 시기 중 하나이다. 이 시기에는 신체적·정서적·사회적으로 크게 발달하며, 발달이 이루어지는 시기와 속도에 개인차가 있다.

- 청소년기의 발달 과업

신체적·지적 발달을 이룬다. 긍정적인 자아 정체감을 형성한다. 자신의 적성에 맞는 진로를 탐색하며 준비한다. 아동과 성인의 어중간한 상태에서 겪는 혼란에 대처하는 기술을 익힌다.

(5) 성년기

성년기는 신체적으로 가장 건강하다가 서서히 건강이 약해지기 시작한다. 대부분의 사람들은 성년기에 취직, 결혼, 독립, 자녀 출산 및 양육 등 중요한 변화를 겪는다.

- 성년기의 발달 과업

건강을 유지하기 위한 생활습관을 형성한다. 취업을 통해 경제적으로 자립한다. 배우자를 선택하고, 성공적인 결혼생활을 위해 노력한다. 자녀 양육에 필요한 지식을 익히고, 부모로서의 역할과 책임을 수행한다.

(6) 중년기

중년기는 경제적·심리적으로 안정된 시기이나 노안, 주름, 탈모 등 신체적 노화와 갱년기 증상이 나타난다. 이 시기에는 자녀와 부모를 동시에 보살펴야 하는 이중의 책임감 때문에 스트레스가 발생하기도 하고, 자녀들이 결혼하여 집을 떠나면서 빈둥지 증후군이 나타나기도 한다.

- **중년기의 발달 과업**

노화로 인한 신체적 변화를 인정하고 건강을 유지하기 위해 노력한다. 편안함과 유대감을 바탕으로 부부관계를 유지하도록 노력한다. 자녀 교육과 노부모 부양을 위한 재정 계획을 세운다. 은퇴 후의 생활을 설계하고 준비한다.

(7) 노년기

오늘날 의료 기술이 발달하고 노년기를 건강하고 활기차게 보내려는 사람들이 많아지면서 중년기와 노년기를 구분하는 것이 어려워지고 있다. 이 시기에는 신체적 쇠약과 은퇴에 적응하며, 변화하는 역할에 융통성 있게 대처할 수 있어야 한다.

- **노년기의 발달 과업**

체력 감소와 노화로 인하여 발생하는 질병에 바르게 대처한다. 은퇴로 인한 소득 감소와 시간적 여유에 적응한다. 가족이나 이웃과 원만한 관계를 유지하여 소외감과 고독감을 극복한다. 죽음에 대비하여 인생을 돌아보고, 남은 삶의 목적을 찾는다.

3) 이웃과 관계성의 생활습관

과거에는 마을이나 동네를 오가며 이웃간의 만남이 자연스럽게 이루어졌으나, 오늘날은 개인주의와 가족 중심주의가 되면서 서로에게 무관심해지고 이웃과 관계가 소원해졌다.그뿐만 아니라 이웃 간에 지켜야 할 기본 예의와 예절의 중요성을 인식하지 못하고, 이기적인 행동을 함으로써 상대방을 배려하지 못한 채 분쟁으로 이어지는 경우가 늘어나고 있다.

특히 공동 주택의 경우 주택에 설치된 공용 통로와 계단은 단순한 이동 공간으로 기능할 뿐 이웃과 소통의 장소로서의 의미는 사라지고 있다. 이에 따라 나와 가족뿐만 아니라 이웃과 더불어 살아가면서 서로 배려하고 화합하여 함께하는 주거 공동체를 형성해야 할 필요성이 커지고 있다. 따라서 우리는 서로 배려하고 소통하며 이웃 간에 정이 넘치는 마을을 만들어 나와 가족, 그리고 이웃이 더불어 살아가는 지속 가능한 주거 문화를 형성하도록 노력해야 할 것이다.

(1) 이웃 간의 배려

이웃과 더불어 사는 지속 가능한 주거 문화를 형성하기 위해서는 이웃을 배려하는 마음을 갖고 소통의 기회를 마련하여 공동체 의식을 향상하도록 한다. 오늘날 공동 주택에 거주하는 사람들이 많아지면서 이웃 간의 분쟁이 늘어나고 있다. 서로 배려하고 양보하는 마음을 갖는다면 건강한 주거 문화를 형성할 수 있다.

① 층간 소음

주거 공간에서는 다양한 생활 소음이 있지만, 오늘날 특히 문제가 되는 것은 아파트, 연립주택 등 공동 주택에서 발생하는 층간 소음이다. 공동 주택은 벽과 바닥을 이웃과 공유하기 때문에 대수롭지 않게 생각하는 소음과 진동에도 서로에게 불쾌감을 줄 수 있다. 이러한 층간 소음 문제는 서로 배려하는 마음을 갖고 이웃과의 소통을 통해 원활한 합의를 이루어 간다면 서로가 쾌적한 주거 생활 공간을 만들어 나갈 수 있는 생활습관을 만들어 갈 것이다.

② 층간 소음 방지를 위한 실천 사항

① 텔레비전, 라디오 소리는 적당하게 조절한다.
② 아이들이 뛰거나 문을 세게 닫는 등의 행동을 조심하도록 주의를 준다.
③ 늦은 시간이나 이른 시간에 세탁기, 청소기, 운동 기기의 사용은 자제하도록 한다.
④ 늦은 시간에 샤워나 설거지를 하는 행동은 자제하도록 한다.

2. 가족 생활주기와 발달

1) 가족 생활주기 관리

가족은 결혼, 출산, 교육, 자녀의 독립, 사망 등을 통해 끊임없이 변화를 겪어 나간다. 이러한 가족 생활의 변화 과정을 가족 생활 주기라고 한다. 가족 생활주기는 가정 형성기, 자녀 출산 및 양육기, 자녀 교육기, 자녀 독립기, 노후기로 구분하며, 가족마다 단계와 시기, 기간 등에 차이가 있다. 오늘날 평균수명이 연장되면서 가족 생활주기의 전 기간이 길어졌으며, 저출산 현상이 계속되면서 자녀 출산 및 양육기가 줄어들었다.

가족 생활주기는 단계마다 가족 구성원이 성취해야 할 목표가 있으며, 목표를 달성하기 위해 수행해야 할 발달 과업이 있다. 가족의 발달 과업을 성공적으로 수행하는 것은 가족 구성원 전체의 행복과 연관되므로 모든 가족 구성원은 단계마다 주어진 발달 과업을 성공적으로 달성하기 위해 노력해야 한다.

(1) 가족생활 주기에 따른 발달 과업

[1] 가정 형성기

결혼 첫 자녀 출산 전

[2] 발달 과업

① 부부 역할에 적응하기
② 부부 간에 유대감과 친밀감 형성하기
③ 가정생활에 필요한 기본적인 규칙 정하기
④ 상대방의 성격, 생활습관, 가치관 이해하기

(2) 가족의 목표와 가족계획

[1] 첫 자녀 출산- 첫 자녀의 초등학교 입학 전

[2] 발달 과업

① 부모, 자녀 간 애착 형성하기
② 자녀 양육 방식에 대해 부부 간 협의하기
③ 증가한 가사 노동에 대해 역할 분담 재조정하기

④ 자녀가 신체적ㆍ정서적으로 건강하게 성장할 수 있는 가정환경 조성하기

(3) 자녀 성장에 따른 계획

1 자녀 교육기

첫 자녀의 초등학교 입학- 첫 자녀의 독립 전

2 발달 과업

① 노부모와 원만한 관계 유지하기
② 부모, 자녀 간 원만한 관계 형성하기
③ 자녀의 발달 특성에 맞는 양육 및 교육 방침 세우기
④ 가족 간 의사소통을 통해 친밀감을 쌓고 세대 차이 줄이기

(4) 노부모 부양과 자녀 독립 계획

1 자녀 독립기

첫 자녀의 독립- 막내자녀의 독립 전

2 발달 과업

① 노부모 부양을 위해 경제적 지원하기
② 자녀의 독립을 위한 정서적ㆍ경제적 지원하기
③ 건강한 부부관계를 유지하기 위한 규칙 세우기
④ 자녀의 배우자나 사돈과 원만한 관계 형성하기

(5) 안정된 노후생활 대책마련

1 노후기

막내 자녀의 독립- 부부의 사망

2 발달 과업

① 자녀 및 손 자녀와 친밀한 관계 유지하기 *

② 봉사나 취미 생활 등 여가 활동 계획하기

③ 부부만 남게 되므로 부부 관계 재조정하기

④ 운동, 적극적인 태도 등을 통해 건강 유지하기

③ 다음 단계를 위한 준비

① 배우자, 친구, 형제자매의 죽음에 대처하기

② 자신의 죽음에 대비한 심리적 준비 및 유산 정리하기

(6) 개인과 가족과 생활주기

개인의 발달과 가족의 발달은 서로 영향을 주고받기 때문에 가족 구성원의 발달을 가족 생활주기와 연관 지어 이해해야 한다. 개인의 발달 과업이 성공적으로 달성될 때 가족 생활주기의 발달 과업도 달성할 수 있고, 가족 생활주기의 발달 과업을 성공적으로 달성했을 때, 가족 구성원은 건강하고 행복할 수 있다. 그러므로 우리는 건강한 가정을 위해 개인과 가족의 발달 과업을 조화롭게 이루어 나갈 방법을 찾아 생활습관을 세워나가야 한다.

3. 장수하는 사람의 생활습관

의학계에서 수명에 관심을 보이기 시작했을 때, 제일 먼저 전 세계적으로 알려진 몇몇 장수 지역을 방문하여 그곳 사람들의 생활습관을 관찰함으로써 어떤 실마리를 찾아볼 수 있을 것으로 생각했다. 그러나 장수라고 주장하지만 나이를 증명할 기록이 없는 경우가 대부분이었고, 그들의 생활습관에서도 뚜렷한 특징을 찾지 못했다. 단지 이해는 안 되지만 소식을 한다는 사실을 기록에 남겼을 뿐 연구 자체는 실패한 것으로 간주되었다. 이제 장수하는 사람들의 생활습관을 관찰하는 방법은 별로 도움이 되지 않는다.

그동안 생활 방식이 크게 변해 과거에 장수한 사람들의 생활 방식처럼 산다는 것이 거의 불가능해졌기 때문이다. 그러나 그동안 장수하는 사람들의 생활방식에 대

한 조사가 많이 이루어졌고 또한 건강 증진에 대한 지식이 많이 쌓여 장수하는 사람들의 생활습관에 대해 이제 많은 것을 알게 되었다. 그러나 매일매일의 작은 습관 차이가 오랫동안 누적되면서 큰 차이로 나타나는 것이다.

1) 장수의 기준

장수 지역을 답사하던 시절에는 대개 60세내지는 70세 이상 생존하는 분이 많은 곳을 장수 지역이라고 했다. 우리나라에서는 1970년대까지 60~70세를 넘기고 살면 수의 복을 타고났다고 했다. 최근 세계보건기구에서 발표한 2003년도 우리나라 사람의 남녀 평균수명은 76세라고 한다. 하지만 이제 장수의 기준은 달라져야 한다. 평균수명으로 보아 76세까지 생존한 사람의 90퍼센트가 사망하고, 10퍼센트 정도가 생존하는 연령은 대개 90~95세라고 본다.

따라서 적어도 장수한다고 하려면 일상생활을 하는데 큰 지장이 없이 90세 이상은 생존해야 한다.

(1) 장수는 건강한 생활습관

현재 전문가들은 사람의 정명은 120세 정도라고 생각한다. 사람이 태어나서 건강한 생활습관을 가지고 산다면 120세 정도 살도록 하나님께서 우리 몸을 만들었을 것이라고 말이다.

우리 몸의 크기를 측정하면 정규 분포를 한다. 따라서 타고난 수명의 차이도 정규 분포를 한다고 추측할 수 있다. 만일 특별한 경우는 표준편차 밖에 위치한다고 하면 약 2.5퍼센트의 사람은 아주 오래 살도록 태어났고 나머지 대부분의 사람은 거의 비슷한 수명을 가지고 태어났다고 할 수 있다. 따라서 오래 살고 오래 살지 못하고는 본인의 생활습관 또는 생활 방식이 주로 결정한다고 보아야 한다.

(2) 장수하는 사람의 식생활

장수하는 사람들은 어떠한 식생활을 하고 있는가가 모든 사람의 일차적인 관심

사이다. 산속에서 특별한 뿌리나 열매를 따 먹지 않았는지에 모두 큰 관심을 가지고 있다. 그러나 그러한 비결을 기대한 사람들은 모두 실망할 것이다. 그들은 식생활에 엄격하거나 까다롭지 않다. 단지 그 당시 사람들이 먹는 식으로 먹고 있을 뿐이다.

1 소식하는 것

필요한 열량만 섭취한다는 것이다. 물론 과체중이나 비만인 사람은 없다.

2 소박한 식사

채식을 주로 하며 달고 기름진 음식을 별반 먹지 않는다. 그렇다고 해서 엄격하게 가리는 음식이 따로 있는 것은 아니다. 맛있는 것을 찾아 헤매지도 않는다. 당시에는 물론 패스트푸드는 없었지만, 있었다고 해도 먹지 않았을 것이다. 패스트푸드를 즐겨 먹으면서 장수를 기대해서는 안 된다.

3 육체적 활동

장수하는 사람들은 늘 부지런하게 육체적인 활동을 하는 사람들이다. 게으름을 피우거나 그늘에 눕거나 앉아서 온종일 놀고먹는 사람들이 아니다. 그렇다고 해서 지칠 정도로 육체노동을 하는 것도 아니다. 육체노동 후 충분한 휴식을 가질 줄 아는 사람들이다. 건강을 위해 따로 운동을 하지도 않는다.

4 즐거운 놀이문화

뚜렷한 취미나 기호가 있다기보다는 단순하면서도 즐거운 놀이문화를 가지고 있는 분들이다. 하루가 지루하거나 따분하다는 것을 느끼지 않고 산다. 음주 습관은 일정하지 않고 담배는 대개 안 피우거나 일찍 끊었으며 약을 잘 먹지 않는다.

5 생활의 가치관

어쩌면 장수를 결정하는 생활습관 중에 가장 중요한 것은 정신적인 것 또는 어떤 생활 가치관을 가졌느냐에 달려 있는 것 같다. 우선 이들은 걱정과 근심이 적다. 생을 즐기고 낙천적이며 매일 생활에 만족하면서 살고 있다. 대개 종교가 있으며 죽음에 대해서도 별로 걱정하지 않는다. 변화에 대한 적응 능력이 높고 고집을 부리거나 성깔이 있거나 까다롭지 않다. 마음 좋은 할아버지의 모습이다. 욕심이 적으니 스트레스도 적다.

6 자연과 가까운 생활

과거 장수하는 사람들은 농촌에서 주로 자연적인 생활을 하면서 살았다. 당시에는 대도시나 아파트 생활은 존재하지 않았지만, 대도시나 아파트 생활을 장수 환경으로 보기 어려울 것 같다. 지능 정도가 높으며 기억력이 좋고 주위에서 일어나는 일에 관심이 많다. 대개 농사를 짓거나, 전문직이거나 작은 규모의 자기 업체를 가지고 있는 등 자유스러운 직업을 가지고 있다. 조기 은퇴를 하지 않으며 건강을 유지하는 한 일을 한다. 남을 돕는 일에 무엇보다 적극적이다. 불면증으로 고통을 받는 일도 없다.

7 걸으면 건강

운동은 성인병 예방뿐 아니라 정신력, 지력을 증진시키며 행복지수를 높여 준다. 의학이 발달하면 할수록 질병이 사라지기는커녕 도리어 넘실거리고 있다. 그 이유가 무엇일까? 물론 다른 요인도 있겠지만, 연구자들은 운동 부족 때문이라고 한다. 물질문명이 발달할수록 운동량이 줄어든다. 세상이 편해질수록 움직이는 일이 줄어든다. 문명이 발달하기 전인 옛날 사람들은 많이 움직였다. 기계보다는 손과 발 그리고 몸으로 많은 일을 했다. 현대보다 신체 활동이 많았다. 그래서 성인병이라는 용어조차 없었다. 현재도 장수촌 사람들의 특징 중 하나가 죽는 날까지 논밭에서, 부엌에서 열심히 움직이는 것이다. 그리고 열심히 걷고 산과 언덕을 뛰어오르곤 한다. 그러한 장수촌 사람들은 자연사한다. 어제처럼 기상하여 조반을 먹고 온종일 밭에 나가 일을 하고 저녁에 들어와 식사를 한 후 누워 잠이 들었다가 영면하는 일이 대부분이다. 누우면 죽고 걸으면 산다는 격언이 여기에서 나오지 않나 추측한다.

『습관을 바꾸면 건강이 보인다』 저자의 책을 보면 암, 신장병, 고혈압, 당뇨병 등 성인병 예방에 탁월한 치료제로 운동을 권하고 있다. 왜냐하면, 미국에서 운동 부족이 관상동맥 심장질환, 대장암, 당뇨병과 같은 세 가지 주된 질병으로 인한 사망 원인의 3분의 1을 차지하기 때문이다. 운동은 성인병 예방뿐 아니라 정신력, 지력을 증진시키며 행복지수를 높여 준다. 100여 년 전 엘렌. G. 화잇은 운동의 중요성을 다음과 같이 밝혔다.

"운동을 하면 할수록 혈액순환이 잘된다. 많은 사람이 과도한 피로보다 운동 부족으로 죽는다. 훨씬 많은 사람이 닳아 없어지기보다 녹슬어 없어지고 있다."

야외에서 적당히 운동을 하는 사람은 일반적으로 활발하고 혈액순환이 잘된다. 상쾌한 공기를 마시면서 자유롭게 걷거나 꽃과 작은 열매들, 그리고 채소를 가꾸는 일은 건강한 혈액순환을 위해 필요하다. 이는 감기와 기침 그리고 뇌일혈과 폐울혈, 간, 신장, 폐의 염증과 기타 수많은 질병을 방지하는 가장 확실한 예방책이다.

몸에 유익한 생활습관

1. 몸에 해로운 생활습관

우리 몸에 해로운 생활습관을 세 가지만 든다면 흡연, 운동 부족, 나쁜 식습관이다.

하버드대학의 간호사 건강연구팀은 이러한 생활습관이 얼마나 해로운지를 알아보기 위한 연구를 진행했다. 연구진들은 8,882명의 간호사들을 대상으로 이들의 사망 원인을 조사하였다. 정확한 연구를 위해 생활습관과 관련이 없는 사망 원인들은 배제하였으며, 사망에 영향을 끼치는 생활습관들을 산출하기 위해 통계기법을 이용하였다.

첫 번째, 흡연이 사망 원인의 28%를 차지하면서 가장 해로운 생활습관으로 꼽혔다.

두 번째, 운동 부족은 17%를 차지하고 위험 요소로 꼽혔다.

세 번째, 비만(14%)이 위험 요소로 꼽혔다.

네 번째, 나쁜 식습관(13%)이 위험 요소로 꼽혔다.

다섯 번째, 과음(7%)이 뒤를 이었다.

그래서 더 건강하게 오래 살기 위해서는 이러한 나쁜 생활습관들을 피하면 된다. 하버드 연구진들에 의하면 만일 이 연구 기간 동안 사망한 간호사들이 네 가지 기본 원칙인 금연, 규칙적 운동, 과일과 채소 등을 중심으로 한 건강한 식단, 적정 체중 유지를 지켰더라면 그들 중 절반 이상은 더 오래 살 수 있었을 것이라고 한다. 건강한 생활습관은 심혈관 사망률을 72%나 줄일 수 있으며, 암으로 인한 사망률도 44%까지 줄일 수 있다고 한다.

우리 모두 좋은 생활습관이 건강에 유익하다는 것을 잘 알고 있다. 그러나 이러한 기본 원칙을 알고 있어도 이를 실제로 실행에 옮기는 것은 쉽지가 않다. 건강의 소중함을 경험으로 깨닫지 말고 미리 예방하는 것이 무엇보다 중요하다. 몸을 건강하게 유지하기 위해서는 먼저 몸을 깨끗이 하는 습관이 몸에 배어야 한다. 이를 잘 닦고, 손발을 잘 씻어 주고, 식사 습관도 중요하다. 일정한 시각에 규칙적으로 식사하고 골고루 먹는 게 좋다. 운동도 규칙적으로 매일 하는 것이 좋으며, 무엇보다도 마음을 건강하게 하는 습관이 중요하다. 속상한 일이 있으면 소통할 수 있는 친구들과도 사이 좋게 지내며 스트레스를 푸는 것이 좋다.

1) 고혈압의 조기 진단

전 세계 6억 명의 사람들이 고혈압을 앓고 있고, 고혈압 때문에 매년 300만 명이 사망하며, 성인 3명 중 1명꼴로 가지고 있는 질환이 바로 고혈압이다. 고혈압은 관리되지 않을 경우 심장질환, 뇌혈관질환, 신장질환, 비뇨생식기질환, 안과질환 등 우리 몸 전반에 걸쳐 합병증을 일으키고 생명을 위협하는 질환이다. 하지만 혈압이 높더라도 증상이 없는 사람이 대부분이기 때문에 제대로 관리가 쉽지 않다.

따라서 고혈압의 원인 및 예방법을 알아둬 예방하는 것이 중요하다. 혈압약은 한 번 먹기 시작하면 평생 복용해야 할 가능성이 높기 때문에, 처음 혈압을 측정한 뒤 혈압이 높다고 해서 바로 고혈압으로 진단하는 것은 아니다. 여러 번에 걸쳐 측정한 혈압이 130/80mmHg 이상인 경우 고혈압으로 진단할 수 있고, 140/90mmHg 이상이라면 약물 요법을 시작한다. 고혈압의 원인은 여러 가지가 있지만 크게 신장질환과 내분비질환을 통해 유발될 수 있고, 대부분의 경우 특별한 원인을 찾을 수 없는 본 태성 고혈압이다.

※ 한국건강관리협회 서울 서부지부 건강검진센터 최중찬 원장은 "고혈압은 자체로 인한 증상보다는 고혈압에 의한 장기의 손상으로 증상이 나타나는 경우가 많다. 따라서 증상이 없더라도 정기적인 건강 검진 및 혈압 측정으로 고혈압 여부를 체크하는 것이 좋다"고 했다.

(1) 40대 고혈압 관리

노년이 건강하려면 마흔을 넘길 때 무조건 혈압부터 잡아야 한다는 얘기가 나온다. 뇌경색, 동맥경화, 부정맥, 협심증 등 심혈관질환을 유발하는 가장 큰 원인이 고혈압이기 때문이다. 대한고혈압학회에 따르면 고혈압 치료를 통해 수축기 혈압을 5mmHg만 낮춰도 사망률이 7% 낮아진다고 한다. 또 수축기 혈압을 10mmHg 낮추면 뇌졸중에 의한 사망을 40% 줄일 수 있다. 고혈압을 잘 조절하면 가장 무서운 노년병으로 알려진 치매도 예방할 수 있다.

그 밖에 평소 스트레스를 받지 않으려 노력하거나 스트레스가 있다 하더라도 나름의 방법으로 해소하는 것이 바람직하다.

(2) 고혈압을 예방하는 생활습관

고혈압은 특별한 외부 원인이 없어도 나이와 같은 자연적인 원인으로 발생하는 경우가 많아, 평소에 올바른 생활습관으로 예방하는 것이 최선이다. 고혈압을 예방하는 첫 번째 방법은 식습관을 조절하는 것이다.

1 소금 섭취

우리나라 사람은 하루 평균 13g 정도의 소금을 먹는데, 이를 6g 이하로 줄이면 2~8mmHg의 혈압을 내릴 수 있다. 나트륨 섭취를 줄일 수 없다면 칼륨이 많이 들어간 음식을 먹는 것이 좋다. 칼륨은 체내의 나트륨을 배출하는 역할 때문이다. 칼륨은 시금치, 다시마, 감자 등에 많이 들어 있다. 음주도 고혈압을 일으킬 수 있다. 과도한 음주는 일시적 혈압 상승을 유도하며, 반복해서 과음할 경우 장기적으로 고혈압의 위험을 높인다. 이와 함께 금연도 함께하면 좋다. 또 식이섬유가 풍부한 음식을 먹는 것이 좋다. 현미, 과일 등에 풍부한 식이섬유는 혈압을 낮추는 데 도움이 된다. 평소에 적당한 운동을 통해 정상 체중을 유지하는 것도 중요하다. 특히 걷기, 뛰기, 줄넘기 등의 유산소 운동이 혈압을 낮추는 데 도움이 된다. 매일 20~30분간 유산소 운동을 하면 혈압을 낮출 수 있지만, 운동을 중단할 경우 다시 혈압이 높아진다. 지속적인 운동을 하면 체중이 감소되지 않더라도 혈압이 감소하기 때문에 꾸준히 운동을 하는 것이 중요하다.

<u>2</u> 과체중 비만 고혈압의 위험 요인

비만일 경우 혈관에 콜레스테롤이 축적돼 혈액순환을 방해할 수 있는데, 이에 대한 우리 몸의 대응책은 혈압을 높여 혈액순환이 되도록 하게 만드는 것이다. 따라서 적정 체중을 유지해야 고혈압 예방에 좋다. 고혈압은 약물 치료만큼 생활 습관을 개선해야 좋아질 수 있는 질환이므로, 생활 속에서 개선해 나갈 수 있는 안 좋았던 습관들을 고쳐 고혈압을 예방해 보자.

2) 당뇨 전 단계의 나쁜 생활습관

대한당뇨병학회가 발표한 자료에 따르면, 국내 당뇨 환자는 480만 명에 이른다. 당뇨 전 단계(prediabetes)인 환자까지 합칠 경우 국내 전체 인구 중 4분의 1이 당뇨 위험에 노출되어 있는 셈이다. 사실 혈당 문제는 쉽게 알아차리기 힘든 증상이기도 하다. 통계에서도 알 수 있다. 국내 당뇨 인구 중 30%는 자신이 당뇨라는 사실을 알아차리지도 못하고 있다고 한다. 생활습관 질환이라고 알려진 당뇨는 초기에 잘 인지하여 관리를 하는 것이 매우 중요하다. 미국임상내분비학회와 미국내분비학회 역시 '2017 당뇨 관리 및 가이드라인'에서 약물의 사용 및 투약 요법보다는 체중 및 비만 관리 등 당뇨로 발전되기 전 상태인 '당뇨 전 단계'에 좀 많은 분량을 할애했다.

	정상	당뇨전단계(prediabetes)	당뇨병
공복혈당 (mg/dL)	100미만	100~125	126이상

[표 9-1] 당뇨 전 단계의 요인

(1) 당뇨 전 단계(prediabetes)란?

당뇨 전 단계는 혈당 수준이 정상인과 당뇨 환자 사이에 있는 단계로, 공복 혈당 장애와 내당증 장애 증상이 있는 상태를 의미한다. 당뇨 전 단계는 당뇨라고 명확히 진단할 수는 없지만 당뇨로 발전할 수 있는 확률은 정상인보다 5~17배 정도나 높은 것으로 알려져 있다.

따라서 당뇨병으로 진행하기 전에 적극적으로 관리해야 하는 중요한 단계라고 할 수 있으며, 혈당의 변화를 제외하고, 당뇨 전 단계에서 발견할 수 있는 나쁜 생활 습관에는 어떤 것들이 있을까?

① 기름진 식생활

비만은 당뇨 유발의 한 요인으로 널리 알려져 있다. 그중에서도 복부 비만은 당뇨 전 단계를 유발하거나 이미 진행 중이란 신호일 수 있다. 복부에 지방이 쌓이면 인슐린이 분비되는 췌장에 압박을 가해 인슐린 분비를 어렵게 만들어 당뇨 전 단계, 장기화된다면 당뇨로 이어질 확률이 매우 높아진다. 복부 비만 조절을 위해 기름진 음식을 줄이고 채식을 늘리는 한편, 주기적인 유산소 운동으로 뱃살을 관리해 줄 필요가 있다.

② 활동량 부족

현대인은 갈수록 움직이는 시간보다 앉아 있는 시간이 늘고 있다. 하지만 인슐린의 적절한 분비를 위해서는 일정한 활동이 필요하다. 신체 움직임이 적을수록 체내 대사작용 역시 줄어 인슐린 분비 민감도가 떨어져 당뇨 전단계로 이어질 확률이 높아진다. 따라서 주기적인 운동을 통해 체내 인슐린 민감도를 높여주는 것이 당뇨 전 단계로 향하는 것을 예방해주는 방법이 될 수 있다. 실제 많은 연구를 통해서 증명된 바 있으며, 매주 2~5시간 정도 가볍게 걷기를 한 사람들은 1시간 이내로 걷는 사람들보다 당뇨로 이어질 확률이 63~69% 정도 낮아진다.

③ 수면 부족

하루 일과 중 3분의 1을 차지하는 수면은 호르몬의 적절한 분비에 있어 매우 중요하다. 충분한 수면이 있어야만 원활한 대사 과정이 이루어지기 때문이다.

수면이 불규칙하거나 너무 적을 경우 몸은 혈당 관리에 어려움을 겪을 수밖에 없다. "미(美)수면연구재단은 개정된 발표를 통해 청소년과 성인은 최소 7시간에서 9시간의 수면 시간이 필요하다"는 사실을 발표하기도 했다.

당뇨는 생활습관의 질병이다. 이제는 약물보다는 '라이프 스타일'의 변화에 초점을 맞추고 있다. 당뇨로 인해 망가진 체내 내분비 체계는 되돌리는 것이 매우 어렵기 때문에 평생 관리를 해야만 하는 질병이다. 그뿐만 아니라 당뇨는 수많은 합병증을 불러와 우리 건강을 위협한다. 초기에 잡지 못하면 평생 가는 당뇨병은 초기 관리가 매우 중요한 이유이다.

3) 척추 건강을 위한 생활습관

생활습관은 어떤 행위를 오랫동안 되풀이하는 과정에서 저절로 익혀진 행동 방식을 말한다. 무의식중에 자신도 모르게 하는 행동이니 만큼 잘못들인 습관을 고치기란 매우 어려운 일이다. 더 무서운 것은 아주 사소한 생활습관도 자칫하면 치명적인 질병의 원인이 될 수 있다는 사실이다. 하지만 반대로 생각하면, 작은 버릇만 고쳐도 중대한 질병의 예방과 개선이 가능하다는 이야기가 된다.

(1) 직장인의 척추 건강 관리

현대인들 대부분은 야외 활동보다 실내에 머무는 시간이 길다. 전자기기 등을 다루며 실내에서만 있다 보면 C자 형이어야 하는 목뼈 선이 일자로 곧게 퍼지는 거북목 증후군 등 각종 질환에 시달리기 쉽다. 앉아서 일하는 사무직 직원, 특히 노트북을 사용하는 직장인들은 자세가 구부정해진다. 이렇게 잘못된 자세로 긴 시간 모니터를 보게 되면 목과 건강에 긴장감이 가중되고 통증이 반복돼 거북목 증후군이 발생할 수 있다.

① 거북목 증후군

거북목 증후군을 방치하면 목과 어깨, 허리 등이 저린 증상이 나타나고 디스크를 유발할 수 있다. 전문가들은 "업무를 할 때 모니터를 자신의 눈보다 15도 각도 아래에 놓고 사용하고 노트북 위치를 높여줄 수 있는 거치대를 활용하는 것이 좋다"며 "틈틈이 어깨를 뒤로 젖히고 등을 쫙 펴야 목과 허리의 압박을 줄일 수 있다"고 말한다. 집에서 소파에 누워 TV를 보거나 태블릿 PC를 사용하는 '카우치 태블릿족'에게는 푹신하고 편한 소파가 허리 건강에는 오히려 독이 될 수 있다. 소파의 푹신푹신한 쿠션은 척추 곡선이 틀어지게 해 디스크나 관절 스트레스를 높이고 척추 질환을 유발시킨다.

또한, 눕듯이 앉거나 옆으로 누워 턱을 괴면서 태블릿 PC를 보는 습관은 척추뼈에 더 심한 압박을 준다. 따라서 TV를 시청하거나 태블릿 PC를 조작할 때는 소파에 오래 누워 있지 말고, 엉덩이를 소파 깊숙이 집어넣고 상체를 등받이에 기대어 다리를 90도로 세워 앉은 습관을 들이는 게 좋다. 등받이와 허리 사이에 쿠션을 끼어넣는 것도 바른 자세에 도움이 된다. 주말 등에 부족한 잠을 한꺼번에 해결하기 위해 온종일 누워서 뒹굴거리다 보면 척추에 무리를 줄 수 있다. 지나친 수면은 오히려 척추를 딱딱하게 경직시켜 작은 자극에도 심한 통증을 느끼게 한다. 척추는 적절한 이완과 수축작용을 필요로 하기 때문에 장시간 고정적인 자세를 취하는 것은 해롭다. 성인의 수면 시간은 7~8시간이 적절하고, 낮잠은 1시간을 넘기지 않는 것이 좋다. 잠자는 자세도 중요하다. 잘 때는 똑바로 누워 무릎 밑에 베개를 하나 더 받쳐 척추 곡선을 유지시켜 주는 것이 좋다. 엎드려 자는 자세를 목이 꺾이면서 허리와 목에 부담을 주는 만큼 피하도록 한다. 또한, 스트레칭은 근육을 부드럽게 이완하고, 관절과 인대의 긴장을 풀어 주기 때문에 실내에서도 꾸준히 해주는 것이 좋다.

(2) 척추측만증을 초래하는 자세

척추측만증은 척추의 휘어짐이 회전을 동반해 골반 및 어깨 등 신체가 전반적으로 뒤틀리는 양상을 보이는 질환이다. 최근 척추측만증에 대한 관심이 높아지면서 이에 대한 경각심이 높아지는 추세다. 척추측만증은 발병 원인에 따라 3가지로 나눌 수 있다.

척추측만증의 종류로는 아직 정확한 원인이 밝혀지지 않은 특발성 척추측만증과 척추종양, 충수염, 신경섬유종, 소아마비 등의 질환에 의해 발생하는 이차성 측만

중, 잘못된 자세나 습관에 의해 일시적으로 발생하는 기능성 측만증이 있다.

① 다리꼬기

다리를 꼬고 앉는 자세는 척추와 한쪽 골반에 압력을 가하기 때문에 아무리 건강하고 양쪽이 대칭인 사람이라도 지속적으로 자세를 취했을 시 골반 변형이나 척추측만증을 유발할 수 있다.

② 구부정한 자세로 앉기

구부정한 자세로 오랫동안 앉아 있는 것, 특히 오랜 기간 앉아서 공부를 하거나 컴퓨터를 하는 행동은 척추의 변형을 불러와 척추측만증이 생길 수 있다. 장시간 앉아 있는 것보다는 중간 중간에 스트레칭으로 몸을 풀어 주는 것이 좋다.

(2) 척추측만증을 예방하는 자세

가장 일반적인 원칙으로 보자면, 직립 자세로 생활하는 인간에게는 중력을 적당히 분산시켜 주는 자세가 척추질환을 최소로 줄여줄 수 있는 방법이다. 이러한 자세는 구부정한 자세나 척추를 너무 꼿꼿이 세우고 있는 자세가 아닌 정상적인 척추의 만곡을 유지하고 있는 자세가 맞다. 우리가 서거나 앉을 때에 우리의 척추는 정상적인 척추의 만곡을 유지할 수 있어야만 척추에 주어지는 충격을 최소화하여 측만증뿐만 아니라 여러 가지 척추의 통증도 예방할 수 있다.

서울휴재활의학과 김준래 원장은 "척추측만증의 바른 자세는 본인이 갖고 있는 척추의 형태에 따라 다르다. 하지만 공통적으로 적용되는 방법이 있다"며 "이는 몸이 눌리지 않도록 최대한 늘리고 있는 것이다. 이 문제는 비단 서 있을 때뿐만 아니라 앉거나 서거나 누워 있는 일상 모든 동작에 적용해야 한다"라고 말했다. 그는 "기능성 측만증은 잘못된 자세로 인한 척추측만증에 해당하기 때문에, 바른 자세 유지만으로도 척추측만증을 예방할 수 있다. 하지만 이미 척추측만증이 많이 진행된 경우라면 척추측만증 치료 병·의원을 찾아 정확한 검사와 그에 맞는 치료를 받아야 한다"고 덧붙였다.

(1) 척추 건강에 나쁜 대표적인 습관은 무엇일까?

서초21세기병원 성연상 원장은 "최근 척추병원을 찾는 젊은 층이 많은데, 예전보다 앉아서 할 일이 많고, 앉을 때 자세가 바르지 않으니 척추질환으로 이어지는 것이다"며 "허리를 삐딱하게 틀거나 엉덩이를 의자 끝으로 쭉 빼서 앉는 자세는 특히 허리에 무리가 많이 가기 때문에, 척추에 나쁜 습관, 좋은 습관을 알아두고 고치려 노력하고 실천하는 것이 무엇보다 필요하다"고 말했다.

① 척추 건강을 위한 다리 방향

일단 전문가들은 다리를 한 방향으로 꼬고 앉으면 골반이 틀어지고 척추가 휜다고 말한다. 또한, 가방을 한쪽 어깨로만 메면 척추가 옆으로 휜다. 특히 척추측만증이 있으면 더욱 조심해야 한다. 같은 자세로 오래 앉아 있으면 디스크로 가는 하중이 증가돼 디스크 퇴화를 앞당긴다. 적어도 1시간마다 일어나 몸을 움직이거나 스트레칭해야 하는 이유다.

② 척추 건강을 해치는 하이힐과 플랫슈즈

하이힐은 체중이 신발 앞쪽으로 실려 무릎이 튀어나오게 되고 허리는 뒤로 젖혀지기 쉬워 허리 통증과 척추후만증의 요인이 된다. 성연상 원장은 "신발 바닥이 1cm 정도로 낮은 플랫슈즈를 신고 걷거나 뛰면 체중의 3~10배 되는 충격이 무릎과 허리에 전달된다"고 말했다. 최근 척추에 좋은 기능성 신발들이 나오는데, 2~3cm 굽에 쿠션이 있는 신발 정도면 적당하다. 충격을 흡수해 척추로 가는 부담을 줄일 수 있다"고 말했다. 발바닥 아치 모양에 맞게 깔창을 맞춰 신으면 척추 건강에 더욱 도움이 된다.

③ 척추 건강을 위해 금연과 금주

디스크는 구조적으로 혈액을 통해 산소와 영양분을 공급받는다. 담배 연기 속 일산화탄소는 체내 산소를 부족하게 하고 척추 뼈로 가는 무기질 흡수를 방해해 뼈 퇴행을 부추긴다. 알코올은 칼슘 배출을 촉진하기 때문에 음주를 즐기는 만큼 골다공증 위험도가 커진다. 성연상 원장은 "흡연은 골감소에도 영향을 미쳐 골다공증을 악화시키며, 흡연자는 뼈가 부러졌을 때 잘 붙지 않는 경우도 많이 봤다. 여성은 30

대 이후부터 남성보다 골밀도가 빨리 감소하니 특히 신경 써야 한다"고 말했다. 또한, TV를 보며 혹시 소파에 누워 있다면 바로 일어나 엉덩이를 깊숙이 밀어 넣고 앉는 게 좋다.

4 척추 건강에 좋은 생활습관

① 엎드려 자지 않는다.
② 누워서 팔베개를 하지 않는다.
③ 높은 베개를 버리고 12~15cm 정도 높이의 낮은 베개로 바꾼다.
④ 잘 때 바로 누워 허리에 수건을 말아 넣고 무릎 아래에 베개를 넣는다.
⑤ 척추 유연성을 위해 자기 전에 스트레칭을 한다.
⑥ 스트레칭과 함께 근력 강화를 위한 동작을 익히고 매일 한다.
⑦ 척추에 하중을 더하는 체중을 줄인다. 다이어트를 위해 섬유질을 많이 먹는다.
⑧ 뼈에 좋은 단백질, 칼슘, 인산 등을 챙겨 먹는다.
⑨ 나의 척추 상태를 파악하고 관리하기 위해 병원을 찾는다.
⑩ 높은 구두나 쿠션감 없는 플랫슈즈를 천으로 된 운동화로 바꾼다.
⑪ 꼬고 있는 다리를 풀고 허리를 곧게 편다.
⑫ 의자 뒤에 적당한 두께의 쿠션을 댄다.
⑬ 가능한 팔걸이가 있는 의자에 앉는다.
⑭ 운전석 의자를 10~15° 정도 뒤로 젖힌다.
⑮ 계속 앉아 있거나 서 있어야 한다면 적어도 1시간에 한 번씩 몸을 움직여 풀어 준다.
⑯ 혈액순환을 좋게 하는 데 힘쓴다.
⑰ 걷기 등 가벼운 운동을 시작한다.
⑱ 걸을 땐 시선을 전방 15° 정도에 둔다.
⑲ 담배를 끊는다.
⑳ 일상 속에서 적당한 휴식을 갖는다.

4) 건강을 위한 생활습관

잘못된 생활습관 역시 우리의 뇌를 피로하게 만드는 큰 원인이다. 따라서 피로가 쌓이지 않도록 주의하는 습관이 무엇보다 중요하다. 그렇다면 자칫하다가는 질병이란 나비효과를 불러일으키는 잘못된 생활습관들에 대해 살펴보자.

(1) 갑작스러운 운동

평소 운동 한 번 안 하다가 조깅을 심하게 해서 족저근막염에 걸려 제대로 걷지도 못하는 이들도 있고, 헬스클럽에서 무리한 벤치프레스를 하다가 근육 파열에 뼈까지 상하는 일도 많다.

이처럼 평소에 훈련되지 않은 운동을 갑자기 하면 우리 몸은 탈이 날 수밖에 없다. 이는 뇌과학으로 보면 자율신경이 제대로 조율되지 않아서다. 교감신경이 혹사되면서 대량의 에너지가 필요해지고, 그에 따라 산소 소비량이 많아진다. 결국, 활성산소가 급격히 늘어나면서 세포의 산화가 심해진다. 특히 세포 내 미토콘드리아와 모세혈관에 손상을 일으키게 되는데, 건강에 심각한 영향을 끼칠 수밖에 없다.

(2) 장시간 일을 할 때

쉬운 일도 오랜 시간 반복하면 피로가 쌓일 수밖에 없다. 그만큼 에너지 소비가 많아지면서 산소 요구량이 커지고 활성산소가 많아진다. 이처럼 적절한 휴식이 필요할 때 우리 몸은 알아서 신호를 보낸다. 그 신호를 잘 듣고 따라야 한다. 그러나 불행히도 우리는 뇌의 신호를 잘 알아차리지 못한다. 따라서 오랜 시간 일을 할 때는 반드시 규칙적인 휴식 시간을 가져야 한다. 지치기 전에 쉬는 것이 가장 효율적이다.

(3) 같은 일을 반복할 때

한계 효용 체감이 법칙이 있다. 아무리 재미있는 일도 반복하면 재미가 반감되고 지겨워지기 마련이라는 뜻이다. 같은 회로를 계속 쓰다 보면 정보 전달의 역치

(흥분을 일으키기 위한 최소한의 자극)가 올라간다. 더 이상 동일한 자극으로는 정보가 제대로 전달이 되지 않는 등 뇌신경기능이 저하되는 것이다. 이것이 뇌 피로의 첫 신호다. 이럴 때는 다른 일을 하는 게 효율적이다. 쓰는 뇌 회로가 달라지기 때문에 피로도 한결 덜하다.

(4) 같은 자세를 유지하는 습관

우리 몸은 똑같은 자세를 오래 유지할수록 피로가 쉽게 쌓인다. 이코노미 클래스 증후군이 대표적 예다. 비행기의 좁고 불편한 좌석에 오랜 시간 앉아 있다 보면 다리가 붓고 저리며, 심하면 혈액 응고로 사망에까지 이른다. 따라서 지루하고 피로하다는 느낌이 들면 자세를 바꾸고 스트레칭을 해야 한다. 몸을 웅크린 자세에서는 폐가 열리지 않아 산소 부족 현상과 함께 공격적인 노르아드레날린이 분비되기 쉽다. 반대로 몸을 이완시키거나 가볍게 산책을 하면 폐가 활짝 열리고 세로토닌 분비가 활성화되어 좋은 휴식을 준다.

이런 가벼운 스트레칭과 운동은 자율신경 단련에도 중요하다. 복싱 선수를 보라. 시합 중에는 상대방의 펀치에 맞지 않으려고 잔뜩 몸을 웅크린다. 그러나 라운드가 끝나면 최대한 허리를 펴며 몸을 이완시킨다. 본능적으로 휴식 자세를 취하는 것이다. 이때 폐도 열리고 세로토닌이 분비돼 피로를 줄일 수 있다.

(5) 일점 집중할 때

각 분야에서 뛰어난 업적을 이룬 이들의 공통점은 집중력이 일반인에 비해 뛰어나다는 것이다. 집중하는 힘은 뇌 역량을 최대한으로 발휘해 작업의 능률을 획기적으로 높여준다. 그러나 이런 집중력은 교감신경을 활성화시켜 그만큼 에너지를 많이 소비시킨다. 특히 일점 집중은 무산소운동과 같은 해당계 활동이어서 피로가 더 심해질 수밖에 없다. 집중력을 발휘할수록 더욱 자주 뇌에 휴식을 줘야 한다.

(6) 싫은 일을 할 때

일을 할 때는 교감신경이 우위가 되어 노르아드레날린이 분비된다. 특히 싫은 일을 억지로 할 때 노르아드레날린의 분비는 훨씬 심해진다. 당연히 자율신경의 균형이 무너지고, 이를 회복하기 위한(항상성 유지를 위해) 에너지 소비가 더 많아질 수밖에 없다. 뇌의 피로가 가중되는 것이다. 문제는 싫어도 해야만 하는 게 우리의 현실이라는 것이다. 이럴 때는 생각의 전환이 필요하다. 내가 왜 이 일을 해야만 하는지 가치를 찾는 것이다. 아무리 하찮은 일이라도 인생에 도움이 될 수 있고, 내가 모르는 가치가 있을 수 있다. 이렇게 스스로를 납득시키는 생각의 전환만으로도 똑같은 일을 하더라도 뇌의 피로를 덜 수 있다.

(7) 늦은 밤까지 일하는 습관

우리 몸은 밤이 되면 부교감신경이 우위가 되면서 모든 활동성 호르몬 분비가 저하된다. 생체기능이 떨어지는 것이다. 당연히 이럴 때 교감신경 우위의 일을 하면 능률도 떨어지고 뇌의 피로도 심해질 수밖에 없다. 따라서 밤 11시에서 새벽 2시 사이에는 되도록 잠을 자야 한다. 이 시간대에 자는 첫 잠 90분은 '의무적 수면'이라 부를 만큼 가장 깊은 수면을 취할 수 있는 시간이다. 피로 회복에도 최고의 효율을 보인다.

(8) 시간에 쫓기며 일하는 습관

벼락치기 공부만큼 시간 대비 최고의 효과를 보이는 공부법도 없다. 뇌를 바짝 긴장시켜 능률을 올리기 때문이다. 그러나 시간에 쫓기는 일만큼 우리 뇌에 악질적인 스트레스를 주는 습관도 없다. 과도한 교감 흥분은 엄청난 에너지 소모를 일으키고, 자칫하면 뇌를 폭파시킬 수도 있다. 뇌의 건강을 위해 가급적이면 시간에 쫓기며 일하는 습관은 삼가는 것이 좋다.

(9) 불규칙한 생활습관

현대인은 밤늦게까지 과음을 하고, 수면 시간이 일정치 않으며, 불규칙적인 식사를 반복한다. 이렇게 생체 리듬이 일정하지 않은 생활습관은 그 자체가 스트레스로 작용한다. 일을 해도 능률이 떨어지고, 항상성 유지를 위해 엄청난 에너지를 소모해야 한다. 우리는 이럴 때 주로 커피나 에너지 드링크를 마시고 담배를 피운다. 하지만 이는 일시적인 효과만 줄 뿐 피로를 더 가중시키는 역효과를 낸다. 이때는 고도의 머리를 써야 하는 일은 잠시 미뤄 놓고 쉬운 일부터 하는 것도 방법이다. 책상에서 하는 일보다 움직이며 하는 일이 좋다. 정과 동의 균형을 되찾아주기 때문에 피로 회복에 도움이 된다.

(10) 절제가 없는 생활습관

힘든 하루 일과를 마친 뒤 헬스클럽을 찾는 직장인이 많다. 하지만 땀을 흘리며 하는 과도한 운동은 오히려 피로를 가중시킬 수 있다. 운동을 하면 뇌에서 쾌감 물질이 분비되는데, 이것이 피로를 숨긴다. 즉 피로가 사라졌다고 느낄 뿐이지 사실 피로는 전혀 줄지 않았다.

무슨 일이든 적당한 절제가 있어야 한다. 무리를 하면 몸이 먼저 안다. 내 몸에서 보내는 경고 신호를 무시하지 말고 적절히 균형 있는 생활을 해야 한다.

(11) 자외선 노출이 많을 때

운동선수는 야외에서 운동을 할 때 꼭 선글라스를 낀다. 자외선에 의한 피로를 줄이기 위해서다. 파장이 긴 자외선이 몸속 깊숙이 침투하면 활성산소가 많이 발생해 쉽게 피로해진다. 또한, 진피층을 만드는 콜라겐이 파괴되어 피부에 주름이 생긴다. 따라서 자외선에 많이 노출되는 생활 패턴이라면, 자외선 차단제와 선글라스 등으로 최대한 피해를 줄이도록 노력해야 한다. 그렇다고 무조건 자외선을 두려워할 필요는 없다. 오히려 햇볕을 쬐지 않으면 행복 호르몬인 세로토닌이 합성되지 않는다. 밝은 햇살 아래서의 20~30분 산책은 피로한 뇌를 회복시키고, 비타민 D를 생성해 골다공증을 예방하는 등 건강에 최고라는 것은 뇌과학적으로 실증된 지 오래다.

(12) 잘못된 취미 생활

업무에 지친 한 주를 보내고 토요일 이른 아침부터 골프장으로 향하는 이들이 많다. 티그라운드에서 연달아 오비를 하고, 공을 찾느라 풀숲을 헤집고, 벙커에서 친공이 또 벙커에 빠지고, 겨우 그린에서 퍼팅을 하는데 짧은 거리를 놓치면 피로를 푸는 게 아니라 오히려 피로가 쌓일 수밖에 없다. 취미 생활을 본래의 의미에 맞게 휴식으로 생각해야 한다. 그렇지 않고 위의 골프 사례처럼 상대방과 경쟁하기 위해 취미 활동을 한다면 오히려 뇌에 피로를 줄 뿐이다.

(13) 신나서 일에 몰두하는 습관

마라톤 선수는 어느 순간 러너스 하이(Runner's Hi) 상태를 경험한다고 한다. 너무 힘들어 그만 뛰고 싶다는 생각이 들다가 갑자기 뇌에서 엔도르핀, 칸나비 등의 호르몬이 분비되어 피로 대신 오히려 행복감이 몰려온다. 마치 헤로인이나 모르핀을 투약했을 때의 행복감과 비슷하다고 하는데, 무겁던 다리와 팔이 가벼워지고 새로운 힘이 샘솟는 느낌이라고 한다. 그러나 이런 상태가 오래 지속돼 불행한 일을 당하는 경우가 종종 발생한다. 이 상태를 완전 연소 증후군(adrenal burn out)이라 부른다. 스트레스로부터 우리를 방어해 주는 호르몬이 바닥나면(완전 연소), 몸이 더 이상의 스트레스를 감당해 내지 못하는 것이다.

(14) 망국의 회식 문화

우리만큼 야간 유흥 문화가 발달한 나라가 지구상에 또 있을까. 음주가무를 즐기는 민족성 때문인지 우리는 퇴근길 동료들과의 술 한잔을 사는 맛이요, 멋이라 여긴다. 그러나 이튿날 업무에 지장을 주면서까지 폭탄주를 마시고, 2차 3차를 달리는 회식 문화는 뇌에 폭탄을 던져 터뜨리는 꼴이라는 것을 잊지 말자.

(15) 한밤의 커피 한 잔

우리나라 20세 이상 성인 1인당 연간 커피 소비량은 377잔으로 세계 최고 수준이라고 한다. 그만큼 한국인의 뇌가 피로 상태에 있다는 방증이라 볼 수 있다. 물론 적당한 양의 커피 섭취는 교감신경을 흥분시켜 자율신경 단련에 도움을 준다. 그러나 밤에 마시는 커피는 피하는 게 좋다. 주위를 보면 밤에 커피를 마셔도 잠만 잘 잔다고 자랑삼아 떠드는 이들이 있다. 그것은 자랑이 아니라 오히려 뇌에 이상이 생겼다는 증거다. 커피는 각성제다. 마시면 대여섯 시간 잔류 효과를 일으키며 당연히 잠이 오지 않아야 정상이다. 그게 건강한 뇌다. 만약 커피를 마셨는데도 잠이 온다면 뇌가 만성적인 수면 부족에 시달려 피로한 상태라는 증거다.

(16) 숙면을 취하기 위한 생활습관

취침 전에 온수로 목욕하고 엎드린 자세를 피한다. 잠자리 들기 전에 목욕으로 체온을 올리는 것은 숙면을 유도하는 좋은 방법이다. 욕조에 15분 정도 몸을 담그는 목욕법이 좋지만 샤워도 상관없다. 15분 정도 목욕하면 몸 안에 축적된 노폐물이 빠져나가 몸이 가벼워지고 혈액순환이 좋아져 잠들기가 편해진다. 엎드려서 잘 경우 얼굴 형태가 변하거나 아랫배가 나올 수 있으므로 피하고 무릎을 세우거나 큰대자로 잘 경우 관절 등에 무리가 가기 때문에 반듯이 눕거나 왼쪽으로 누워 잠드는 습관을 가진다.

자신의 팔뚝 굵기와 같은 높이의 베개를 사용한다. 척추의 모양은 S자형이기 때문에 잠자리에서도 그러한 모양을 유지시켜야 한다. 또 온종일 혹사당한 목도 휴식이 필요하다. 그런데 지나치게 높은 베개는 목 뒤쪽의 근육을 계속 늘어난 상태로 만들어 목의 피로가 더욱 쌓인다. 반대로 베개의 높이가 너무 낮거나 아예 베지 않으면 기도가 좁아져 숨쉬기가 불편해지고 목 근육에도 부담이 된다. 적절한 베개 높이는 자신의 팔뚝 굵기 정도이다. 보통 체격의 여성은 3~4cm의 베개를 사용하면 된다.

침실은 최대한 어둡고 동쪽 방향 창문이 있으면 좋다. 눈에는 빛을 느끼는 '멜라토닌'이라는 성분이 있다. 날이 어두워지면 뇌에서 이 멜라토닌이 분비돼 잠이 잘 시간이 되었음을 알려준다. 밝은 대낮에 잠을 잘 이루지 못하거나 불을 끄고 자는 이유 중의 하나가 바로 멜라토닌과 관계가 있다. 침실에는 조도가 높지 않은 전등을 사용해 너무 밝지 않도록 조절하고 독서 등의 취미 활동이나 은은한 침실 분위기를 원한다면 테이블 스탠드를 활용하는 것이 좋다.

(17) 장 건강을 위한 생활습관

1.5리터의 물과 30g의 섬유소를 매일 섭취한다. 새벽에 물을 한 잔 마시고 식사를 하면 장운동이 활발해진다. 물을 많이 마실 경우 수분함량이 높아져 변이 딱딱해지는 것을 방지하는 효과도 있다. 특히 수분은 섬유질과 함께 변의 양을 증가시키는 효과가 있어 배설작용을 촉진하는 데 유용하다. 식단은 식이섬유가 많이 함유된 음식으로 구성하는 것이 좋다. 식이섬유는 유산균의 먹이 역할을 하는데, 이 유산균이 장내에 서식하면서 변비를 억제하는 데 도움을 준다. 다만 식이섬유만 섭취하고 수분을 보충하지 않으면 배변 욕구가 줄어들 수도 있으니 주의해야 한다.

복부와 허리를 단련하고 좌욕을 실시한다. 유산소운동은 신진대사를 활발하게 해서 장의 리듬을 규칙적으로 유지시킨다. 또한, 복부와 허리 근육을 강화시키는 운동도 대부분 대장 부위의 움직임이 활발해질 수 있도록 도와줘 결과적으로 배설기능을 촉진한다. 평소 좌욕이나 입욕 등을 통해 항문 괄약근을 이완시키는 것도 좋은 방법이다.

화장실은 참지 말고 매일 비슷한 시간에 간다. 체내에 변이 머무는 시간이 길면 대장암 발생 위험도가 높아질 수 있다. 체내의 음식물 찌꺼기가 장내 세균 작용에 의해 발암물질을 만들고 그것이 장에 작용해 암을 유발할 수 있기 때문이다. 따라서 변의가 있을 때는 바로 화장실에 가는 습관을 들인다. 규칙적인 시간에 식사를 해 장 운동도 규칙적으로 만드는 것이 좋으며, 매일 아침 등 일정한 시간에 배변 습관을 들이는 것도 좋다.

5) 건강한 식단과 생활습관

아침 식사는 필수이다. 다양한 색깔의 과일을 섭취해라. 아침에 공급되는 영양소는 밤새 휴식기에 들어갔던 대뇌를 자극해 두뇌 활동에 도움을 준다. 또 하루를 시작하는데 필요한 영양소도 공급하기 때문에 꼭 챙겨야 한다. 비만을 우려해 아침을 거르는 사람은 채소나 우유로 영양분을 보충해 대사기능을 자극하는 것도 좋다. 아침을 거르고 두 끼에 폭식하는 것은 씨름 선수들이 빨리 살찌기 위해 쓰는 방법이다. 우리 식단은 나물 등 반찬을 골고루 먹게 되어 있어 충분한 채소의 섭취를 보장하지만, 과일 섭취는 부족한 편이다. 맛과 색에 구애받지 말고 골고루 먹는다.

(1) 칼슘 섭취와 소금

한국인의 칼슘 섭취량은 평균적으로 500mg에 채 못 미치는데, 이는 일일 권장량의 2분의 1 수준이다. 칼슘은 특히 대장암을 예방할 수 있으며 골다공증에는 필수적으로 여성에게 효과가 많다. 하루에 칼슘을 500mg 더 섭취하려면 보통 우유 2잔, 칼슘 우유 1잔, 요구르트 5개, 두부 1모, 참치 통조림 1캔, 추어탕 한 그릇, 고춧잎 한 종지, 뱅어포 3장 등을 더 먹어야 한다. 우리는 보통 젓갈류 등 반찬을 즐겨 먹기 때문에 소금 섭취가 많은 편이다. 소금 섭취량은 1일 12.5g으로 권장량 10g을 상회하기 때문에 줄일 필요가 있다.

(2) 독한 술, 불에 구운 고기

술은 간암과 구강암, 인후암, 식도암 등의 원인이 된다. 암에 좋은 음식을 챙겨 먹는 것보다 술을 안 먹는 것이 더 많은 암을 예방할 수 있다는 주장도 있다. 심장병이 많은 서양인들은 소량의 술로 심장병 예방 효과를 볼 수 있지만, 우리나라는 뇌혈관계질환이나 간질환이 많고 독주를 즐기기 때문에 술을 적게 먹는 것이 좋다. 불에 직접 굽는 '직화구이'는 불에 떨어지는 기름이 타거나 동물성 단백질 섬유가 타면서 발암물질이 발생할 수 있다.

2. 건강한 생활을 위한 식습관

1) 올바른 식사 습관

1 제때에 먹는다.

하루 세끼를 거르지 않고 규칙적으로 식사한다. 아침 식사는 하루의 원동력이 되므로 꼭 챙겨 먹도록 한다. 불규칙한 식사를 계속하면 위염 등 소화기 질환이 생기게 된다.

② 골고루 먹는다.

여섯 가지 식품군을 골고루 섭취한다. 곡류, 고기·생선·달걀·콩류, 채소류, 과일류, 우유·유제품류, 유지·당류를 골고루 섭취한다. 특히 현대인의 식생활에서는 채소류와 과일류의 섭취를 늘리고, 육류와 지방의 섭취를 줄이는 것이 좋다.

③ 알맞게 먹는다.

하루에 필요한 에너지와 영양소를 적절히 섭취한다. 자신에게 알맞은 양의 영양소를 섭취하면 건강 체중을 유지하고 만성 질환을 예방할 수 있다.

④ 싱겁게 먹는다.

나트륨의 섭취를 줄인다. 음식을 조리할 때에는 간을 싱겁게 하고, 짠 음식이나 국물의 섭취를 가급적 피한다. 또한, 가공식품의 섭취와 외식 횟수를 줄인다.

⑤ 즐겁게 먹는다.

즐거운 분위기에서 식사한다. 가족이나 친구와 함께하는 식사는 정서적 안정감을 주며 소화에도 도움이 된다. 식사 예절을 지키고, 음식을 준비한 사람에게 감사하며 식사한다.

2) 건강한 식습관

밥이 보약이라는 말이 있듯이 건강한 식생활을 해야 건강을 지킬 수 있다. 뭐든 잘 먹는 것이 건강한 식생활이라고 생각하는데, 너무 과한 욕심은 몸에 해가 되기도 한다.

(1) 좋은 음식 고르기

① 설탕이 많이 들어간 음식

설탕 자체가 나쁜 음식은 아니지만, 지나치게 단것을 즐기면 우리의 몸은 비정상적으로 에너지를 받아들이게 된다. 또한, 피부의 탄력이 저하되며 주름이 빨리 생기게 되니 과한 섭취는 피해야 한다.

2 술

알코올을 섭취하면 이뇨작용으로 인해 몸속의 수분을 급속히 배출하고, 피부의 온도를 올려서 피부의 수분이 마르게 하여 노화를 촉진시키게 된다.

3 기름진 음식

기름에 튀긴 음식은 대부분 트랜스지방 함량이 매우 높다. 트랜스 지방이란 혈관의 건강을 떨어트리고 혈관에 노폐물을 쌓이게 해서 혈액순환에 장애가 생기고 건강도 급격하게 떨어지게 된다.

4 과식은 피해야 한다.

좋은 보약도 많이 섭취하면 몸에 해로운 것처럼 아무리 좋은 음식이라고 과식을 하면 소화효소가 충분하게 안 될 수도 있고, 위산의 분비가 원활하지 못하는 경우가 생기기도 한다.

(2) 건강한 식생활의 중요

과식을 큰 위기감 없이 하는 사람들이 많다. 과식으로 독소가 축적이 될 경우 다양한 질병에 원인이 될 수가 있다. 또한, 빨리 먹는 것도 문제가 된다.

한 번에 많은 양의 음식을 섭취하게 되면 위에 부담을 주고 소화에도 지장을 주게 되어 영양 흡수가 원활하게 이루어지지 않는다.

1 올바른 식습관

① 아침을 먹는 습관을 가져야 한다.
② 골고루 먹는 습관을 가져야 한다.
③ 한국 사람은 짜고 맵게 먹는 것을 좋아하므로 싱겁게 먹는 습관을 가져야 한다.
④ 폭식과 야식은 금물이다.

② 식습관을 바꾸기

바꾸려고 마음으로 다짐해도 얼마 지나지 않아 예전 상태로 돌아가 있는 것을 보게 된다. 자신의 의지도 중요하지만 주변 사람들과 함께 건강을 지키겠다는 마음으로 자신만의 즐겁고 맛있는 요리법들을 개발하여 모두의 건강을 지키길 바란다.

3) 평소 나쁜 습관

윌리엄 서머셋 모옴은 "불행이란 나쁜 습관은 좀처럼 버리지 않고, 좋은 습관은 쉽게 포기하는 것이다"라고 하였다. 우선 나쁜 습관을 바꾸려면, 변할 수 있는 유일한 좋은 변화를 시도하는 것이다.

하지만 좋은 습관을 의존적으로 해야만, 자신의 건강한 생활습관과 라이프 스타일이 더욱 긍정적으로 변화될 것이라 믿을 수 있다. 그동안의 습관에 따라 절약과 건강에 대하여 더 나아지는 상황을 이해하고, 변화를 민감하게 관리하며, 먹는 것을 주의를 하며, 돈 관리를 철저히 하고, 자신의 공허함을 채우기 위한 수단으로 좋은 일을 해서는 안 된다고 한다. 돈내기 게임을 하지 말고, 중독에서 벗어나기 위해 다른 나쁜 일에 의존하는 것은 더욱 위험 할 수 있다.

(1) 뜨거운 음료를 자주 마시는 습관 – 식도암

음료의 종류와 상관없이, 65도가 넘어가는 뜨거운 음료는 식도암의 원인이 될 수 있다. 세계보건기구에서는 65도 이상의 음료를 발암물질 2A군으로 지정하기도 했다. 실험 결과에 따르면, 65도 이상의 뜨거운 차를 마신 그룹은 그렇지 않은 그룹에 비해 식도암에 걸릴 위험이 8배나 높은 것으로 나타났다고 한다. 60~64도의 뜨거운 차를 마신 그룹 역시 식도암 위험이 2배로 증가하는 결과가 초래되었다고 하니 뜨거운 음료를 먹을 때는 반드시 열기를 식혀 먹기를 권장한다.

(2) 밥을 국에 말아 먹는 습관 – 비만

한국인에게 인기가 많은 국밥은 입에서는 맛있지만, 몸에는 '독'이라 할 수 있다.

간이 있는 국물은 다른 반찬들에 비해 나트륨 함량이 높은데, 국에 밥을 말아 먹을 경우 짠맛이 밥으로 인해 옅어져 국의 간이 강해도 이를 느낄 수 없게 된다. 또한, 식사 속도의 증가가 과식으로 이어져 비만으로 가는 지름길이 될 수 있다. 칼슘을 체외로 내보내는 역할을 하는 나트륨을 과다 섭취하는 것은 어린이의 성장에 악영향을 미칠 뿐 아니라고 혈압과 심장병, 뇌졸중, 위암 등을 초래 할 수도 있다.

(3) 속 쓰릴 때 우유 마시는 습관 – 위산분비 증가로 위궤양 유발

매운 음식을 먹어 속이 쓰릴 때 우유를 섭취하는 습관을 가진 사람들이 많다. 시원하고 부드러운 우유가 얼핏 속을 달래주는 느낌을 주기 때문이다. 하지만 그러한 기분은 어디까지나 착각에 지나지 않는다. 우유 속에 들어 있는 칼슘이 오히려 속쓰림의 원인인 위산 분비를 증가시킬 수 있기 때문이다. 습관이 장기적으로 이어질 시는 위산 과다 분비로 인한 위궤양까지 발병할 수 있으니 주의해야 한다. 그러니 우유를 마실 때는 한 컵을 여러 번에 걸쳐 나누어 마시는 방법으로 위산의 과다 분비를 예방하자.

(4) 손에 핸드로션과 영수증 만지는 습관 – 유방암, 성조숙증

손의 건조함을 막아주는 핸드로션은 자칫하면 체내의 화학물질 흡수를 증가시킬 수 있다. 이는 영수증에 들어 있는 '비스페놀A '라는 화학물질 때문인데, 비스페놀 A는 체내에 흡수되면 유방암 또는 성조숙증을 일으킬 가능성이 있다. 맨손으로 영수증을 만졌을 때보다 로션을 바른 뒤 영수증을 만졌을 때 비스페놀 A 흡수율이 무려58%가량 높아지므로, 영수증은 가급적이면 아무것도 바르지 않은 손으로 집는 것이 좋다.

(5) 엘리베이터 내 전화통화 습관 – 유전자 변형, 뇌종양

밀폐된 공간에서 스마트폰을 사용하면, 탁 트인 공간에서 사용할 때보다 전자파 발생이 더 높아진다. 특히 스마트폰에서 전자파가 가장 많이 나올 때는 밀폐된 공간에서 통화 연결 음이 울릴 때였다. 이러한 전자파에 장시간 노출될 시에는 유전자가 변형될 위험이 있으며, 전자파가 뇌에 깊이 침투하면 뇌세포에 종양까지도 일으킬 확률이 있다고 하니 주의해야 한다.

(6) 코털 뽑는 습관 – 뇌막염, 패혈증

코털은 공기 중의 이물질을 막아 주고 찬 공기를 몸의 체온에 맞춰주는 역할을 한다. 코털은 보통 피부 속에 깊이 박혀 있다. 억지로 코털 뽑는 것은 보통 면역성에 문제를 가져올 수 있으므로 안 되는 행동이다. 그뿐만 아니라 코털은 뇌와 직결된 혈관들 위로 나 있는 경우가 많아 무분별하게 제거하면 염증을 통한 뇌막염이나 패혈증 등 질병으로 옮겨질 수 있다. 최악의 경우 사망에까지 이를 수 있는 나쁜 습관이다. 코털을 제거할 땐 코털가위 등의 기구를 이용하도록 하자.

(7) 앉는 자세 불량의 습관 – 허리디스크, 변비, 소화불량

주로 앉는 자세가 다리를 꼬든지, 엉덩이를 앞으로 빼고 앉는 습관 등 골반의 틀어짐과 디스크의 발병을 유도할 수 있다. 긴 시간 불량한 자세가 계속 유지되면 디스크가 뒤쪽으로 밀려나오기 때문이다. 또한, 나쁜 자세로부터 골반이 기울거나 쏠릴 시 내장의 위치가 변함으로 인해 변비나 소화불량 등의 증세가 나타나기도 한다. 소파에 앉을 때는 반드시 쿠션을 이용하고, 장시간 앉아 있는 직장인의 경우는 한 시간에 한 번씩 스트레칭을 해 주는 것이 좋다.

(8) 머스크 향수 뿌리는 습관 – 호르몬 교란

머스크는 향수의 원료로 인기가 높은 물질이다. 하지만 머스크 향수를 너무 많이 사용하는 것도 질병의 원인이 될 수 있어 조심해야 한다. 머스크는 사향노루의 향낭에서 얻어진다.

그러나 머스크 향수 중 노루의 향낭 대신 인공 사향을 재료로 만들어 판매되는 것이 많다. 대표적인 물질로 갈락소이드와 토날라이드를 들 수 있다. 두 가지 성분은 여성호르몬 에스트로젠과 분자 구조가 비슷하여 체내에 침투할 때 호르몬 교란을 일으키며, 내분비계에 이상을 초래할 가능성이 있다.

(9) 눈을 자주 비비는 습관 – 각막염, 결막염

눈을 손으로 자주 비비는 것은 손에 묻어 있던 균들이 안구로 침투하게 된다. 이러한 균들이 각막염이나 결막염 등의 감염성 안질환을 일으키는 것이다. 그 외 눈을 자주 비비는 습관은 각막에 압력을 가함으로 생채기를 입힐 수 있고, 심한 경우 구조물의 변형까지도 일으킬 수 있으니 웬만하면 하지 않는 편이 좋다. 나쁜 습관 대신 인공 눈물을 사용하거나 냉찜질을 하는 버릇을 들이는 것도 좋은 방법이다.

(10) 불 꺼진 방, 스마트폰 보는 습관 – 녹내장

잠들기 전, 불 꺼진 침대에서 화면이 작은 스마트폰을 사용하는 것은 눈의 피로를 증가시킨다. 그리고 눈의 피로가 계속 증가하다 보면 안구건조증과 급성 녹내장의 발병 위험도 함께 증가한다. 녹내장이란 안압이 정상 범위보다 높아져 시신경에 이상을 불러일으키는 질병으로 두통, 구토와 시력 감소 등의 증상을 동반할 수 있다.

4) 몸 체취와 건강 상태

매일 샤워를 꾸준히 하고 양치질을 자주 하는데도 입이나 몸에서 냄새가 날 수 있다. 몸의 내부 장기에 문제가 있는 것은 아닌지 의심해 보아야 한다.

몸 냄새는 땀 등 인체 분비물뿐만 아니라 질병과 관련되어 악취가 나므로 정확한 원인을 찾는 것이 가장 중요하다. 향수나 데오드란트는 임시방편일 뿐, 자신의 근본적인 건강 상태를 체크하고 치료한다면 몸에서 악취가 나지 않을 것이다.

입 냄새는 손등에 침을 바르고 즉시 냄새를 맡아 보면 쉽게 체크가 가능하지만, 자신의 몸에서 나는 냄새를 스스로 알아채는 것은 쉽지 않다. 따라서 자신의 체취를 정확하게 체크하기 위해서는 그날 입었던 옷을 비닐봉지에 넣어 냄새를 맡아 보는 것이 좋다. 주 1회 정도 지속적으로 체크하여 내 몸의 냄새 변화를 확인해 보자.

(1) 달걀 썩은 냄새

입에서 달걀 썩는 냄새가 난다면 간기능장애나 위장질환의 가능성이 높다. 소화불량으로 인해 소화되지 않은 음식이 몸속에서 발효되어 혈류를 타고 폐로 보내진 후 입이나 호흡기를 통해 발산되어 숨 쉴 때 썩은 달걀 냄새가 나는 경우가 있다. 또한, 간기능이 좋지 않은 사람은 메르캅탄이라는 황 화합물질을 배설하지 못하고 일부가 쌓이게 되어 폐를 통해 입이나 코로 배출되는 경우가 있는데, 간경화나 만성간염 등 간기능이 떨어지는 사람은 입에서 썩은 달걀 냄새 비슷한 지독한 구취가 날 수 있다.

(2) 음식물 썩은 냄새

몸속의 대사가 제대로 진행되지 않고 음식물이 적체되어 위산이 식도로 올라오는 역류성 식도염의 경우 적체된 음식물로 인해 몸속 깊은 곳으로부터 썩은 음식물 냄새가 나게 된다. 역류성 식도염은 위식도 역류질환이라 하는데, 음식을 섭취하거나 트림을 할 때 열리는 하부식도괄약근의 조절 기능이 약해져서 위에 있는 음식물이나 위산이 식도로 역류하면서 나타나는 증상이다. 식사를 하고 나면 신트림이 자주 올라오거나 입에서 썩은 음식물 냄새가 나면서 가슴 쓰림 증상까지 나타난다면 병원을 찾아 정확한 진단을 받고 근본적인 치료를 받고 식이 조절을 시작하는 것이 좋다.

(3) 퀴퀴한 암모니아 냄새

신장에 이상이 있는 경우 입이나 땀에서 암모니아 냄새가 날 수 있다. 신장 기능이 저하되면 배설이 신속하게 되지 않아서 혈중 요소 농도가 높아지게 되는데 이에 따라 타액의 요소 농도도 증가하게 된다. 타액 속의 요소 중에서 일부가 암모니아로 변해서 냄새를 풍기게 되는 것이다. 또한, 입에서 암모니아 냄새가 나는 사람은 간질환이나 소변이 몸 밖으로 나가지 못하는 요독증의 가능성도 높으니 정확하게 진단을 받아봐야 한다.

(4) 시큼한 과일 향 및 아세톤 냄새

당뇨병이 있으면 내분비장애로 인슐린이 분비되지 않음에 따라 탄수화물 분해 능력이 떨어지고 지방 대사가 활성화되는데, 이때 '케톤'이라는 아세톤 성분이 배출된다. 이것이 폐를 통해 입과 코로 배출되면서 아세톤이나 과일 향 비슷한 구취가 나게 되는 것이다.

(5) 고기 또는 치즈 썩는 냄새

입에서 고기나 치즈 썩는 냄새가 난다면 구강염, 치주염, 축농증, 편도선염과 같은 호흡기질환 등 구강이나 코, 인후에 염증이 있을 가능성이 높다. 코를 중심으로 하여 뺨의 안쪽에는 4개의 부비동이라는 공간이 있는데, 이 부비동에 염증이 생기면 고름 등의 점액성 물질이 생성되어 침을 삼키거나 숨을 쉴 때 혀의 뒷부분에 조금씩 묻어 나오는 경우가 있다.

(6) 생선 비린 냄새

폐에 열이 많으면 입이나 땀에서 생선 비린내와 같은 심한 냄새를 풍기게 될 수 있다. 또한, 신부전에 의한 요독증을 의심해 볼 수도 있는데 신장기능의 저하로 배설이 빨리 되지 않아서 타액의 요소 농도가 높아짐에 따라 요소 중 일부가 암모니아로 변해 비린 듯한 냄새를 풍기게 되는 것이다. 유전적으로 '콜린'이라는 신경 흥분 전달물질을 대사할 수 없어 땀이나 소변, 혈액 등에 축적되는 생선 냄새 증후군의 가능성도 있다.

(7) 피 썩는 냄새

백혈병을 앓고 있는 경우 입에서 피 썩는 냄새를 맡을 수 있다. 백혈병은 혈액질환으로 고열이나 탈수가 일어나 침의 분비를 줄어들게 한다. 또한,위에 출혈이 있는 경우에도 입에서 피 썩는 냄새가 날 가능성이 있다.

(8) 달콤한 냄새

단 음식을 먹은 것도 아닌데 입에서 단내가 난다면 비장에 이상이 있는 것은 아닌지 의심해 보아야 한다. 비장의 기능 저하로 인해 체내의 수분 대사가 원활하지 못하게 되어 침 분비가 줄어들게 되면 입에서 달콤한 냄새가 날 수도 있다. 물을 충분히 마시고 충분한 휴식을 취해 주는 것이 좋다.

(9) 양파 썩은 냄새

무나 파 등의 음식을 섭취하지 않았는데 방귀에서 양파 썩는 냄새 같은 악취가 난다면 대장암을 의심해 볼 수도 있다. 대장암 환자들에게는 방귀에서 '메탄티올' 이라는 물질이 일반인보다 10배 이상 검출되어 썩은 양파 냄새와도 같은 독특한 냄새가 난다고 한다.

(10) 사과 썩는 냄새

몸에서 사과 썩는 냄새가 난다면 파상풍을 의심해 볼 수 있다. 파상풍은 흙이나 동물의 위장 속에 있는 파상풍균의 포자가 상처 부위를 통해 들어와 신경세포에 영향을 미치는 질환으로 근육의 경련성 마비나 몸이 쑤시는 증상이 나타나는 무서운 질병이다.

미용 건강과
비만

비만의 원인과 문제점

1. 비만의 개념

비만의학(obesitymedicine)이란, 최근 심각한 공중 보건 문제로 대두하고 있는 과체중 또는 비만을 해결하기 위한 의학적 관리 및 처치를 하는 의학(medicine)을 뜻한다.

비만은 많은 만성 질병들을 악화시키며 주로 고혈압, 관절염, 담석증, 고지혈증 그리고 근육-골격계통 질환 등이 있다. 비만이 신체적 건강에 주는 영향 외에 수많은 정신적, 사회심리학적 영향들이 존재한다. 정신적 사회심리학적 요소는 궁극적으로 건강 상태에 영향을 미치며, 비만의 사회적인 영향은 매우 광범위하게 나타난다.

비만은 전신의 지방조직에 지방이 지나치게 많이 축적된 상태로서, 지방의 과잉 축적은 섭취 에너지가 소비 에너지보다도 크게 일어나는 것이다. 이것이 비만의 가장 핵심적인 원인이라고 생각된다. 또한, 체내에 필요한 에너지보다 과다 섭취된 에너지를 적게 소비함에 따라 발생하는 인체 내의 에너지 불균형의 상태를 말한다.

1) 비만의 정의

비만은 만성질환의 하나이며 유병률이 전 세계로 점차 증가하고 있다.

비만이란 단순하게 체중이 증가하는 것이 아니라 지방세포의 비정상적으로 체중이 증가 된 상태를 말한다. 풍요롭고 복잡한 생활을 하게 되면서 과식, 신체 활동의 부족, 과음, 식사 패턴의 불규칙 등 다양한 요인들이 복합적으로 작용하여 섭취한 열량보다 소비하는 열량이 적을 때 나타난다.

지난날 뚱뚱한 것을 건강해 보인다고 생각하는 경향이 있었다. 근래에는 비만한 경우 고혈압, 심장병, 당뇨병 등의 질환에 걸릴 위험이 크다는 것이 알려져 주의하고 있다. 또한, 어렸을 때 비만하면 건강하고 활달한 어린 시절을 보내기 힘들며 어른이 된 후에 비만이 될 확률이 높아 주의해야 한다. 건강하고 아름다운 삶을 위하여 식사요법, 운동요법, 식습관의 개선을 적극적으로 꾸준히 할 필요가 있다.

2) 비만의 원인

비만은 일반적으로 열량 소비량보다 더 많은 열량을 섭취하거나, 혹은 열량 소모가 감소된 결과로 초래될 수 있다. 비만은 음식의 섭취와 함께 체내의 열량 소비량과 관계가 있는데, 음식으로 섭취되는 열량이 소모되는 열량보다 많아질 때 남은 열량은 지방 조직에 중성지방의 형태로 저장된다. 그 결과 체내의 지방 조직의 크기가 증가되고, 이에 따라 체중이 증가되게 된다.

(1) 식품 과다 섭취

과식은 비만의 원인이 되는 중요한 요소이다. 음식물 섭취를 조절하는 뇌의 신경 조직 중 특히 포만감을 느끼게 하는 신경이상은 과식을 일으켜 비만을 초래한다. 실제로 비만한 사람은 음식의 맛이나 냄새에 민감하여 음식을 많이 섭취한다고 한다.

(2) 열량 소비의 감소

체내 열량 소비가 감소되는 요인에는 육체적 활동의 감소를 들 수 있다. 비만한 사람은 비만하지 않은 사람에 비해 덜 활동적인 경향이 있다.

(3) 유전적 요인

부모 중 어느 한 사람이 비만증이면 그 자손은 비만증인 경향이 있다. 한 연구보고서에 의하면 부모가 정상 체중일 때 9%, 한쪽 부모가 비만일 경우 41%, 양쪽 부모가 비만일 경우 73% 로 자손의 비만 확률이 증가한다.

(4) 사회, 경제적 환경 요인

환경적 요인은 과식, 운동 부족, 가족과 친구들의 모임, 잦은 외식 등 식욕이 자극되는 환경이 비만에 영향을 주고, 이외에 심리적, 사회경제적, 문화적 혹은 다른 후천적인 요인에 의해 직·간접적으로 비만을 일으킨다. 역학조사에 따르면 사회, 경제적으로 지위가 높을수록 비만의 경향이 더 낮다고 한다.

(5) 2차 적인 원인

비만은 드물게 신경 및 내분비 질환(시상하부질환, 갑상선기능저하증 등)에 의한 이차적인 원인에 의해서도 생길 수 있다. 이런 경우는 원인 질환의 치료를 하면 체중이 감소하기도 한다. 일반인들이 신경통 및 관절통으로 흔히 복용하는 부신피질호르몬이나 정신병 치료제 역시 비만을 유발할 수 있다. 비만의 원인은 호르몬의 변화, 유전, 정신 건강 문제, 사회경제적 요인 등이 복합적으로 관련되어 있다. 최근 성인병을 유발하는 중요한 건강문제로 대두되고 있으며, 비만이 세계보건기구 질병에 포함된 지는 불과 50여 년이 지났을 뿐이지만, 이미 유행병이라고 할 만큼 전 세계적인 문제로 발전하여 오늘날의 사망과 장애에 영향이 미치고 있다. 현재 우리나라에서도 비만의 유병률이 점점 높아지고 있다. 특히 소아 및 청소년 비만의 증가는 상당히 중요한 국민 건강 문제가 되고 있다. 그러나 비만을 심각한 질병으로 여기는 사회적 인식이 부족하여 적극적이고 시급한 대처가 중요한 문제이다.

2) 비만의 원인 분석

건강을 위한 이상적인 체중은 일반적으로 신체 질량지수(BMI)로 알 수 있다. 비만의 원인은 설정점 모형, 유전적 모형, 긍정적 유인 모형으로 설명할 수 있다. 비만은 높은 사망률, 심장질환, 당뇨병, 담석과 관련이 있다. 매우 야윈 사람도 질병이 위험하다. 비만은 더 위험하다. 중간 수준의 과체중인 사람과 심혈관계 위험 요인을 갖지 않은 사람은 심장질환이나 사망에 높은 위험이 없다. 그러나 심한 비만은 질병과 사망의 위험 요인이다.

(1) 설정점 모형

이 모형에서 체중은 일종의 내적 자동온도 조절 장치의 설정점에 따라 조절된다. 지방 수준이 기준 이상으로 올라가거나 떨어질 때, 생리적이고 심리적인 기제가 활성화되어 설정점으로 되돌아가는 것이다. 따라서 정상 체중에서 어떤 방향으로의 일탈은 어려워진다. 지방 수준이 설정점 아래로 떨어질 때, 신체는 지방 수준을 유지하기 위한 활동을 하며, 이런 활동은 신진대사 과정을 느리게 하여 칼로리가 더 적게 소비된다. 이와 관련하여 다이어트를 하는 사람은 지속으로 체중을 줄이는 데 어려움이 있다.

이는 그 사람의 신체가 지방의 저장고가 고갈되지 않도록 싸우기 때문이다. 또한, 배고픔의 증가는 지방 공급이 설정점 이하로 떨어질 때 나타나는 신체의 다른 조정 행동이다. 저장된 지방이 떨어질 때 렙틴(신체 지방에 의해 생산되고 뇌에 있는 시상하부를 위한 신호 체계로 작동하는 호르몬) 수준이 감소하고 이것은 시상하부를 활성화하여 배고픔을 유발한다. 그러나 설정점이 왜 사람마다 다르고 어떤 사람은 비만의 설정점을 가져야 하는지 물음은 여전히 남아 있다. 그러나 설정점이 약간은 부분적으로 유전적 요소의 영향을 받는다.

(2) 유전적 모형

이 모형은 인간이 지방을 저장하는 물질대사를 진화시킨다고 말한다. 만일 음식 공급이 부족하다면 이러한 경향성은 적응될 수 있으나 현재와 같은 산업화 된 사회에서 풍부한 음식 공급으로 과체중과 비만이 나타날 수 있다. 그러나 모든 사람이 비만하지 않고, 같은 환경에서 다른 사람보다 더 살이 찌는 사람의 차이는 지방을 저장하는 일반적 경향성보다 특정한 유전인자에 기인하는 것 같다. 비만한 아동의 60~80%는 한쪽 부모 또는 모두가 비만한 것으로 알려져 있다. 이러한 결과는 비만이 가족력이나 한 가정의 식생활과 밀접한 관련이 있으며, 유전적인 요인을 간과해서는 안 됨을 시사한다.

비만에 대하여 유전적 영향에 대한 연구 결과, 서로 다른 환경에서 자란 일란성 쌍생아를 대상으로 비교 연구한 결과이다. 한 가정에 입양된 유전적으로 다른 두 아동을 대상으로 연구한 결과, 비만의 원인에 대해 식생활 방식 등의 환경적 요인도 작용하지만, 유전적인 상관관계도 확인할 수 있었다. 특히 10세 이전의 아동의 경우 유전 요인이 상당히 강하게 작용하는 것으로 밝혀졌다. 한편, 비만은 특정 환경에서 발생하기도 한다. 적절한 음식이 공급되지 않는 환경에서는 체중이 증가하기 어렵다.

① 신경 내분비 요인

식욕은 중추신경에서 신경전달물질, 위장관에서의 호르몬, 식이의 구성분 등 다양한 요인에 의해 조절된다. 중추에서 이루어지는 섭식 조절은 시상하부에 있는 공복 중추와 포만 중추에 의해 조절된다. 시상하부의 여러 핵은 서로 유기적으로 신호를 주고받으면서 에너지 균형과 갑상샘, 부신 등 대사 조절을 하는 내분비 장기를 관장하는 매우 중요한 역할을 하는데, 스트레스 등의 환경 요인, 선천적 인자 등에 의해 이 기전에 문제가 생기면 섭식장애가 생길 수 있다. 한편 지방세포에서 분비되는 렙틴은 시상하부에서 식욕 억제 신경전달 물질을 자극하고, 식욕 촉진 신경전달 물질을 억제하는 방식으로 전체적인 식이 행동을 조절하는 역할을 한다. 그러나 비만한 사람의 경우 렙틴이 작용하는 신호 전달 체계에 문제가 있어서 렙틴이 생성되어도 뇌에서 식욕을 억제하라는 신호가 전달되지 않고, 과식하게 되면서 비만해진다.

② 에너지 불균형

비만의 발생 기전은 체내에서 필요한 에너지보다 과다하게 섭취하거나 섭취된 에너지보다 적게 소비함에 따라 인체가 에너지 불균형의 상태에 이름으로써 여분의 에너지가 지방의 형태로 축적되면서 발생한다. 지방의 지나친 축적은 대사의 이상을 초래하여 성인병의 원인이 되고 있다.

③ 환경적 요인

경제적 성장과 산업 구조의 변화로 식생활이 서구화되고 활동량이 감소하면서 과체중과 비만 체형의 발생 비율이 높아지고 있다. 이는 사회적 질병으로 간주되며 최근 체중 조절 문제가 건강관리의 중요한 과제가 되고 있다.

(3) 긍정적 유인 모형

식사의 긍정적 유인 모형은 체중 유지에 중요하게 영향을 미친다는 주장이다. 이 관점은 비만의 원인으로 생물학적 요인을 더하여 개인적인 즐거움, 사회적인 맥락 등을 제안한다.

개인적 즐거움은 음식 맛 등 식사의 즐거움에 대한 것이며, 사회적 맥락은 개인의 문화적 배경을 포함한다. 또한, 지방을 비축하는 것이 살아남는 데 중요한 요인으로 음식을 먹고 선택하는 것이 생존에 중요한 능력으로 진화적 관점을 취한다. 따라서 이 모형은 식사의 생물적 요인을 인정하지만, 사람들이 음식 섭취를 통제하는 설정점을 가지기보다 식사를 조절하는 것을 학습하기를 주장한다. 사회적 상황도 식사에 중요하다. 식사는 종종 사회적 활동이며, 사람들은 다른 사람이 자신을 평가하지 않는다고 믿으면 다른 사람이 있을 때 더 많이 먹는 경향이 있다. 더 광범위한 맥락으로 다양한 문화는 언제 무엇을 먹을지에 영향을 준다. 문화와 학습된 요인은 선택한 음식의 칼로리 수준과 얼마나 먹을지에 영향을 주고, 이러한 선택은 체중에 영향을 미치기 때문이다. 좋아하는 음식을 자주 먹으면 그 음식에 대한 즐거움이 감소한다.

2. 성인 비만의 대처 방안

비만은 체내에 지방이 필요 이상으로 과도하게 쌓인 것을 말한다. 체중이 얼마나 많이 나가는 것보다 체지방이 얼마나 많이 쌓였는가를 판단하는 것이 정확한 비만 진단법이다. 체내에는 지방 조직뿐만 아니라 간, 신장, 폐, 심장, 혈액, 근육, 뼈 등의 다양한 장기들과 조직들이 존재한다. 장기들의 무게를 무시하고 단순히 체중 과다의 비만으로 인정하면 그릇된 비만에 대한 인식이 생길 수 있다.

비만은 체지방의 과다 상태로 정의되며 체지방을 기준으로 판단한다.

1) 체지방의 중요성

체지방은 우리 몸의 아주 중요한 구성 성분이다. 우리 몸은 체온을 36.5도로 일정하게 유지해야 원활한 대사가 이루어진다. 온도를 유지하기 위해 우리 몸 안에서는 항상 다양한 대사 반응이 일어나서 열을 발생시키고 있다. 이때 체지방은 우리 몸을 감싸주어 주위의 열 손실을 억제해 주는 효과가 있다. 즉 체지방은 우리 몸에서 단열재 역할을 함으로써 체온 유지에 결정적인 역할을 한다. 또한, 체지방은 외부의 물리적 충격으로부터 우리 몸과 장기를 보호하는 이로운 역할을 한다.

체지방은 작은 공간에 효율적으로 많은 양의 에너지를 저장해준다. 성인의 정상 체지방량을 대략 15kg 정도이다. 이를 에너지의 양으로 계산해 보면 대략 10만 5,000kcal에 해당한다. 우리가 하루에 소모하는 에너지를 2,000kcal 정도로 환산한다면 거의 50~60일 동안의 에너지 양에 해당하는 엄청난 양이다. 체지방은 이렇게 많은 양의 에너지를 좁은 공간에 저장하게 함으로써 기아 상태와 같은 혹독한 환경에서도 우리가 생존할 수 있도록 도움을 주는 매우 중요한 조직이다.

또한, 지방세포는 몸의 여러 기관과 신호를 주고받는다. 체지방이 너무 많이 쌓이면 지방이 너무 많이 쌓였다는 신호를 식욕 조절 중추에 전달하여 식욕을 줄인다. 그 외에도 다양한 신호를 체내의 여러 기관이 주고받는다. 또한, 지방세포는 다양한 염증 반응과 대사 반응을 조절하는 역할도 한다. 지방세포는 체내 여러 기관이 신호를 주고받으며 우리 몸을 조절하는 중요한 내분비기관이다.

(1) 변화된 식사

열량은 높으나 영양가가 부족한 음식(고열량 저영양식)이 많아졌다. 칼로리가 높아 영양가 없는 음식은 체내에 잉여의 에너지를 공급하고 이는 지방으로 축적된다. 대표적인 것으로 달콤한 음료수와 패스트푸드가 있다. 청소년들은 어려서부터 고열량 저영양식에 익숙해져 있어서 햄버거, 핫도그, 도넛이라는 말만 들어도 군침이 돌게 된다. 고열량 저영양식은 적은 양으로도 칼로리가 높아 짧은 시간에 간단히 즐길 수 있는 특징이 있다.

무심코 마시는 청량음료도 살찌게 하는 가능성이 있다. 특히 청량음료를 마실 때

피자와 햄버거 같은 고열량 저영양식을 같이 마실 가능성이 있다. 한 조사는 패스트 푸드 섭취 빈도가 주 1회 미만인 사람과 비교하여 1주일에 2번 이상 고열량 저영양식을 먹는 사람은 체중이 약 4.5kg 더 나간다고 보고한 바 있다.

(2) 외식과 간식

바쁜 현대인들은 직접 요리하기보다 이미 조리된 음식을 사와 집에서 먹거나 외식을 하는 경우가 많다. 특히 맞벌이 가정의 경우 직장 일과 집안일을 모두 해야 하는 어머니는 인스턴트식품과 이미 다 만들어서 판매하는 반찬을 구매하여 먹게 된다. 대체로 이러한 음식들은 집에서 직접 조리할 때보다 열량이 높은 경향이 있다. 이런 음식들은 맛있게 만들어 양이 넉넉하고 가격 경쟁력이 있어야 하니까, 직접 만드는 것보다는 건강과 영양 측면을 고려하기가 어려운 면이 있다.

외식하게 되면 조심을 하지만 많이 먹게 된다. 외식은 주로 저녁이나 주말에 하게 되는데, 대부분의 식당에서 제공되는 1인분의 양은 많은 편이다. 특히 외식 1끼니의 열량은 1,000칼로리를 훌쩍 넘기게 된다.또한, 간식도 비만의 원인이 된다. 사탕, 과자, 빵, 탄산음료 등 즐겨 먹는 간식은 대부분 고지방이거나 정제된 탄수화물 덩어리이다. 영양가는 적으면서 열량이 대체로 높다.

2) 비만의 문제 해결

비만하면 비만하지 않은 사람에 비교해 사망률이 월등히 높다. 최근 연구에 의하면 25~34세 남자에 있어서는 12배, 35~44세 남자는 6배나 사망률이 높다. 비만이 병적으로 심각하면 비만증이라 하는데 비만증에 수반되는 의학적 문제점 및 합병증은 매우 다양하나, 그 대부분이 체중 조절만 한다면 호전될 수 있는 것들이어서 비만이 꼭 치료해야 하는 질환임을 암시해 주고 있다.

(1) 비만증의 병과 해법

① 남, 여자 모두 병

정신적 장애, 호흡곤란, 고혈압, 관상동맥질환, 중풍, 당뇨병, 동맥경화, 관절염, 지방간, 담석증, 상처 치료 지연, 신장질환, 변비, 정맥류, 탈장

② 여자의 병

월경불순, 월경과다, 월경 과소, 조모증

③ 심장질환 및 고혈압

비만은 직접 또는 간접적으로 협심증, 심근경색증을 유발되어 급사 및 심부전증 등의 순환기계 질환을 유발한다고 한다. 또한, 비만 중 남자의 경우 체중이 10% 증가하면 혈압이 평균 6.6mmHg 상승되며, 비만증 환자는 비만하지 않은 사람에 비교해 고혈압이 될 가능성은 3배나 높아진다는 보고가 있다.

④ 고지혈증

비만의 경우 비만하지 않은 사람에 비교해 고중성지방혈증이 될 가능성은 남자 2.2배, 여자 2.8배이며, 고콜레스테롤혈증이 될 가능성도 여자 비만군에 비교해 1.9배에 달한다는 보고가 있다. 비만인의 고지혈증은 유전적으로 어떠한 관계가 있는지는 명확하지 않지만, 비만이 체내에서 지방대사에 영향을 주는 것으로 알려 졌으며, 특히 중성지방의 증가와 밀접한 연관이 있다.

⑤ 당뇨병

비만인의 당뇨병 유병률은 비만이 아닌 사람의 4.5배나 된다. 당뇨병은 여러 원인에 의해췌장에서 분비되는 인슐린이 부족하여 제대로 이용되지 못해서 발병된다. 체지방이 많으면 인슐린 저항력을 높여 인슐린 역할을 제대로 못 하여 비만인 경우 당뇨병 발생 원인이다.

⑥ 지방간

지방간이란 간세포에 간 무게의 5% 이상에 해당되는 지방, 특히 중성지방이 쌓여 간이 경미하게 커져 있는 상태를 의미한다. 처음에는 아무 증상이 없으나 심해지

면 만성피로와 간기능 이상을 초래한다. 비만인의 90%는 지방간이 있다고 한다. 또한, 초음파 검사로 진단된 지방간 환자의 60%가 비만과 연관이 있으며, 비만이 아닌 사람에 비교해 지방간이 생길 확률은 남자의 경우 10.4배, 여자의 경우 5.7배나 된다.

7 담석증

비만인의 담낭질환(담석증, 담낭염 등) 유병률은 비만 아닌 사람에 비교해 2.6배에 달한다. 이 현상은 여자 비만자에게 있어 더 뚜렷하다. 중증 비만 환자의 90%에서 수술 시 담낭질환이 발견되었다. 담낭질환에 의한 사망률도 더 높다고 보고되고 있다.

8 골격계 질환

비만의 경우 과다한 체중이 몸의 체중을 받는 관절에 무리를 주며 요통, 골절, 관절염 등을 일으킨다. 관절염 중에는 통풍성 관절염도 나타날 수 있다.

9 비만인 통풍

비만이 아닌 사람에 비교해 고요산혈증의 빈도가 높다. 이상 체중의 20% 이하 사람들에게 3.4% 밖에 되지 않는 고요산혈증이 이상 체중 20~80%인 비만인은 5.7%로 상승하며, 이상 체중 80% 이상인 고도 비만자가 무려 11.4%나 된다. 역으로 통풍환자의 체중 과다 비율은 50%에 이른다고 한다.

10 신장질환

비만인은 동맥경화 및 고혈압으로 인한 신부전이 올 수 있으며, 신장 주변에 비정상적인 지방이 축적되면서 정상적 신장기능이 저하되는 '지방 신장'이 되기도 한다.

11 정신적 문제

비만인은 외모 및 건강의 손상, 각종 합병증으로 인한 결근 빈도의 증가, 대인관계의 감소, 취업의 어려움, 결혼 및 성생활의 제한 등에 기인하여 불안이나 우울증의 소견이 많이 보인다. 각종 성인병을 유발하는 비만에서 벗어날 수 있는 해법은 어떤 것이 있을까. 현재 비만 치료 방법에는 식이요법, 운동요법, 행동수정요법, 수

술요법이 있다. 그러나 향후 10~20년 후에 치료법의 변화는 계속 연구를 계속하지만, 비만의 핵심은 결국 살이 찌는 것이다. 비만에서 벗어날 수 있는 길은 가장 기본이 되는 것은 '식이요법'이다.

(2) 식이요법

의학의 발전과 더불어 비만 치료 약물이 비약적으로 발전하고 있지만, 식이요법은 미래 의학에서도 빠질 수 없는 치료법이 될 것이다. 아무리 최신 연구가 발전되어 약물 치료가 업그레이드되었다 해도 인체 비만의 원리가 미래에도 식이요법은 무시할 수 없는 비만 해결의 기초 공식인 것이다.

식이요법 중에 신경 써야 하는 것은 일단 소화기관에서 가장 흡수되기 쉬운 고열량 식품을 피하는 생활습관이다. 당분이 많은 과자류와 빵, 사탕, 아이스크림 등을 피해야 한다. 대신 열량이 적은 채소와 과일 등 고섬유식 식사를 권장한다. 단백질이 부족하면 신체 기능이 제대로 활동할 수 없다. 살코기,달걀 등을 적당히 섭취하도록 한다. 과일은 많이 먹는 것은 삼가고 하루 1~2개 정도 적당히 먹어야 한다.

특히 물은 하루에 6~7컵 정도 충분히 마시는 것이 좋다. 물은 몸무게 중 60퍼센트를 차지하고 우리 몸에서 다양한 생리작용을 하는 존재다. 수분대사 많은 에너지가 필요하여 물만 잘 마셔도 비만 걱정 없이 건강을 유지할 수 있다. 콩팥은 물을 흡수해 배설하기 위해 상당한 에너지를 사용하는 만큼 공복에 물을 자주 마시면 신진대사가 왕성해져 칼로리를 소비할 수 있다. 그러나 식사 도중 마시는 물은 비만을 촉진한다. 혈당 수치를 급격하게 올리기 때문이다. 혈당이 갑자기 올라가면 혈당을 떨어뜨리기 위해 인슐린이 필요하다. 이 호르몬은 혈당 수치를 낮추기 위해 혈액 속의 포도당을 지방조직에 저장하는 일을 하여 살이 찐다.

음식을 서둘러 먹을수록 살이 찌는 이유는 과식이 원인으로 꼽힌다. 빨리 음식을 먹게 되면 음식을 더 많이 먹게 되는 것이다. 포만감을 느끼는 대뇌 밑의 시상하부의 만복중추가 최소 10 ~ 20분이 지나야 배부르다는 것을 인지하기 때문에 빨리 음식을 먹으면 배부르다는 신호를 느끼지 못하고 과식하게 된다.

① 완전 단식

우리나라에서 흔히 사용되는 절식요법은 완전 단식(생수), 초저열량 식이요법(효소), 저칼로리 식이요법(보조식품) 등이 있다. 완전 단식은 주로 단식원에서 하는 생수 단식으로 체지방의 과다 손실을 유발하여 좋은 방법은 아니다. 완전 단식에는 무력감과 운동 내성이 감소하는 부작용이 나타난다.

② 초저열량 식이요법

초저열량 식이요법(하루 600kcal 이하)으로 대사상의 문제점이 발생하므로 전문 의사의 감독 아래 하는 것이 좋다. 임산부, 노인, 18세 미만의 성장기에는 적절한 다이어트 방법이 아니다. 저열량 식이요법(하루 800~1200kcal)은 지방조직의 소실과 현저한 신진대사의 효과가 있지만, 의사의 지시 없이는 시작하지 않는 것이 좋다. 고혈압의 비만증 환자나 고지혈증을 가진 사람에게 적합한 방법이다.

③ 균형절식 식이요법

균형 절식(1일 1200kcal 이상)의 식이요법은 대부분 사람에게 체중 감소를 일으킨다. 의사의 감독 아래 각자의 개인에게 적합하게 조정하여 실시한다. 절식과 더불어 육체적인 활동(헬스, 조깅, 걷기, 배드민턴 등)을 늘린다는 것은 중요한 일이다. 장기간의 감량된 체중을 유지하려면 식이요법, 신체 활동량, 행동 변화에 대한 계획이 중요하다.

(3) 운동요법

비만의 원인으로 영양분이 과잉 섭취되고 소모량은 부족하기에 영양섭취량과 칼로리 소모량의 균형을 맞추는 것이다. 전문가들은 조깅, 산책, 미용 체조를 권장하며, 이 중에서도 장시간의 산책을 가장 바람직한 살 빼기 운동으로 꼽고 있다. 가벼운 운동은 꾸준히 할수록 비만의 원인이 되는 피하지방의 소모량을 높일 수 있다.

① 조깅

조깅을 1분간 하게 되면 9cal의 에너지가 소모된다. 이 중 몸속의 지방에서 공급되는 에너지는 40%인 3.6cal로 0.4g의 지방에 해당하고 나머지는 혈액의 당질로 충당된다. 약 15분 정도 달리면 6g 정도의 피하지방이 소모된다.

2 산책

조금 빠른 걸음으로 산책을 하게 되면 1분간 4cal의 에너지가 소모되며 이 중에서 50%인 2cal가 피하지방에서 공급된다. 또한, 1시간 정도 산책을 하면 피하지방에서 공급되는 에너지는 120cal로 지방분 13g을 소모할 수 있다고 한다.

산책은 조깅과는 달라 살 빼기는 더욱 효과적이다. 15분의 조깅보다 1시간 걷는 것이, 격심한 운동보다 가벼운 운동을 꾸준히 하면 더욱 바람직하다. 구기나 역기를 이용한 운동은 심장에 무리를 줄 뿐만 아니라, 당질 소모량을 높여 쉽게 지치게 하므로 별로 좋은 운동 방법은 아니다. 전문가들이 권하는 체중 감량은 1주일에 약 1kg 정도이다.

(4) 미용 체조 calisthenics

19세기 체조의 대중화를 위해 독일에서 개발되었으며, 20세기 건강 증진에 도움이 되어 널리 보급되었다. 운동에 따라 아름다운 몸을 만드는 체조이다. 구체적으로 어떤 방식의 체조를 택하는 것은 사람에 따라 다르다. 또한, 몸매의 미를 추구할지, 동작에서 미를 추구할지에 따라서 개념이 달라진다. 아름다운 신체, 균형 잡힌 몸매, 효율적인 운동, 율동적인 동작, 약동하는 건강미를 목적으로 한다. 기본 요소는 휴식, 활력화, 호흡이며, 휴식 운동은, '분석 운동'이라 한다. 휴식은 몸을 중력의 법칙에 맡기고 '마음은 자연에다 모든 에너지는 규칙적인 깊은 호흡에 맡기는 것'을 의미한다. 신체의 활력은 생동감 있는 건강미의 유지가 기본이다.

신체를 경쾌하고 효율적이며 율동적으로 유지하기 위해서 힘 빼기, 힘주기, 굽히기, 펴기, 흔들기, 돌리기, 뜀뛰기 등과 같은 운동을 통해 근육을 단련하고 균형을 얻는다. 호흡 운동은 새우등과 납작한 가슴, 허리가 빈약한 여성들에게 90 % 이상의 도움을 줄 수 있도록 생명력 있는 근육 발달을 위해 보급되었다. 이 운동은 각기 타고난 골격이 다르기에 생기는 불균형을 각 개인에 맞게 몸의 군살을 빼든지 마른 부분에 살이 붙도록 신체를 조화된 형으로 정리하는 체조이다.

(5) 행동수정요법

비만 관리에 시행되는 여러 방법의 중요한 핵심은 행동수정요법이라 할 수 있다. 전문가와 함께하는 프로그램을 시행해도 24시간 함께 할 수는 없다.

미용이나 건강을 위해 살이 찌지 않도록 먹는 것을 제한하는 일을 말한다. 체중을 줄이는 일은 열량 섭취를 줄이거나 열량 소비를 늘리면 된다. 총열량 소비량이 섭취하는 양보다 많으면 체중은 감소한다. 체지방의 손실은 열량 부족과 정비례한다. 열량 부족은 단기간에는 체중 감소 효과가 뚜렷이 나타나지 않는다. 몸의 지방을 제거하려면 저열량 식품뿐 아니라 운동이 필요하다. 사람에 따라 필요한 에너지 요구량은 다르며, 체격과 하루 운동량에 따라 달라진다. 관리 시간 2~3시간을 제외한 나머지 시간을 자신 스스로 일상생활을 변함없이 지속하면서 식이요법이나 운동요법을 실천해야지만 행동수정요법의 중요성은 높아진다.

행동수정요법은 살이 찔 수밖에 없는 원인에서 생활 패턴을 변화시켜 체중 감소로 이어질 수 있도록 하는 데 그 목적이 있다. 이미 습관이 되어 버린 식탐과 게으름을 하나하나 뜯어고쳐야 한다. 정말 어렵고 힘든 일이지만, 원인을 정확히 파악하고 대체 행동들을 개발하는 것만이 성공 확률을 높인다.

① 생활양식의 변화

식사 일기의 작성, 식사 양상의 검토, 무의식적 식사 금지, 정기적 체중 측정, 쉬운 것부터 시작, 식사 중 다른 일 금지, 한 곳에서 식사, 다 먹지 않기, 씹는 동안 수저 내려놓기, 식간에 안 먹기, 배부를 때 쇼핑하기, 조리가 필요한 식품 구매, 천천히 식사, 식사 이외의 다른 관심사 준비, 많이 먹게 될 상황에 대비, 행동 사실 확인 및 단절을 시도한다.

② 태도의 변화

식탐과 배고픔을 구분, 음식과 체중의 비교, 지나친 완벽을 금지, 양분적 사고 금지, 가능성의 제시, 체중보다 태도에 관심, 식욕 왕성을 제지, 실수와 재발의 구별, 실수의 단계적 해결 및 적극 대처, 욕구와 실수에 대한 주의, 태도 수정의 장애 요인을 회피한다.

③ 관계의 변화

혼자 비밀리에 하는 것은 자신만 용서하면 되므로 실패 확률이 높다. 주변에 많은 사람에게 감량(체중, Size) 목표와 기한을 발표하라. 가족과 주변인들을 협조하게 만드는 것이다. 온라인상에서 비슷한 고민을 하는 사람들과 만나 공동 프로그램을 추진해보는 것도 아주 좋은 방법이다.

④ 운동요법의 변화

운동 일기를 작성하고, 본인에게 맞는 운동을 즐겁게 하면서, 가능하면 일상생활 중 활동량을 증가시켜 에너지를 소모하고 소모 열량을 파악하는 등의 습관이 필요하다.

⑤ 영양의 변화

하루 1,200Kal 미만의 섭취, 탄수화물, 단백질, 지방, 비타민, 무기질 5대 영양소가 함유된 식품 적량을 골고루 맛있게 먹는 습관이 필요하다.

3) 비만의 식사법

비만 식사법의 목표는 합병증의 위험을 지속적으로 감소하고 , 건강을 증진시킬 수 있는 수준으로 체지방을 감소시키는 것이다. 식품의 선택, 식사 행동, 신체 활동 정도와 관련된 생활습관을 변화시켜 체중 감소가 장기간 유지하도록 하는 것이 중요하다.

(1) 체중 조절을 위한 바른 식습관

① 하루 세끼 거르지 않고 식사를 한다.
② 최대한 식사를 천천히 한다.
③ 기름기 적은 음식과 짜지 않게 섭취한다.
④ 인스턴트 음식, 패스트푸드보다 자연 식품을 조리해서 먹는다.
⑤ 음식은 골고루 섭취하되 후식, 음료 등의 단 음식을 주의한다.
⑥ 간식은 섭취를 제한하고 야식은 금한다.

⑦ 섬유소는 충분히 섭취한다.

⑧ 장기간 식사 조절을 위해 음식 또는 종류를 지나치게 제한하지 않도록 한다.

(2) 성공적인 체중 감량 및 유지

효과적인 체중 감량을 위해서 열량 섭취를 제한해야 하며, 열량 섭취는 개인의 상태를 고려하여 개별화한다.

① 지방 섭취가 과다하면 열량 섭취가 늘어나며, 포화지방 섭취 증가로 혈액 내 콜레스테롤 수치를 증가시킬 수 있다. 지방은 총열량의 25% 이내로 섭취하며, 포화지방은 총열량의 6%, 트랜스지방 섭취는 최소화하도록 권장한다.

② 당질 섭취가 과다하면 혈액 내 중성지방 섭취를 증가시킬 수 있다. 총열량의 50~60%의 당질 섭취를 권장한다.

③ 열량 제한에 따른 체 단백 손실을 최소화하고, 단백질 부족 방지를 위해 체중 1kg당 1.0~1.5g의 단백질 섭취를 권장한다.

④ 비타민 및 무기질 섭취가 부족하지 않게 주의하며, 1일 1200kcal 이하로 열량을 제한할 때 비타민 및 무기질 보충을 권장한다.

⑤ 지나친 음주는 열량 섭취를 증가시키고, 물질대사에 바람직하지 않은 영향을 미치므로 음주빈도와 음주량을 제한하며, 1회 섭취량이 1~2잔을 넘지 않도록 한다.

⑥ 성공적인 체중 감량 및 유지를 위해서 개별화된 영양교육을 지속적이며 체계적으로 시행하여야 한다.

(3) 저열량 식사 조리

① 기름기 적은 부위의 육류를 선택하고 지방은 제거한 다음 조리한다.

② 조리 방법은 기름이 많이 들어가는 것을 피하고 굽거나 찌는 방법을 선택한다.

③ 프라이팬에 튀김 대신 적당량의 기름을 두르고 굽는다는 느낌으로 튀긴다.

④ 볶음을 할 때 팬을 뜨겁게 달군 후 물을 약간 넣고 볶으면 기름 사용량을 줄일

수 있다.

⑤ 코팅 팬이나 그릴, 오븐을 이용하면 기름 사용량을 줄인다.

⑥ 튀김옷은 최대한 얇게 하고, 재료의 수분을 닦아내고 밀가루를 입힌다.

⑦ 인스턴트식품은 가급적 사용하지 않는다.

⑧ 칼로리가 낮은 양념과 향신료를 사용(고춧가루, 식초, 카레, 후추, 겨자 등)하고 드레싱은 손수 만들어 기름양을 조절한다.

⑨ 유지 통조림을 이용할 때는 기름을 완전히 제거한 후 사용한다.

(4) 비만의 판정 분류

① 체질량지수

체질량지수는 환자의 건강 위험을 평가하기 위해 사용하는 체중과 신장의 관계를 말한다. 이는 성인에서 체지방과 상관관계가 있는 수학 공식이며, 체중(kg)을 신장 (meter)의 제곱으로 나눈다. 과체중의 기준은 체질량지수 23kg/㎡ 이상, 비만의 기준은 체질량지수 25kg/㎡ 이상으로 정의하였다.

② 허리둘레

허리둘레는 지방 분포를 평가하는 방법이다. 허리/엉덩이 둘레비에 대한 자료가 많았지만, 최근 허리둘레가 복부 내장지방의 적절한 지표가 됨이 확인되어 지금은 허리둘레만으로 복부 비만을 진단하고 있다.

③ 체중의 표준과 비교

① 비중법: 비만을 평가하는 방법에는 물속에서 체중을 재어 몸의 비중을 계산한 뒤에 산출,

② 중수소 이용법: 동위원소를 이용하여 산출

③ 칼륨법: 몸 안의 칼륨을 재어서 구하는 직접적이고 전문적인 방법

의학적 편리성을 사용하는 방법과 기준은 다음과 같다.

- 신장 160cm 이상: 표준체중(kg)= [신장(cm)-100] ×0.9

- 신장 150~159cm: 표준체중(kg)= [신장(cm)-150]×0.5 + 50

- 신장 150cm 이하: 표준체중(kg)= 신장(cm)-100

남자의 표준체중(kg) = 키(m) × 키(m) × 22

여자의 표준체중(kg) = 키(m) × 키(m) × 21

- 10~20% 과체중

- 20~30% 경도 비만

- 30~50% 중등도 비만

- 50% 이상 고도 비만

$$비만도 = \frac{실제체중 - 신장별\ 표준\ 체중}{신장별\ 표준체중} \times 100\%$$

다이어트(diet)

1. 다이어트에 대한 개념

다이어트(diet)의 어원은 'To lead one's life'라는 뜻의 그리스어 'diaita'에서 유래하며, 곧 '건강을 지킨다'라고 해석할 수 있으며, 단순히 몸무게, 체지방을 줄이는 것만을 의미하는 것이 아니라 좀 더 포괄적인 건강관리를 의미한다. 체중 조절을 위해 음식의 양이나 종류를 제한하여 섭취하는 방법을 말한다. 건강하고 날씬한 몸매에 대한 관심이 그 어느 때보다 높은 현대 사회이다. 다이어트는 음식을 제한하는 방법이 대표적이다.

그 밖에 식사 행동 방법을 바꾸는 행동 수정 프로그램, 신체 활동을 늘려 신진대사를 증가시키는 운동을 한다. 더 과감하거나 극단적인 방법으로 단식, 식욕을 억제하는 약물 복용, 위를 묶거나 음식이 지나가는 통로를 우회시키는 수술법, 신체의 지방을 제거하는 지방 흡입술 등이 있다. 이러한 방법으로 체중을 줄일 수는 있지만, 감소된 체중을 유지하는 것은 상당히 어려운 일이다. 다이어트로 잠시 체중을 감소시켜도 그것이 올바른 선택은 아니라고 말할 수 없다.

건강에 위험할 정도로 과체중인 사람에게 다이어트는 좋은 선택이지만, 현재 여러 방법으로 다이어트를 하고 있는 대부분 사람에게는 훌륭한 선택이다 아니다, 단정 지어 말할 수 없다. 스타들의 멋진 몸매를 미디어에 나오면 대중들은 자극을 받아 다이어트를 한다. 이런 관심을 반영하듯 다이어트 방법은 다이어트 도시락, 다이어트 식단, 다이어트 운동, 다이어트 성공하는 법 등 무엇이 바른 정보인가 신중한 검증도 필요하다. 다이어트 방법 중 대다수의 사람이 쉽게 접할 수 있는 것은 가벼운 운동과 식단 조절이다.

성인의 하루 권장 칼로리는 2,000kcal다. 다이어트를 하려면 그 이하의 칼로리로 식단을 짜야 하는데, 저염식 및 채소, 단백질 위주로 식단을 짜는 것이 중요하다. 또한, 식단 못지않게 중요한 것이 식습관이다. 잘못된 식습관은 다이어트의 가장 큰 적이다. 사람의 몸은 규칙적인 식사를 할 때 신체 리듬에 조화를 이룬다. 따라서 식사량을 줄이되 균형 있는 영양 공급이 이루어지게 하는 것이 중요하다. 아침을 거르지 말고, 저녁은 소식하는 등 규칙적인 식사를 하면 다이어트뿐 아니라 건강 유지에 도움이 된다.

1) 다이어트 바른 상식

살찌는 원인에 대해 분석이 필요하다. 목표를 세우기 전에 식사량이 많은 것은 아닌가? 특정 성분을 많이 섭취하는 것은 아닌가? 간식이나 음주가 원인이 되는 것은 아닌가? 등의 식습관을 먼저 점검해 본다. 다이어트 계획은 무리하면 오히려 방해만 된다는 것을 꼭 알아야 하며, 이때 식사 일기를 활용하면 큰 도움이 된다. 한 끼니를 많이 먹던 사람이 갑자기 반으로 줄인다거나 전혀 운동하지 않던 사람이 2~3시간 운동하는 계획을 세웠다면, 얼마 지나지 않아 포기하게 될 가능성이 크다.

다이어트를 시작할 때는 서서히 실천할 수 있는 범위 내에서 목표를 세우고, 적응될 수 있도록 강도를 조금씩 높여 가는 것이 현명한 방법이다. 또한, 처음 세운 계획대로 잘되지 않아 포기하는 경우가 많다. 평소의 생활습관은 하루아침에 바꾼다는 것은 어려운 일이지만, 한두 번의 실패로 좌절하지 말아야 한다. 또한, 다이어트를 결심했다면 주위 사람들에게 많이 알리는 것이 좋다. 이는 함께 식사할 때 메뉴를 고르는 것에 도움을 받을 수도 있고, 주변에 다이어트를 하는 사람이 있으면 서로 조언을 해주며 상호 간에 도움이 되어 줄 수도 있기 때문이다

(1) 다이어트는 식생활과 생활습관

식이요법을 통해 열량 섭취를 줄이면서 운동을 통해 좀 더 많은 열량을 소비시켜

야 한다. 또한, 기상 시간, 취침 시간, 식사 시간, 운동 시간 등은 일정하게 유지하면서 과식이나 폭식을 주의하고, 간식 및 야식 등을 좋아하면 큰 문제가 생길 수 있다. 기상 시간과 취침 시간이 불규칙하며 제대로 지키지 않고 식사를 거르기도 한다면 다이어트 기본을 망각하는 태도이다.

특히 운동은 체지방을 줄이는 유산소운동으로는 효과적인 걷기, 조깅, 수영, 자전거 타기, 줄넘기, 에어로빅 등과 근력 강화 운동을 병행하는 것이 좋다. 근력 운동을 통해 근육량을 증가시키게 되면 평상시 에너지 소비량을 증가시킬 수 있어 체중 감량에 훨씬 도움이 된다.

(2) 현실에 맞는 감량 목표

체중관리는 현실에 맞는 목표를 세우는 것부터 시작한다. 체중 감량의 목표는 자신의 현재 체중에서 5~10% 이내로 정하는 것이 목표를 달성하는 데 도움이 된다. 즉 현재 체중이 70kg이라면 체중 감량 목표를 5~7kg으로 정하는 것이 적당하다. 목표하는 체중에 도달하게 될 때까지의 기간을 추정해 볼 수 있는데, 일주일에 약 0.5~1kg 정도를 감량하는 것이 적당하다.

예) 12kg을 감량을 결심했다면 최소한 3달 정도 걸릴 것이라고 예상할 수 있다.

최종 목표에 도달하기 위한 단기 계획들을 세워 실천한다.

예) 감량 목표가 20kg이라면 기간별로 5kg씩의 단기 목표를 세워 실천하는 것이 한 번에 20kg을 감량하는 것에 초점을 맞추는 것보다 성취감을 높일 수 있다. 또한, 체중 감량 초기에는 매주 체중 감량 정도를 평가하고, 1~2개월 후에는 체중의 변화를 파악하여 현재 적용하고 있는 체중 감량 방법에 대해 전반적으로 평가해 보는 것이 필요하다. 원하는 만큼 체중 감량이 이뤄지지 않았다면 문제의 원인을 파악하여 수정 보완해야 한다.

(3) 단계를 세워 목적 달성

목표를 높게 잡지 말고 작은 실천부터 시작하여 큰 목표로 나아가야 한다. 장기적인 목표를 20kg 감량으로 정했다면 천천히 체중을 줄이며, 몸이 식사량의 변화,

운동량 증가와 같은 새로운 습관에 적응할 수 있는 여유를 주도록 한다. 건강한 생활습관은 체중 감량이라는 목표를 달성하는 데, 큰 도움이 되므로 체중 감량에 모든 초점을 맞추기보다 전반적인 생활습관의 변화에도 관심을 가진 것이 좋다.

1 다이어트 실천 과정

다이어트 과정 중 기억해야 할 일 또는 성공적인 방법을 기록해야 한다. 노트에 기록하거나 일기를 쓰는 것도 좋은 방법이다. 자기 스스로 식사습관 및 운동습관을 잘 분석하는 것이 필요하며, 어떤 습관으로 인해 칼로리 섭취를 유도하는지를 파악해서 고쳐야 할 부분을 찾아 수정, 보완이 필요하다.

2 매일 과식은 금물

과식을 부르는 음식들은 뇌기능을 변화시켜 우리 몸을 속이고 배고픔을 느끼게 하여 평소보다 더 먹게 한다. 무의식적으로 과식하게 되는 원인을 파악하여 식습관 개선을 최우선으로 두고 다이어트를 실천하자.

3 주변에 도움 요청

다이어트를 하는 것이 부끄럽다는 생각과 실패하면 어쩌지 하는 걱정 때문에 숨기며 다이어트를 하는 경우가 많다. 적정 체중에 도달하기 위한 다이어트는 나를 더 건강하게 관리하는 것이다. 부끄러워할 일이 아니며 오히려 주변에 널리 알리고 도움을 요청받는 것이 좋다.

2) 규칙적인 생활습관

취침 시간의 규칙을 지키며 일정하게 일찍 잠드는 습관은 위에서 분비되는 공복 호르몬(hunger hormone) '그렐린'을 감소시키고, 식욕 억제 호르몬 '렙틴'은 지방 조직에서 분비하는 체지방을 일정하게 유지하기 위한 호르몬이 뇌에 이르게 되면, 체지방률 저하와 먹이 섭취량 및 혈당량 저하 등을 야기시켜 대사 효율이나 활동량이 증가하여 체중이 서서히 줄어든다. 또한, 불규칙하게 식사를 하거나 거르게 되면 우리 몸의 대사 균형이 깨지고, 배고픔을 느끼게 되어, 아무리 적은 양을 먹더라도 우리 몸은 섭취한 영양소를 최대한 저장해 두려는 경향이 강해진다.

그렇다면 섭취된 영양소가 활동에 소모되지 못하고 쌓여 비만이 유발될 수 있다. 이같이 수면습관과 식습관을 규칙적으로 유지하는 것은 요요현상 방지와 비만 예방에 도움이 되므로 다이어트 후 관리를 위해 특히 잘 지키도록 노력해야 할 중요한 생활습관이라 할 수 있다.

(1) 수면습관의 규칙

많은 연구를 통해 수면 상태가 고혈압, 동맥경화증, 뇌졸중, 암, 당뇨, 우울증, 비만 등의 질병 유발에 영향을 미친다는 사실이 입증되었다. 이를 역으로 말하면 숙면을 통해 건강한 삶을 누릴 수 있다는 것을 의미한다. 건강한 수면 패턴을 유지하는 방법에 대해 알아보자.

① 규칙적인 시간을 정하고 수면 취한다.
② 침실은 어두워야 깊은 수면 취한다.
③ 침실 온도는 선선해야 쾌적함을 유지한다.
④ 수면 시 주변의 소음을 자제한다.
⑤ 낮잠은 30분 이상 자지 않는다.
⑥ 잠들기 전 가벼운 운동을 한다.
⑦ 금연과 절주를 생활화한다.
⑧ 잠자기 전 가벼운 반신욕 및 족욕하는 것이 효과적이다.
⑨ 잠들기 전에 커피, 녹차, 홍차 등 음료를 꼭 피한다.

(2) 규칙적인 식습관

건강한 식생활이란 하루 세끼를 정해진 시간에 먹는 것을 말한다. 규칙적인 식사는 위산으로 인한 위궤양의 위험을 줄여주고 혈중, 혈당 농도를 일정하게 유지해 뇌와 신체의 활동이 원활하게 될 수 있도록 돕는다. 건강한 생활을 위해서는 바람직한 식습관을 갖는 것이 무엇보다 중요하다.

성인들이 많이 걸리는 고혈압, 당뇨, 비만 등의 만성질환은 대부분 잘못된 식습관 때문에 생긴다. 특히 40대부터는 젊을 때 마음껏 먹고 폭음했던 영향이 서서히 각종 만성질환으로 나타나는 시기다. 오랜 기간 잘못된 식습관이 축적되어 생기는 성인병인 만큼 건강을 지키기 위해서는 올바른 식생활에 더욱 관심을 가진다.

식습관을 건강하게 유지하는 방법은 아래와 같다.

① 아침, 점심, 두 끼는 식사량을 균등히 하게 잘 먹는다.

② 아침을 거르는 사람이 통계상 더 비만하다.

③ 아침, 점심, 저녁은 대략 5시간 간격으로 먹도록 한다.

④ 포만감을 즐기는 사람은 식사 전 물 2~3컵 마신 뒤 식사를 한다.

⑤ 아침 공복에 머그컵 2잔과 잠들기 전 한 잔은 필수, 2리터 나누어 섭취한다.

⑥ 식사 시간에 즐겁게 천천히 먹게 되면 도파민 분비가 촉진된다.

⑦ 식사 시간 후 20~30분 지나야 렙틴이 제대로 활동할 수 있다.

⑧ 저녁 식사는 꼭 오후 6~7시 이전에 먹고 이후에 절대 먹지 않는다.

⑨ 야식은 절대 멀리하고 살찌게 하는 주범이다.

⑩ 하루 섭취하는 열량을 조절하고, 필요한 비타민 영양소는 반드시 섭취한다.

⑪ 하루에 먹는 음식에 대하여 매일 저녁에 체크한다.

⑫ 음식 욕구가 생길 때 물을 마시고 심호흡을 하면 식욕을 감소된다.

CHAPTER

11

미용 건강과 스트레스

건강을 해치는 스트레스

1. 스트레스의 개념

미국의 생리학자 캐논(Canon)은 생명체의 생존을 위한 시스템을 연구하면서 스트레스라는 단어를 생리학적으로 사용했다. 그는 생명체가 스트레스를 받았을 때, 생존 수단으로 투쟁-도피 반응(fight-flight response)을 한다는 것을 밝혔으며, 이때 일어나는 생리적 균형(homeosta sis)을 규명했다. 스트레스는 원래 19세기 물리학 영역에서 '팽팽히 조인다'(stringer) 라는 라틴어에서 기원하였다.

이후 의학 영역에서 20세기에 이르러 캐나다의 학자 한스 셀리(Hans Selye)가 스트레스에 대해 '개인에게 의미 있는 것으로 지각되는 외적, 내적 자극'이라고 정의함으로써 '정신적, 육체적 균형과 안정을 깨뜨리려고 하는 자극에 대하여 자신이 가지고 있던 안정 상태를 유지하기 위해 변화에 저항하는 반응'으로 발전시켜 정의하게 되었다.

Seyle는 스트레스를 ① 경보 반응(alarm)→ ② 대응 저항 반응(resistance)→ ③ 탈진 반응(exhaustion)의 3단계로 나누었다. 스트레스 요인이 오랫동안 지속되어 마지막 단계인 탈진 반응에 빠지게 되면 신체적, 정신적 질병으로 발전할 수 있다는 이론을 함께 제시하였다.

하지만 스트레스는 꼭 나쁜 것만은 아니다. 스트레스는 생명체가 외부의 환경이나 내부의 변화에 즉각적이고 민감하게 반응할 수 있도록 유도하면서 상황 판단을 빨리 결정하게 하는 그야말로 객관적인 '생존 시스템'이라 할 수 있다. 이 시스템이 스피드하게 작동할수록 우리는 응급상황에 잘 대처할 수 있다. 스트레스 반응은 위험한 상황에 우리의 생존을 돕기 위한 본능적인 반응이다. 결국, 스트레스란 인간이 환경에 더 잘 적응하고 변화하기 위한 기능의 하나인 것이다. 심한 스트레스를 받으면 우리 몸에서는 변화가 일어나는데 셀리에는 스트레스를 반응 정도에 따라 다음과 같이 3단계로 접근했다.

① 1단계, 경보 반응(alarm)단계: 트레스 자극에 대해 저항을 나타내는 시기다. 처음에는 체온 및 혈압 저하, 저혈당, 혈액 농축 등의 쇼크가 나타난 뒤 이것들에 대한 저항이 나타난다.

② 2단계, 저항 반응(resistance) 단계: 계속 스트레스에 노출되면 모든 신체 기능들이 방어 상태로 이행된다. 스트레스 요인에 대한 저항이 가장 강한 시기지만 다른 종류의 스트레스 요인에 대해서는 저항력이 약화된다.

③ 3단계, 탈진 반응(exhaustion) 단계: 신체 내분비 방어 기능이 무너지면서 오랫동안 스트레스가 누적될 때는 스트레스 요인에 대한 저항력이 떨어져 신체에 여러 증상과 질병으로 발전한다. 즉 고혈압, 심장마비, 소화기계 질환 등의 질병이 나타난다. 이 같은 스트레스 반응 과정에서 나타나는 강도는 개인의 적응 능력 여하에 따라 다르게 나타난다.

1) 스트레스 정의

스트레스란 용어의 기원은 개체에 가해지는 압력이나 물리적인 힘을 칭하는 물리학적 용어로 교량 공사에서 사용되었다. 이것이 인체에 적용되면서 심리적인 압박감이나 근육의 긴장과 같은 신체적인 반응처럼 정신과 신체 간에 예측할 수 있는 흥분 상태를 의미하게 되었다. 스트레스는 스트레스 인자(stressors)에 대한 생리적, 정서적 반응이다. 우리에게 가해지는 모든 자극들과 반응을 합쳐 일어나는 긴장 상태를 말한다. 스트레스에는 유스트레스(eustress)와 불쾌스트레스(distress)가 있다.

스트레스는 살아가는 동안 누구나 경험하는 것이다. 적당한 스트레스는 긴장감을 유지하면서 각종 자극을 처리해 주고 수행 능력을 증진시켜 준다. 그러나 장기간 지속되는 불쾌 스트레스는 수행 능력을 떨어뜨리고 건강에 유해한 결과를 초래한다. 따라서 스트레스를 일으키는 것이 무엇인지를 알고 적절히 대처하는 것이 필요하다. 인체가 자극을 받으면 코티솔과 에피네피린이 혈중 내로 분비되게 된다. 우리 몸을 보호하려는 반응으로 위험에 대처해 싸우거나 그 상황을 피할 수 있는 힘과 에너지를 제공해 준다.

(1) 스트레스 원인

개인은 일상생활의 제반 상황에서 스트레스를 받게 되며, 개인의 욕구는 언제나 쉽게 충족되지 못한다. 따라서 개인은 자신에게 주어지는 제반 장애물을 극복해야 하고, 올바른 선택을 해야 하며, 만족과 성취가 지연되는 것은 인내해야 한다. 갈수록 첨단화되어 가는 물질문명, 정보화, 치열한 생존 경쟁의 사회 구조 속에서 오늘의 현대인들은 여러 가지 원인에서 비롯된 스트레스를 경험하고 살고 있다. 불과 10~20여 년 전까지 스트레스는 대체로 중년기에 겪는 현상쯤으로만 여겨져 왔으나, 현시대는 나이에 관계없이 스트레스를 경험하여 스트레스는 이미 우리의 일상생활의 일부분이 되어 버렸다.

스트레스 인자는 개인의 평형 상태를 깨뜨리고 스트레스 반응을 초래하는 외적 요구, 상황, 환경이다. 스트레스 인자는 매우 다양하다. 직업 상실, 큰 소음, 유독물질, 은퇴, 논쟁, 배우자 사망, 요양원 입소, 중증의 질병, 인생 목표의 상실, 시험 등이 있다. 인간의 삶이 존재하는 곳에서는 항상 스트레스가 존재하는 것이므로 이러한 스트레스에 대한 이해와 적절한 대처 방법은 현대인들의 건강한 삶을 영위하는 데 매우 중요한 의의를 지닐 것이다.

2) 스트레스 반응 분석

스트레스는 긍정적 스트레스(eustress)와 부정적 스트레스(distress)로 나눌 수 있다. 당장에는 부담스러워도 적절히 대응하여 향후 자신의 삶이 더 나아질 수 있는 스트레스는 긍정적 스트레스이고, 자신의 대처나 적응에도 불구하고 지속되는 스트레스는 불안이나 우울 등의 증상을 일으킬 수 있으면 부정적 스트레스라고 할 수 있다.

적절한 스트레스는 우리의 생활에 활력을 주고 생산성과 창의력을 높일 수 있다. 즉 스트레스에는 긍정적 혹은 부정적 생활 사건 모두가 포함될 수 있으나, 주로 부정적 생활 사건과 관련된 스트레스만을 가리킬 때 일반적으로 스트레스 상황으로 인식하고 있는 것이다.

미국의 심리학자 Lazarus는 같은 스트레스 요인이라고 할지라도 받아들이는 사람에 따라 긍정적 스트레스로 작용하는지, 부정적 스트레스로 작용하는가에 따라 달라질 수 있다고 보고하였다.

스트레스 요인이 발생하면 먼저 그것이 얼마나 위협적인가 또는 도전해 볼만한지 일차 평가가 일어나게 된다. 만약 위협적이라고 평가한 경우라면 위협에 따른 부정적인 감정을 처리하기 위한 다양한 대처를 고려하는 다음, 단계(이차 평가)를 거치게 된다. 또한, 스트레스 상황을 부정적으로 받아들이면 결국 질병으로 가게 되지만, 긍정적으로 받아들이면 생산적이고 행복해질 수 있다. 긍정적 스트레스의 경우 생활의 윤활유로 작용하여 자신감을 심어 주고, 일의 생산성과 창의력을 높여 줄 수 있다는 점에서 긍정적 효과도 나타난다.

결국, 긍정적으로 스트레스를 받아들이는 것이 건강, 행복, 성공의 열쇠가 될 수 있다.

(1) 스트레스 긍정적인 요인

긍정적인 생각만으로 증세가 호전되는 플라시보 효과(PlaceboEffect)도 있다. 즉 어떤 마음을 먹느냐에 따라 몸에 나타나는 반응이 달라진다. 심리학자 가이 윈치(GuyWinch)는 "사람이 느낄 수 있는 대표적인 심리적 부상이 정신을 병들게 하는 외로움과 큰 고통과 상실감을 주는 거절, 실패이다. 이 중 어느 한 가지에만 노출돼도 부정적인 감정에 전염되기 쉽다"고 경고한다. 한 번 부정적 감정에 사로잡히면 바꾸기 어렵고 속상했던 일을 되새기는 습관이 생겨 우울증, 알코올중독, 식이장애, 심혈관질환에 걸릴 위험이 심각하게 커진다.

따라서 속상하고 부정적인 일이 생겼을 때는 생각을 멈추고 다른 것에 집중하는 것이 좋다. 마음의 상처가 깊을 때는 마음을 다해 친구에게 조언을 해주듯 자신을 위로하자. 머릿속에서 부정적이고 잘못된 쪽으로만 생각이 자꾸 들 때, 빠져들지 말고 긍정적인 사고로 전환할 수 있는 마음의 힘을 키우는 것이 필요하다. 자신의 발목을 잡는 과거에 자꾸 집착하지 않고, 어려운 문제가 닥쳤을 때도 절망에 빠지기보다는 해결책을 찾기 위해 노력하는 태도가 중요하다.

긍정적인 사고로 삶을 대하면 문제를 해결하는 능력을 키울 수 있지만, 매번 긍정적인 생각을 하기는 쉽지 않다. 오히려 현실을 그대로 받아들이고 부정적인 생각들이 자리 잡지 못하도록 낙천적이고 긍정적인 생각들로 바꾸는 훈련을 하는 것이 효과적이다. 사람의 생각과 몸은 서로 영향을 주고받기 때문에 긍정적인 생각은 질병을 예방하고 치료 효과도 높일 수 있다.

① 즐거움 취미

일상생활 속에서 자신이 좋아하는 일이나 집중할 만한 취미 거리를 만들어 꾸준히 실천한다. 활동적인 취미는 사람을 훨씬 행복하게 만들고 생각도 긍정적으로 변한다.

② 부정에서 능동적

문제가 발생했을 때 회피하지 말고 긍정적으로 생각하는 습관을 기른다. 어떻게 대처할지 계획을 세워 해결하기 위해 노력한다면 상황은 충분히 나아질 수 있고 극복할 수 있다고 생각한다. 현재의 상황을 받아들이고 직시하여 새롭게 도전하는 용기를 갖는 것이 필요하다. 아울러 과거에도 어려움을 이겨냈던 경험이 있으니 지금도 극복할 수 있다는 생각으로 현재 맡은 일에 최선을 다해 집중해야 한다.

③ 가족, 친구와 대화

적당한 수다를 통해 자신의 감정을 표출하는 것은 스트레스 해소에 좋은 방법 중 하나다. 마음을 나눌 수 있는 친구들과 이야기보따리를 풀어 놓다 보면 마음이 정리되고 문제를 객관적으로 바라보는 데 도움이 된다.

4 몸의 움직임

늘어져 있기보다 자세를 바로 한다. 산책이나 요가, 스트레칭, 마사지 등의 신체 활동은 혈액순환을 원활히 하고 잡념을 없애 스트레스 해소에 도움이 된다.

5 자신에게 칭찬

자신의 긍정적인 점을 찾아 칭찬한다. 자신은 생각하는 것보다 강하다는 믿음을 갖고, 스스로를 비하하거나 자책하지 말자. 세상 그 누구보다 아끼고 보살펴 줄 사람은 바로 자신이다. 자신을 사랑하면 자신감이 저절로 생긴다.

6 불우한 이웃에게 봉사

남을 위해 봉사하고 도움을 주는 것은 타인을 기쁘게 할 뿐만 아니라 스스로의 자존감에도 매우 큰 영향을 미친다. 가치 있는 일을 하고 있는 동안 스스로의 만족감은 커지고, 긍정적인 마음도 자랄 것이다.

(2) 스트레스 부정적인 요인

불안의 시대를 살아가다 보면 자신도 모르게 부정적인 감정에 빠져들기 쉽다. 누구나 살아가면서 실패나 좌절을 경험하고 피해갈 수 없지만, 만성적으로 부정적인 감정에 젖어 생활하다 보면 건강에 악영향을 미친다. 낙담이나 비관 등 부정적인 생각이 지나치면 우울증에 의한 극단적인 선택으로 이어질 수도 있는 일이다.

1 정신 건강

스트레스를 받으면 초기에는 그로 인한 불안 증상(걱정, 근심, 초조)이 발생하고 점차 우울 증상이 나타나게 된다. 대부분의 경우 불안이나 우울 증상은 일시적이고 스트레스가 지나가면 사라지게 된다. 그러나 스트레스 요인이 너무 과도하거나 오래 지속되는 경우, 개인이 스트레스 상황을 이겨낼 힘이 약화되어 있는 경우에 각종 정신질환으로 발전할 수 있다. 스트레스로 인해 흔히 생길 수 있는 정신질환은 적응장애, 불안장애, 기분장애, 식이장애, 성기능장애, 수면장애, 신체형장애, 알코올 및 물질사용장애 등이 있다. 우리나라 여성들에게 흔한 화병도 스트레스와 매우 밀접한 정신질환으로 볼 수 있다.

② 신체 질환

신체 질환의 경우도 스트레스와 밀접한 연관이 있다. 내과 입원 환자의 70% 정도
가 스트레스와 연관되어 있다는 연구를 볼 때, 스트레스가 신체 질환의 발생 원인이
나 악화 요인으로 작용한다는 사실은 이미 잘 알려져 있다. 이런 경우 정신과적으
로 정신신체장애라는 진단이 붙는다. 정신 & 심리적인 요인에 의해 신체적인 질병
이 발생하거나 악화될 경우에 붙이는 병명으로 정신 & 심리적 요인에 의해 치료 결
과도 큰 차이를 보인다. 특히 스트레스에 취약한 우리 몸의 기관인 근골격계(긴장
성 두통), 위장관계(과민성 대장증후군), 심혈관계(고혈압) 등이 영향을 더 많이 받
는 것으로 알려져 있다.

③ 면역기능

장기간 스트레스를 받으면 면역기능이 떨어져 질병에 걸리기 쉬운 상태가 된다.
다양한 정신신체장애의 발병과 악화는 물론이고, 암과 같은 심각한 질환도 영향을
많이 주는 것으로 알려지고 있다.

3) 스트레스 관리 방법

스트레스는 만병의 근원이 된다고 말한다. 건강하던 사람도 지속적인 스트레스
에 노출되면 여러 가지 질환에 걸릴 수 있다.

(1) 계획된 생활습관

생활습관을 규칙적으로 가지는 것이 스트레스 관리의 시작이다. 올바른 계획을
세울 때는 가급적 여유 있게 시간표를 짜고, 일의 우선순위를 정해 차근차근 해나가
야 시간에 쫓기지 않는다. 계획을 세울 때 너무 욕심내지 말고, 자신의 능력에 맞게
현실적으로 가능하게 성취할 수 있는 정도의 목표를 세우도록 한다.

① 건강한 식사습관: 천천히, 편안하게, 골고루, 적당하게 먹는다. 현대인에게 부족
한 비타민, 무기질, 섬유소를 골고루 섭취하도록 한다. 반면 술, 카페인, 설탕, 소
금, 인스턴트&패스트푸드 등을 과량으로 섭취하는 것은 건강에 좋지 않다.

② 충분한 수면: 일반적으로 6~8시간 정도가 적당하다.

③ 규칙적인 운동: 일반적으로는 걷기가 좋은 운동이다. 운동 시간은 하루에 30~60분 정도, 일주일에 최소 세 번 이상을 하는 것이 좋다. 운동을 전혀 하지 않았던 경우에는 단계적으로 횟수나 시간을 늘려가는 것도 좋은 방법이다.

(2) 스트레스 문제 해결 대응

스트레스를 잘 관리하거나 적절하게 이용하려면 그 실체를 정확히 알아야 한다. 그와 반대로 스트레스를 회피하거나 무기력하게 받아들이는 것은 스트레스가 불편하다는 것을 받아들인 후, 자신이 느꼈던 불편한 감정을 해결하기 위해 모든 방법을 동원하는 감정 해결형의 전형이라 할 수 있다. 감정 해결형은 일시적으로 도움이 되지만, 수렁에 빠진 사람이 허우적거리면 더 깊이 빠져드는 것과 같이 장기적으로는 문제가 더욱 꼬이고 스트레스 반응이 더욱 커질 수밖에 없다는 점을 명심해야 한다.

① 현재 상황 불편: 이렇게 불편하다고 느끼기 시작한 경우는 이미 그 스트레스를 피할 수 없을 가능성이 훨씬 더 높다. 면밀히 따져 스트레스로부터 적극적으로 도망가는 것이 가능하지 않다.

② 스트레스의 수용: 스트레스를 수용한다는 것이 단순한 포기를 의미하는 것은 아니다. 이렇게 자신에게 가해진 스트레스를 받아들이기로 마음먹었다.

③ 문제 해결 방안 대응: 문제를 해결하기 위해 자신의 능력을 확인하고 최선의 대처를 능동적으로 하는 것이 적극적 대응의 핵심이다.

(3) 이완요법

이완을 잘 시키기 위한 조건은 조용하고 간섭받지 않는 곳에서 편안한 자세, 근육을 이완하고 깊고 천천히 숨을 쉬는 복식호흡을 하거나 명상을 하는 것을 말한다.

① 복식호흡

숨을 깊이 들여 마시고 천천히 내쉬는 복식호흡을 하면, 들여 마셨던 공기는 폐 깊숙이 들어가 충분한 산소를 공급하고 배출된다. 호흡계는 충분한 산소를 받아들여 에너지를 생산하고 노폐물을 배출시켜 우리 몸의 대사가 잘 이루어지도록 도와

준다. 자신의 호흡을 살펴보고, 천천히 깊숙이 호흡하는 훈련을 하면 마음과 몸이 이완되고 안정을 찾는 데 도움이 된다.

② 근육이완법

몸의 각 부위에서 긴장-이완을 순서대로 근육이완법으로 연습하게 된다.

팔(주먹 ⇒ 이두근) ⇒ 머리(이마 ⇒ 눈 ⇒ 어금니) ⇒ 어깨와 견갑골 ⇒ 기타(배 ⇒ 허벅지 ⇒ 종아리 ⇒ 발) 순으로 근육의 힘을 완전히 뺀 상태로 이완을 한다. 만약 이완이 잘 되지 않는 부위가 있으면 5번까지 긴장-이완을 반복한다.

③ 바이오 피드백

바이오 피드백은 정신-생리적 반응을 기구를 이용하여 눈으로 확인하면서 능동적인 조절을 할 수 있도록 지속적으로 훈련하는 방법이다. 정신-생리적 반응은 근육의 긴장도, 피부 온도, 뇌파, 피부 저항도, 혈압, 심박동 수 등이며, 자신이 이완될 때 이들의 지표가 어떻게 변하는지 인식한다. 이러한 이완 상태를 유지할 수 있도록 훈련함으로써 스스로 이완 상태로 들어갈 수 있도록 하는 치료법이다.

④ 명상

명상은 스트레스 요인(감각, 심상, 행위)에 주의를 집중하는 집중 명상과 마음에서 일어나고 사라지는 모든 변화를 관찰하는 마음 챙김 명상으로 구별할 수 있다. 선, 요가, 마인드컨트롤, 단전호흡 등이 명상의 개념에 포함된다.

(4) 하루 6~7시간 숙면

스트레스가 많이 쌓여 있을 때 수면마저 부족하게 되면 피로가 쉽게 오고, 집중력 및 주의력의 저하로 업무 능력 및 상황 대처 능력도 떨어지게 된다. 또한, 면역력이 저하되어 다양한 신체 질환에 쉽게 노출될 수 있다. 숙면은 건강을 유지하는 데 빼놓을 수 없는 요소다. 건강한 수면습관으로 스트레스에 건강하게 대처해 나가는 것이 중요하다.

(5) 금연과 절주의 생활습관

스트레스에 대한 문제를 술과 담배로 해결하려는 습관을 기르지 말자. 전혀 도움이 되지 않는다. 오히려 신체의 스트레스 반응을 가중시켜 건강을 악화시킨다. 다양한 이완요법과 취미 활동을 바꿔보자. 심호흡, 명상, 마사지, 독서, 음악감상 등 몸과 마음을 이완시키는 방법은 여러 가지가 있다. 자신에게 알맞은 이완요법을 찾아 스트레스에 대한 조절력을 키워나간다. 또한, 영화감상, 스포츠 관람 등 평소 좋아하는 일이나 취미 활동을 하면서 스트레스를 해소하는 것도 도움이 된다. 스트레스의 강도가 높고 혼자서 극복하기 어렵다고 생각이 들면 도움을 줄 수 있는 사람들을 찾아 상담을 받아 본다. 배우자, 동료, 절친한 친구 또는 전문 의료진에게 스트레스에 대해 대화하는 방법이 스트레스가 해소될 수 있다.

(6) 절제된 식사, 밝은 미소

사람들은 스트레스를 먹는 것으로 풀린다는 생각으로 폭식을 하거나, 또는 전혀 식사를 하지 않는다. 하지만 이런 방법은 오히려 생활리듬을 깨뜨려 신체의 스트레스를 가중시킨다. 식사를 거르면 저혈당으로 스트레스 반응이 나타나게 되고, 폭식 또한 비만 등을 유발하여 건강을 해칠 수 있다. 규칙적으로 적당량을 먹는 것이 스트레스 관리에 중요하다.

웃음은 스트레스를 포함해 다양한 질병을 치료할 수 있다. 특히 스트레스 반응을 진정시킴으로써 스트레스가 감소된 느낌을 주고, 어려운 상황을 좀 더 쉽게 생각할 수 있도록 도와준다.

자주 웃는 습관은 정신뿐만 아니라 신체적으로 긍정적인 변화를 끌어낸다. 웃으면 공기 중의 산소를 충분히 들이마실 수 있어 심장, 폐, 근육이 자극된다. 뇌에서 분비되는 엔돌핀의 양도 증가된다. 소화 촉진을 해주고, 혈액순환 활동을 도와 스트레스로 인해 신체에 나타나는 증상들을 줄여 준다. 또한, 웃으면 면역에 관여하는 호르몬이 200배나 더 많이 분비되어 면역력도 증강된다. 평소 웃음을 유발할 만한 것에 관심을 두고 웃음으로 스트레스를 관리하는 습관을 길러 준다.

(7) 시간 관리

시간 관리의 일반적인 단계이다. 우선순위와 효율성을 증대시키고 자투리 시간을 활용하는 등의 방법을 같이 사용하면 도움이 된다.

① 가치 평가: 건강, 행복, 가족, 여가, 경력, 돈 등에서 우선순위를 정한다.

② 계획된 목표: 우선순위를 정한 가치에 부합하는 구체적인 목표를 설정한다.

③ 활동 계획: 목표를 이루기 위한 단계적으로 수행 계획을 세우고 그 계획에 따른 진행 상황을 확인한다.

④ 시간 투입량: 작업 수행에 소요되는 시간 목록을 작성한다.

⑤ 일의 지연 & 지체: 작업 수행을 방해하는 요소와 자신의 가치에 부합되지 않는 활동을 찾아 수정한다.

⑥ 체계적 시간 운용: 작업 중 반드시 해야 하는 것, 해야 좋은 것, 안 해도 되는 것에 대한 목록을 만들고 시행한다.

2. 스트레스 대처 능력

스트레스가 심각하거나 만성적이면 정신과 신체의 기능이 손상된다. 신체적 및 정신적 장애를 야기하기도 한다. 개인이 스트레스에 노출되면 자율신경계의 반응 증가로 자신의 신체 감각이 예민해지고, 이 신체 감각에 집중하면 과제 수행과 같은 환경적 요구에 대한 대처 능력이 떨어진다. 그러나 반대로 개인의 빈약한 대처 능력에 의해 신체 감각이 더욱 증폭될 수도 있다.

스트레스 상황에서 적절한 대처 전략이 떠오르지 않을 때 불안해지고, 행동 조직력이 크게 떨어진다. 심한 경우 공황감을 느끼면 자아의 방어기제나 생리적 반응이 퇴화한다. 이때 투쟁-도피의 기제가 과도하게 작용하면 말초기관에서 응급 반응이 일어난다. 이것은 자극이 자신의 기본적인 욕구를 저해하는 위험하게 평가되면 인지적 또는 정서적, 생리적으로 반응함을 의미한다. 그러므로 사실상 많은 스트레스원이 대처가 핵심 요인이다.

1) 스트레스 평가 유형

평가란 어떤 대상이나 생활의 질에 대해 그 가치를 정하거나 판단하는 것이며, 대처는 환경과 내적 요구 간의 갈등을 다루기 위한 행동적 또는 인지적 노력이다. 스트레스와 대처는 서로 독립적인 요소가 아닌데, 개인이 상황에 효과적으로 대처할 만한 기술을 가지고 있다면 상황이 더 이상 위협적으로 평가되지 않을 것이며, 상황을 다루기 위해 적절한 노력을 기울일 수 있기 때문이다.

평가 유형은 개인의 성격 특성이나 스트레스 사건의 특성에 따라 결정된다. 즉 외향적인 성격을 가진 사람은 능동적인 대처를, 내향적인 성격을 가진 사람은 소극적인 대처 방식을 선택하는 경향이 있다.

(1) 스트레스 경험의 발전

인간은 생리적인 반응에서 스트레스 반응을 발전시키기도 했다. 심리학자 라자루스(Lazarus)는 "인간은 학습 능력을 사용해서 전에 일어난 일과 비슷한 상황이 다시 벌어지면 전에 겪었던 경험을 되살려 미리 위험에 대비하려고 하는 이른바 '예측 시스템'을 갖추게 되었다"고 주장했다. 환경에 더 안전하게 적응하기 위해 스트레스 반응을 발전시켜온 노력이 이제는 현대인의 발목을 붙잡고 있다. 중요한 시험에 실패한 사람은 시험이란 말만 나와도 불안하고, 시험이 다가올수록 긴장도는 올라가게 된다. 시험 실패는 눈에 보이는 실체나 목숨과 관계된 위협이 아니다. 그러나 그 사람은 실패하는 경험에 의해 시험을 두려워하고, 그 앞에서 긴장하여 스트레스 반응을 보이게 된 것이다.

즉 '하나의 경험'이라는 무형의 기억도 스트레스의 근원이 되는 것이다. 하지만 스트레스가 꼭 괴로운 것은 아니다. 위험에 의한 긴장 등 나쁜 스트레스도 있지만, 좋은 일에 흥분을 해도 스트레스가 발생할 수 있다. 일상적으로 우리가 경험하는 불편하고 괴로운 스트레스를 '디스트레스(distress)'라고 하고, 좋은 일이지만 자율신경계가 스트레스 반응을 보이는 것을 '유스트레스(eustress)'라고 부른다.

① 스트레스는 병을 유도

사람들은 스트레스를 질병의 원인으로 생각한다. 스트레스가 불러오는 병의 종류는 암과 사소한 감기와 발열에 이르기까지 다양하기에 스트레스는 만병의 근원이라고 한다. 그렇다고 다 맞는 것은 아니지만, 일상생활의 잠깐의 스트레스로 몸에 큰 무리가 오거나, 신체 기능이 손상되는 일이 심하지 않기 때문이다. 그러나 이런 일상의 작은 스트레스가 지속이 되고, 스트레스가 해소되지 않아 쌓이는 것이 반복된다면 신체에도 문제가 생길 수 있다. 스트레스 분야의 세계적인 권위자인 한스 셀리는 스트레스에 대해 반응하는 몸의 양식을 가리켜 '일반 적응 증후군(general adaptation syndrome)'이란 개념으로 설명했다. 우리의 몸은 스트레스에 대해 몇 단계의 차례로 반응을 보인다.

① 1단계- 경고기: 스트레스에 대해 우리 몸의 자원을 총동원해서 잘 방어하기 위해 노력하는 단계다. 스트레스에 대해서 우리 몸 안의 내분비계, 스테로이드, 교감신경계가 적극적으로 활동하는 시기다.

② 2단계- 저항기: 긴장되는 상황, 위험한 상황이 지속되면서 교감신경계가 활발히 활동을 하려고 힘을 쏟지만, 전같이 몸이 민감하고 활달하게 반응하지 못한다. 지치기 시작한 것이다. 소화장애, 불면증 등 건강에 적신호가 올 수 있다.

③ 3단계- 소진기: 소진기가 되면 몸 안의 자원이 모두 고갈되어 쉬어도 쉰 것 같지 않고 도저히 몸의 긴장도가 올라가지 않는다. 건강에 문제가 생겨 여러 질병이 생길 수도 있는 단계이다. 마지막 소진기가 오기 전에 충분한 휴식을 취하면서 스트레스 반응 능력을 잘 관리해야만 한다. 스트레스의 메커니즘을 잘 이해하고 관리한다면 스트레스는 나에게 매우 소중하고 긍정적인 신호가 될 수 있다. 내 안의 스트레스를 잘 관리해 준다면 급작스러운 상황에도 유연하게 잘 대응할 수 있다. 도리어 강한 적응력을 갖게 하는 것이 바로 스트레스의 힘이다. 따라서 스트레스는 무조건 피해야 하는 것이 아니라, 효과 있게 관리하고 잘 활용하여 건강의 질을 높일 수도 있는 것이다.

(2) 스트레스 대처 방안

스트레스 사건과 개인의 성격 특성에 따라 결정된다. 즉 외향적인 성격을 가진 사람은 능동적으로 대처하고, 내향적인 성격을 가진 사람은 소극적인 대처 방식을 선택하는 경향이 있다. 개인이 스트레스 사건을 통제 가능하게 평가하느냐, 또는 반대적으로 각기 다른 대처 방식을 선택한다.

① 1차 방안: 일상생활에서 일어나는 스트레스 문제 때문에 생기는 긴장을 해소시키기 위한 전략. 대처 방안(copingdevices)이라 불리며 자기 통제, 유머, 울음, 욕설, 한탄, 자랑, 토로, 심사숙고 및 에너지 발산 등이 여기에 해당한다. 정상적으로 간주하는데, 최악의 경우는 개인의 독특한 성격으로 간주된다.

② 2차 방안: 말이 많거나, 너무 쉽게 웃거나, 신경질적이며 안절부절못하고 변덕스러운 것처럼 1차 방안이 부적절하여 극단적으로 사용되면 대처 방안으로서의 지위를 상실하고, 어느 정도 통제 불능과 위협적인 평형 상실을 나타내는 증후로 작동한다. 2차 방안에는 해리에 의한 퇴각(기면 발작, 기억상실, 비인격화), 공격의 전치에 의한 퇴각(혐오, 편견, 공포, 반공포적 태도), 상징과 양식을 더 솔직한 적대감의 방출로 대치함(강박증, 의례) 및 자기나 자기의 일부를 공격 대상으로 전치함(자기 속박과 굴욕, 자기도취)이 포함된다.

③ 3차 방안: 덜 조직적인 공격 에너지의 일차적, 폭발적 방출로써, 상습적 폭행, 경련 및 공황 발작 등이 포함된다.

④ 4차 방안: 혼란이 증가한다.

⑤ 5차 방안: 자아가 완전히 붕괴된다.

(3) 스트레스 분산 능력

래저러스와 포크먼(Lazarus &Folkman)은 "대처를 개인의 자원을 청구 또는 초과하는 것으로 평가되는 특수한 외적 및 내적 요구를 관리하기 위해 계속 변화하는 인지적 및 행동적 노력"이라고 정의했다.

① 대처는 특성 지향적 보다는 과정 지향적이다.

② 대처는 개인의 자원을 청구하고 초과하는 요구에 한정시켜 대처와 자동화된 적응 행동을 구분한다. 결국, 대처는 문제 해결을 요구하는 심리적 스트레스 조건으로 한정되며, 노력을 필요로 하지 않는 자동화된 행동과 사고는 배제한다.

③ 대처는 문제 해결을 하려는 노력이다.

④ 대처와 극복을 동일 선상으로 여기지 않는다. 대처의 정의에서 나타난 '관리'는 그 환경을 극복하려는 시도일 뿐만 아니라, 스트레스 조건을 최소화하여 회피하고, 인내하며 수용하는 것을 포함할 수 있다. 대처 과정을 특정한 역동과 변화는 개인과 환경 간의 관계에 대한 지속적인 평가와 재평가의 함수이다.

변화는 환경을 바꾸는 쪽으로 지향된 대처 노력의 결과일 수도 있고, 사건의 의미를 변화시켜 이해를 높이는 내적으로 지향된 대처의 결과일 수도 있다. 대처는 문제 해결 그 이상의 것을 포함하고 있다. 대처 기능과 대처 결과를 혼동하지 말아야한다. 대처 기능은 어떤 전략이 이바지하고 있는 목적을 말한다. 대처 결과는 그 전략이 나타내는 효과를 말한다.

우리는 어떤 기능이 특정한 결과를 가져올 것이라 기대할 수 있지만, 그 기능들이 결과의 관점에서 정의되는 것은 아니다. 대처가 스트레스 극복 과정에서 일어나는 인지적 또는 행동적 노력이라는 매우 이질적인 요소들을 포함하고 있기 때문에 대처 유형을 구분하여 특정 대처와 관련이 높은 상황적 특성이나 대처 효과 등이 있다.

⑤ 건강과 에너지(healthandenergy): 건강하고 튼튼한 사람은 약하고 아픈 사람보다 외적, 내적 요구를 좀 더 잘 관리할 수 있다. 신체적 안녕은 개인에게 다가오는 스트레스 상황에 에너지를 투입할 수 있는 기본 조건이 된다.

⑥ 긍정적 신념(positivebelief): 자신을 긍정적으로 보는 것이 대처에 매우 중요한 심리적 자원이 된다. 스트레스에 대처하는 능력은 개인이 바라는 결과를 성공적으로 얻어낼 수 있다고 믿을 때 증진된다.

⑦ 문제 해결 기술(problemsolvingskills): 문제 해결 기술은 정보를 탐색하고, 대안적 활동을 발견하기 위해 상황을 분석하게 한다. 여러 대안 활동의 결과를 예측하여 비교하고, 적절한 행동을 선택하도록 한다. 문제 해결 기술은 폭넓은 경험, 개인이 보유한 지식, 그 지식을 사용하는 인지적 지적 능력 및 자기 통제력과 같은 다른 자원들을 활용하는 것이다. 문제 해결 기술을 더 많이 가

진 사람이 그렇지 않은 사람보다 스트레스를 더 잘 관리할 수 있다.

⑧ 물질적 자원(materialresources): 돈으로 구매할 수 있는 상품과 서비스를 말한다. 금전적 자원이 있으면 스트레스 상황에서 대처 선택 안이 많아진다. 돈을 많이 가진 사람은 법적, 의학적, 재정적 및 다른 전문적 도움에 훨씬 더 효과적으로 접근할 수 있다. 비록 돈에 의존하지 않더라도 돈을 가지고 있으므로 위협에 대한 개인의 취약성이 줄어들고 효율적인 대처를 촉진할 수 있다.

⑨ 사회적 기술(socialskills): 사회적 기술은 적절하고 효율적인 방식으로 타인들과 의사소통을 하고 행동하는 능력을 말한다. 사회적으로 타인과 협동하여 문제를 해결하도록 돕고, 타인의 협동 또는 지지를 얻을 가능성을 증가시키며, 사회적 상호작용에 대해 더 많은 통제를 할 수 있도록 도와준다. 또한, 다른 사람과 협력할 수 있는 개인의 능력에 대한 확신은 스트레스 관리에 중요한 자원이 된다.

⑩ 사회적 지지(socialsupport): 사회적 지지는 한 개인이 다른 사람으로부터 받는 다양한 물질적, 정서적 지원을 말한다. 친구나 가족으로부터 지지를 받은 사람이 지지가 부족한 사람보다 건강하게 오래 살 수 있다.

2) 스트레스 대처의 방해

개인이 환경을 시정해 나가는 일을 방해하는 요인을 제약(constraints)이라 하며, 이 제약은 개인적, 환경적 측면에서 나타날 수 있다.

① 개인적 제약은 어떤 유형의 행동이나 감정을 배척하는 내재화된 문화적 가치와 신념 및 독특한 개인적 발달의 산물인 심리적 결함을 말한다. 유머는 논쟁이 고조된 상태에서는 긴장을 해소하는 적절한 수단일 수는 있겠지만, 상황적, 개인적 차이를 허용한다 해도 문화적으로 유도된 가치, 신념은 속박 요인으로 작용한다.

② 많은 자원이 한정되어 있기 때문에 이것들이 대처를 방해한다. 돈과 같은 물질 자원은 개인에 따라 한정되어 있다. 돈을 적게 가진 사람은 여러 가지 돈과 관련된 상황에서 대처 능력이 떨어지게 마련이다.

③ 개인이 위협을 느끼는 정도는 대처를 결정하는 데 중요한 역할을 한다. 부분적으로 특별한 상황에서 개인이 내적 및 외적 요구의 관점에서 대처 자원을 평가하는 것과 그것의 사용을 억제하는 속박에 대한 평가의 함수이다. 반대로, 위협의 수준은 사용 가능한 자원들이 대처에 사용될 수 있는 정도에 영향을 준다. 과도한 위협은 인지적 기능과 정보처리 능력에 영향을 미쳐 문제 중심적 대처를 방해한다.

3) 스트레스 대처 전략

포크먼과 래저러스의 정서 중심 혹은 문제 중심 대처 전략 개념이 많이 연구되었다. 문제 중심 대처는 스트레스원을 변화시키는 데 목적을 두는 반면, 정서 중심 대처는 스트레스 지각에 수반되는 정서를 관리하는 데 초점을 둔다.

두 가지 접근방법은 스트레스를 받은 개인이 좀 더 편해지는 데는 효과적일 수 있지만, 스트레스 상황을 관리하는 데는 다른 효과를 산출한다.

개인이 스트레스 사건을 통제 가능한 것으로 평가할 때는 문제 중심적 대처를 선택하고, 통제가 불가능하다고 평가될 때는 정서 중심적 대처를 선택하기 쉽다. 가령 문제를 제거하기 위해 취하는 행동은 문제 중심 전략이지만, 문제를 해결하려면 필요한 단계적 계획을 세우거나 누군가에게 자문을 구해야 한다. 당황하거나 감정을 드러내는 것은 정서 중심 대처이지만, 마음의 안정과 확신을 얻기 위해 친구나 가족을 찾고, 상황을 회피하는 것 역시 스트레스와 관련된 부정적 감정을 관리하는 방법이다

문제 중심 대처와 정서 중심 대처 외에도 다른 사람들로부터 지지를 받는 사회적 대처, 스트레스 경험으로부터 의미를 끌어내는데 집중하는 의미 중심 대처가 있다. 대처 전략과 건강의 관계는 스트레스 유형과 심리적 혹은 신체적 건강에 미치는 영향에 따라 중재된다. 일반적으로 문제 중심 대처는 건강과 정적인 관계를 보이지만, 정서 중심 대처는 건강과 부정적인 관계를 보이는 경향이 있다.

(1) 스트레스 해소

스트레스의 원인이 대부분 본인 스스로 만들어지는 내부적인 원인 때문에 스트레스를 극복하기 위해서 스트레스 요소를 먼저 이해하고 자기 스스로 변화되어야 한다.

스트레스를 극복하는데 필요한 4가지 변화의 요건은 다음과 같다.

1 자기 행동의 변화

① 자기 사고의 변화
② 자기 생활 양식 선택의 변화
③ 자기가 처한 환경을 변시키는 것이다.

2 자기 생활 습성의 변화

카페인을 줄이거나 끊는다. 많은 사람은 카페인(커피, 차, 초콜릿, 콜라)이 신체에 스트레스 반응을 일으킬 수 있는 강력한 자극제로 약물이라는 사실을 깨닫지 못하고 있다. 먼저 카페인의 효과가 자기 몸에 어떤 영향을 미치는가를 알기 위하여 약 3주간 카페인을 끊어 본 후에 카페인을 끊기 이전과 어떤 차이가 있는지, 컨디션이 훨씬 좋아지면 스스로 끊어야 한다. 많은 사람은 카페인을 줄이거나 끊고 난 후에 극적으로 좋아지는걸 느낀다. 그러나 한 가지 주의점은 서서히 줄여야 하는 것이다. 그렇지 않으면 편두통 같은 금단 현상이 생길 수 있다. 하루에 한 잔씩 서서히 줄여 3주에 걸쳐 끊도록 한다. 카페인은 강력한 중독 물질은 아니다. 의지만 있다면 누구나 1주일 정도면 끊을 수 있다.

3 규칙적인 운동

스트레스 에너지를 발산시킬 수 있는 방법은 운동이다. 사람들은 흔히 직장에서 압박감, 사장의 명령, 교통지옥 등 일상생활에 스트레스가 많다. 스트레스란 위험 시기에 그것을 방어하기 위하여 각성이 증가되어 있는 고에너지 상태이다. 즉 스트레스 반응은 밖에 있는 것이 아니고 우리 몸 안에서 일어나므로 운동은 이러한 과도한 에너지를 분산시키는 가장 합리적인 방법이다. 과도한 스트레스 시기에 즉시 신체적인 출구를 찾아야 하지만, 현실은 그러하지 못하다. 따라서 규칙적인 운동은 스트레스에 대한 배출을 할 수 있게 되고, 신체 조절이 가능하게 한다. 운동은 하루나 이틀 간격으로 계속해야 하며 적어도 한 번에 30 분씩 일주일에 3번 이상 하는 것이 좋다. 산책, 수영, 자전거, 테니스, 스키, 적합하며 스스로 적합한 운동을 선택하는 것이 바람직하다. 스트레스 반응은 자동적이며 즉각적인 반응을 일으키지만, 우리 몸은 자기의 의지에 의해 스트레스 반응의 효과를 반전시킬 수 있다. 이를 이완 반응이라고 하는데, 맥박을 느리게 하고 혈압 하강, 호흡 감소 및 근육을 이완시킨다. 운동이 불가능한 날에는 이완 방법으로 신체의 스트레스 정도를 낮출 수 있다. 운동은 스트레스 에너지를 분산시키고, 이완 방법은 스트레스를 중화하여 진정 효과(calming effect)를 나타낸다. 하루에 한 번이나 두 번씩 적어도 20분 정도가 유익하다.

4 휴식 및 여가

일을 할 때 속도 조절과 일-여가의 밸런스가 중요하다

① 스트레스 속도 조절: 먼저 자신의 스트레스와 에너지 레벨을 감지하고, 이에 따라 자기 스스로 속도를 조절한다. 스트레스가 증가하면 처음엔 일에 대한 성과가 증가한다(좋은 스트레스: eustress) 그러나 어느 시점(최고점)에 도달하면 더 이상의 스트레스는 일의 성과가 줄어들기 시작한다. 이 시점에서 더 심하게 하면 비생산적으로 생산 능력이 줄어든다(나쁜 스트레스: distress) 이때는 휴식이 필요하다. 속도 조절에 있어 주기적인 휴식이다. 나쁜 스트레스 시에 가장 먼저 나오 는 증상은 피로이다. 우리는 이를 무시하는 경향이 있다. 이때는 극도의 피로가 되는 것을 피해야 한다. 하루를 통해 에너지와 집중력이 최고조에 달하는 사이에는 저에너지와 비능률이 끼게 되는 사이클이 있다(ultradian rhythm). 따라서 2시간 노동에 20분 정도의 휴식이 필요하다.

② 일-여가 균형: 여가 시간과 스트레스 레벨은 반비례한다. 여가가 적으면 더 많은 스트레스를 받는다. 우리들의 생활은 잠을 제외하면 4가지 부문(일, 가족, 사회, 자기 자신)이 있으며 각 부문에 평균적으로 시간과 에너지를 평가해야한다. 여기에는 평균 시간에 대한 통계는 없지만, 일이 60% 이상일 때 자기를 위

한 시간은 10% 이하이다. 우리는 우리 자신의 요구(자기관리, 자기교육 등)에 시간이 필요하며, 이를 소홀이 했을 때는 항상 문제를 유발한다. 자기 자신을 위한 활동은 운동, 레크레이션, 이완, 사교 활동, 취미 활동이 필요하다. 여가(leisure)란 라틴어로 허가(permission)라 는 말을 뜻한다. 충분한 여가를 갖지 못하는 사람은 그들에게 그것을 즐길 수 있는 시간을 허락하지 않는다는 의미이다. 여가란 가장 즐거운 스트레스 해소 방법의 하나이다.

③ 수면: 수면은 스트레스 해소에 매우 중요한 역할을 한다. 만성 스트레스 환자는 대부분 피곤(스트레스로 인한 불면)을 느끼며 이는 악순환을 일으킨다. 대부분 사람들은 수면요구량(6~8시간)을 잘 알고 있지만, 놀랍게도 많은 사람이 만성적으로 수면이 부족한 상태이다. 너무나 많은 잠 역시 좋지 않다. 낮잠은 짧고 적당한 시간으로 30분 이상의 낮잠은 몸을 오히려 나른하게 만들 수 있으며 불면증이 있으면 낮잠은 필히 피해야 한다.

4) 스트레스 불안장애 해소

초기에는 스트레스를 받으면 초조하거나 걱정, 근심 등 불안 증상이 나타나고, 점차 우울 증상이 나타났다가 스트레스가 지나가면 사라진다. 하지만 만성적인 스트레스는 불안장애나 적응장애 등 각종 정신질환으로 발전할 수 있고, 코르티솔과 아드레날린을 지속적으로 분비시켜 체내 시스템을 망가뜨린다. 몸의 면역기능이 떨어져 질병에 걸리기 쉬운 상태가 되어 고혈압이나 당뇨병, 위궤양, 심장병 등의 질환을 일으키며 비만, 인지 수행 능력 퇴보와 관련이 있다는 연구가 있다.

스트레스를 주는 현장에서 벗어나기 위한 일시적인 수단으로 마시는 술이 중독이나 약물 과용의 요인이 되기도 한다. 물론 적당한 스트레스는 우리 몸에 약이 되는 경우가 더 많다. 생산성과 활력을 불어넣는다는 점에서 긍정적인 기능도 있다. 하지만 스트레스를 견디지 못하는 사람에게는 치명적인 독이 되기 쉽다. 스트레스가 너무 지나치거나 장기간 지속시켜 잘 관리하지 못할 때 우리 몸을 해치는 것이다.

(1) 스트레스로 인한 증상

신체 증상	피로, 두통, 이갈이, 어깨통, 요통, 관절염, 가슴 두근거림, 가슴 답답함, 위장장애, 복통, 장염, 울렁거림, 어지럼증, 땀, 입 마름, 손발 차가움, 발한, 가려움증, 얼굴 화끈거림, 피부 발진, 빠른 박동, 고르지 않은 맥박, 두근거림, 현기증, 흉통, 고혈압, 심근경색, 과호흡, 천식 등
심리 증상	불안, 걱정, 근심, 신경과민, 성급함, 짜증, 분노, 불만족, 집중력 감소, 건망증, 우유부단, 좌절, 탈진, 우울 등
행동 증상	안절부절못함, 다리 떨기, 손톱 깨물기, 눈물, 과식, 과음, 흡연 증가, 과격한 행동, 폭력적 언행, 충동적인 행동 등
기 타	떨림, 장시간 앉아 있지 못함, 백일몽, 수면장애(불면/과다수면, 악몽), 피로, 성기능장애, 면역력 감소(잦은 감기, 암의 악화), 뇌졸중 등

(2) 규칙적인 생활습관

스트레스가 만성화되면 정서적으로 불안과 갈등을 일으켜 몸의 병을 키우는 만큼 마음을 잘 다스려야 한다. 똑같은 스트레스를 받아도 사람마다 대처법이 다르고 몸의 반응도 달라지기 때문에 각자 자신에게 맞는 방법을 찾는 것이 중요하다. 무엇보다 평소 규칙적인 생활습관을 갖는 것이 스트레스 관리의 시작이다.

현대인에게 부족한 비타민, 무기질, 섬유소 등 영양소가 골고루 들어 있는 식사를 하고 음식은 천천히 먹는 습관을 갖도록 한다. 술이나 카페인, 짜거나 단 것, 인스턴트나 패스트푸드 등은 줄이거나 되도록 먹지 않도록 한다. 충분한 수면은 스트레스 해소에 매우 중요하다.

잠이 부족할 경우 극도의 피로와 함께 집중력과 기억력뿐만 아니라 자제력이 저하되고 스트레스 호르몬이 증가한다. 잠은 인간에게 충전과 휴식을 주는 만큼 6~8시간 정도는 자는 것이 좋다. 스트레스를 받을 때는 야외에서 햇볕을 쬐며 걷는 것도 좋다. 운동은 몸속의 과도한 에너지를 분산시켜 스트레스 수치를 감소시키는 데 도움이 된다.

스트레스로 마음이 혼란스러울 때 이를 통제할 수 있는 효과적인 방법은 복식호흡이나 심호흡, 근육이완법, 명상이 있다. 마음을 비우고 집중을 하게 만드는 호흡은 가장 중요하다. 몇 분간 조용히 앉아서 깊이 숨을 들이마신 뒤 잠깐 호흡을 멈추고 천천히 숨을 내뱉는다. 오직 호흡에만 집중하다 보면 심장박동수와 혈압이 서서히 떨어지면서 차분해지게 된다.

(3) 스트레칭으로 근육 이완

스트레칭으로 근육의 긴장을 풀고 이완 상태를 유도하면 정신적인 스트레스도 줄어든다. 근육이 풀릴 때까지 신체의 수축 이완을 계속하는 근육 이완법 역시 스트레스를 중화하여 진정 효과를 나타낸다. 음악 또한 근육 긴장을 완화하고 마음의 평온을 찾는데 효과적인 수단이 될 수 있다. 일을 할 때는 미리 계획해서 여유 있는 스케줄로 쫓기지 않도록 속도를 조절할 필요가 있다. 무엇보다 일과 휴식의 균형이 중요하다.

자신이 감당할 수 없는 일을 맡았을 때는 거절하거나 포기할 수도 있어야 한다. 어떤 일을 시작하기도 전에 걱정부터 하는 습관 역시 당장 그만둔다. 잘못될 것을 미리 염려하여 불안해하는데 시간을 보내는 것보다 마음의 안정을 찾고 해결책을 찾는데 집중하는 것이 훨씬 현명할 것이다.

스트레스가 나쁜 것만은 아니다. 경우에 따라서는 일의 능률을 높여 주기 때문이다. 가장 중요한 것은 생각이다. 스트레스를 어떻게 대처하느냐에 따라 약이 되기도 하고 독이 될 수도 있다. 스트레스를 피할 수 없다면 다음과 같이 현명하게 대처해보자.

① 완벽주의 배제: 사람마다 잘하는 일이 다르다. 모든 일을 완벽하게 해낼 수는 없다. 다른 사람을 믿지 못해 반드시 본인이 마무리를 지어야 한다는 강박관념이나, 아니면 다른 사람과의 경쟁심에 혼자서 모든 일을 끌어안고 힘들어하는 것보다 도움을 받는 것이 필요하다. 본인이 자신 있는 일에 자부심을 갖고 남보다 부족하다면 인정하는 태도가 필요하다.

② 현실에 맞는 긍정의 습관: 누구나 시행착오 및 실패를 경험해 본 다음 좋은 결과를 얻게 되는 일이 많다. 실패할지 모른다는 두려움에 떨며 좌절하지 말고 낙관적인 사고로 대응해 가는 것이 중요하다. 일을 긍정적으로 생각하는 것은

가장 강력하고 독창적인 스트레스 해소법 중 하나다.

③ 감정에 치우치지 않는 합리적 사고: 많은 스트레스는 자신이 만든 생각에서 나온다. 남에게 인정받기 위해 안간힘을 쓰고 무리한 욕심, 부정적인 감정의 악순환 고리를 벗어나지 못하고 무의식적으로 받아들이다 보면 엄청난 스트레스를 받게 된다. 스트레스를 일으키는 환경을 바꾸기 어렵다면 원인을 파악하고 스트레스에 대응하는 방식을 찾아야 한다. 할 수 있다는 신념이나 긍정적인 자기 이미지 등을 관념 속에 각인시켜 스트레스에 반응하는 방식을 바꿔가는 합리적 사고가 필요하다.

④ 부정적인 본인 감정: 친구나 가까운 지인에게 문제 해결에 대하여 대화를 하다 보면 기분이 한결 나아진다. 초조한 마음이 들 때 자신과 대화를 해보는 것도 도움이 된다.

⑤ 유머와 가까이: 웃음을 천연 진통제로 인정하는 연구결과도 있다. 엔도르핀을 샘솟게 하고 면역력을 향상시키며 심장박동수를 높여서 혈액순환을 돕고, 근육을 이완시키는 것으로 알려졌다. 유머는 훌륭한 스트레스 치료제이다.

지나치게 열심히 일만 하다가 만성 스트레스로 지쳐갈 것이다. 불필요한 일들에 매달려 병을 만들지 말고, 효과적인 스트레스 관리로 건강을 유지하도록 꾸준히 노력하자.

1 15분 내 스트레스 해소

① 심호흡: 마음을 가라앉히는데 심호흡이 효과가 있다는 것은 대부분 알 것이다. 심호흡은 '날숨'을 의식하는 것으로, 스트레스 해소하는 효과가 있는 부교감신경계가 활성화되어 심박수도 내려간다.

② 손을 따뜻하게: 불안을 느끼면 위험에서 몸을 지키기 위한 반응으로 더 큰 근육으로 혈액이 흘러간다. 그 결과 손가락의 혈액순환이 나빠져 손이 차가워진다. 반대로 손을 따뜻하게 하면 뇌는 '불안요소가 사라졌다.'고 착각해 스트레스를 낮추는 것으로 이어진다.

③ 껌을 씹으면: 운동선수들이 시합 중의 긴장감을 해소하기 위해 껌을 많이 씹는다. 스트레스를 해소하는 효과가 있어 껌을 씹을 때 스트레스 호르몬 코르

티솔의 분비가 감소해 부정적인 감정이 사라진다.

④ 감사와 좋은 기억: 스트레스를 강하게 느낄 때는 대개 자신에 대한 부정적인 생각에 사로잡혀 있다. 그럴 때는 감사했던 기억들과 또는 자신이 보고 느꼈던 아름다운 경치나 기분 좋은 생각을 떠올린다.

⑤ 손 마사지: 스트레스가 증가하는 경우 대개 머릿속에서 다양한 생각이 뒤섞인다. 다른 일에 의식을 집중하는 방식으로 손가락 끝을 양손으로 반복해서 주무른다.

⑥ 자연과 가까이: 야외로 나가는 것도 좋지만, 뒤뜰에 나가 햇볕을 쬐거나 공원을 산책하는 것으로 스트레스 수준을 낮출 수 있다. 나갈 여유가 없다면 방이나 책상 위에 화분을 두고 관찰을 해봐도 스트레스가 감소된다.

⑦ 기분 좋은 행동: 샤워를 하고 음악을 듣거나 혹은 좋아하는 색깔에 둘러싸이는 등 감각적으로 자신의 '기분'이 좋아지는 것을 생각하면 뇌에서 엔도르핀이 분비해 스트레스 홍수를 막을 수 있다.

⑧ 향기의 도움: 레몬 또는 오렌지 등의 감귤류의 향기는 기분을 살리는 작용이 있으며, 장미나 바다 냄새, 비 냄새 등은 마음을 안정시키는 작용이 있다. 손수건 등에 자신을 진정할 수 있는 아로마 오일이나 향수를 몇 방울 떨어뜨려 스트레스를 느낄 때 맡아 보면 기분이 진정된다.

화병과 분노조절장애

1. 화병의 원리

질병의 해석으로 정신과 육체를 별개로 보지 않는 심신의학은 새로운 학문이 아니다. 대표적인 것이 화병, 울화가 치밀어 생기는 병으로 알려진 화병은 격렬한 감정이나 마음의 흥분이 장기에 쌓여 일어나는 병이다. 화의 성격은 '화는 원기의 적'이라 표현했다. 모든 것을 태우고 소모시키는 것이 특징으로 화가 간에 축적되면 간화, 마음에 쌓이면 심화라고 하여 간암, 간경화 그리고 각종 심장병을 유발할 수 있다. 위로 치솟는 화의 성질 때문에 일반적으로 두통, 얼굴 달아오름, 목에 이 물질 증상, 가슴 두근거림 등을 경험한다. 예부터 화병은 여성이 잘 걸리는 병으로 생각했다. 아주 개인적인 성격 또는 여성을 억압해 온 문화의 탓 정도로 대수롭지 않게 받아들여 왔다.

현대의 화병은 여성뿐만 아니라 반복되는 스트레스로 고통받는 직장인 학생 등 우리 사회구성원 전반에서 나타나는 심각한 병으로 드러나고 있다. 우리나라 화병 환자의 특성은 시어머니와의 갈등, 자녀 교육 등 스트레스의 원인을 알면서도 피할 수 없는 상황 때문에 생기는 경우가 많다. '화를 밖으로 표출'시키지 못하고 안으로 쌓일 때 화병에 걸린다. 얼마 동안 화병은 치료의 대상으로 여기지 않을 정도로 의학적 관심에서 벗어나 있었다. 그러나 병으로 심각한 고통을 겪고 있는 환자를 접하게 되면서 무엇보다 화병이 치료를 요하는 병임을 알아야 한다.

화병의 증상으로 불면증, 피로감, 우울함, 소화불량, 식욕부진, 호흡곤란, 빈맥, 전신 동통 및 상복부에 덩어리가 있는 느낌, 등이 지목된다. 화병은 여러 증상을 동시에 가지고 있어 대부분 환자들이 병원의 다른 과를 두루 다니다 마지막으로 화병 클리닉을 찾고 있다. 특히 여성이 많은 것은 남성에 비해 스트레스를 쉽게 풀지 못하는 특성 때문에 스트레스가 쌓여 화가 폭발해 화병의 증상을 보인다. 화병은 풀리지 않고 쌓여 울체된 화, 불의 성질을 그대로 갖고 있다는 뜻이다.

화병의 증상을 보면 사소한 일에도 짜증과 신경질을 내고, 분노를 쉽게 드러내며, 무시당한 느낌과 배신감, 복수심 등 공격적인 성향이 강해진다. 가슴이 조이듯 답답하거나 숨이 막히고, 얼굴과 머리에서 열이 느껴지며, 가슴에 무언가 치밀어 오르는 기분이 들기도 한다. 마음의 병들어가고 있다. 화를 내는 것보다 참는 것을 미덕으로 여기는 사회 분위기 때문이다. 그래서 가족 관계로 갈등을 겪거나 직장 생활, 돈 문제, 불경기, 취업난, 실직 같은 사회경제적 상황 등 여러 외적 요인에서 오는 극심한 스트레스나 억울함과 분함, 증오 등의 감정을 쉽게 풀어내지 못해 생기는 병이 화병이다. 외부 자극이나 변화에 대한 감정이 억눌리고 쌓여서 한국인 특유의 화병으로 발병하게 되고 이 일은 주로 인간관계에 문제가 된다.

1) 화병의 정의

화병은 울화병과 같은 말이다. 울화란 화가 쌓여서 울해진 것(dense anger)의 의미이다. 결국, 화병이란 화가 과다하게 쌓인 병이라는 뜻이다. 화병 환자들은 화가 쌓이고 쌓여서 응어리진 것이라고 표현한다. 화병의 화는 단순한 일회적인 분노와는 달리 장기적이고 의식적으로 억제해 온 누적된 감정이다. 한편, 밑으로 가라앉으며 쌓인 감정이며, 또한 포기하고 체념하려고 하지만 쉽게 체념되지 않는 감정이다. 불합리한 상황이나 스스로 방어하기 위해 화를 내는 것은 자신의 생존 본능이다.

화병은 스트레스가 오랜 시간을 지나 억압되면서 나타나는 증상이다. 이렇게 억압된 감정은 부적절한 상황에서 어느 순간 느닷없이 폭발하거나 폭력적인 행동으로 나타날 수 있기 때문에 그냥 넘길 수는 없다. 따라서 감정을 속으로 숨기는 것보다 적절하게 표현해야 병이 안 생긴다. 이 밖에도 불안과 초조함, 불면증, 우울감, 식욕 감퇴, 소화불량, 몸이 건조해지고 자주 목이 마르다거나 만성 피부질환인 건선 등 다양한 질환으로 이어질 수 있다. 심하게는 만성적 분노가 고혈압, 중풍 등의 심혈관계 질환의 발병, 또는 악화로 이어질 우려가 있다. 마음의 상처를 꾹꾹 눌러 속으로 숨기다 보니 신체적인 증상으로 이어지게 되고, 이 때문에 불안을 느끼면 더욱 악화되는 악순환이 일어난다.

(1) 배려는 나를 위한 것

감정은 자신의 상처를 덜 개인적인 것으로 받아들이며, 자신의 감정에 책임을 지고 그 사건에서 피해자가 아닌 승리자가 되었을 때 생겨난다고 했다. 마음속에 나에게 상처 입힌 사람에 대한 원망과 미움으로 가득 차 있다면, 즐거움과 행복을 느낄 여유가 없기 때문에 더 나은 인생을 살아갈 수 없다. 미래를 위해 한 발짝 나아가려면 진정한 배려를 통해 '평화로움'을 느껴야 가능하다. 상대방을 향한 미움에서 자신을 놓아주어야 내가 갖고 있는 정신적 고통에서 벗어날 수 있다. 배려는 남을 위해 베푸는 이타적인 마음인 동시에 자신에게 베푸는 사랑이라는 것을 명심하자.

(2) 정신 건강의 행복한 삶

화병을 다스리려면 화가 나는 순간의 감정대로 행동하지 말고, 지혜롭게 대처할 수 있는 자기 자제력이 필요하다. 감정에 휩싸여 내뱉은 말과 행동은 금세 후회하기 마련이다. 자신의 감정을 숨기거나 억누르는 것은 더욱 위험한 일이다. 평소 매일 10분씩 생각을 비우는 명상을 하거나 취미 활동 등으로 자신을 다스리고 에너지가 바닥나지 않도록 마음을 돌보는 노력이 필요하다. 스스로 모든 것을 해결할 수 없다면 가족의 도움을 받거나 그렇게 해도 풀기 쉽지 않으면 전문가의 도움을 받는 것이 지혜로운 방법 중 하나다. 수많은 사람과 관계를 맺으며 인생을 살아가는 동안 우리는 상처를 주기도 하고 상처를 입기도 한다.

대개 자신이 타인들에게 준 상처는 기억하지 못해도 남들이 나에게 입힌 상처는 오래 간다. 상처의 깊이가 클 경우에 원한, 미움, 증오, 복수심 등과 같은 이름으로 상흔이 남아 평생을 따라다니며 괴롭히기도 한다. 사전적 정의에 따르면 용서는 "지은 죄나 잘못을 벌하거나 꾸짖지 않고 덮어 주는 것"이다. 하지만 용서는 생각만큼 쉬운 일이 아니다. 오랜 시간 동안 종교에서 그렇게 용서를 강조해 왔지만, 삶의 한 부분으로 좀처럼 스며들기가 어려운 일이 사실이다. 말로는 다 용서했다고 하지만 문득 상처를 준 사람을 미워하고 있을 때, 상처받은 기억 때문에 아파하고 분노할 때, 우리는 용서라는 감정이 얼마나 어려운 것인지를 깨닫게 된다.

누가 관용에 대해 "인간이 할 수 있는 가장 위대한 일"이라고 말하기도 한다. 타인이 나에게 잘못을 용서하는 것은 쉽지 않은 일이다. 그만큼 숭고한 일이다. 그래서 우리가 용서를 배우고 실천해야 하는 것은 바로 나를 위한 일이고, 또는 모두를 위해 용서가 큰 힘을 발휘하기 때문이다. 분노, 원한, 증오 등과 같은 것보다 용서와 배려로 이룰 수 있는 일이 훨씬 더 크고 위대하다. 부정적 감정을 품고 있으면 결국 다치고 피해를 입는 쪽은 자신이다.

관용은 잘못을 한 상대방을 위해서가 아니라, 바로 나 자신을 위해서 배우고 실천해야 한다. 왜냐하면, 남을 용서하는 과정을 통해 심리적으로 자신이 먼저 치유되기 때문이다. 내 마음에서 용서받아야 할 사람과 과오를 놓아 주면서 나 자신을 자유롭게 해방시킬 수 있다. 용서는 잘못을 잊어버리는 망각이 아니고, 타인에게 베푸는 자선도 아니다. 타인의 잘못한 일에서 내가 자유스러워지려는 정신적 날갯짓이다.

2) 감정 조절과 예방

화병의 치료보다 중요한 것은 예방이다. 오랫동안 쌓인 가슴속의 응어리를 풀고 자신의 감정을 조절하는 방법을 배워야 한다. 그렇다고 고래고래 소리를 지르거나 막말, 욕을 퍼붓는 식으로 무작정 화를 내거나 무조건 참는다고 해서 사라지는 것이 아니다. 개인마다 분노 조절 방법이 다른 만큼 화를 제대로 표현하는 법을 배우는 것이 중요하다. 누구든 화가 나는 상황에 직면했을 때 그 즉시 화를 내면 상황은 더욱 악화된다.

분노의 감정에 사로잡혀 소리를 지르다가 점차 물건을 집어 던지거나 스스로 억제할 수 없는 상황에 빠질 수 있다. 반면 무조건 참는 것 또한 문제 해결에 도움이 되지 않는다.

따라서 대화를 통해 자신의 생각을 상대방에게 정확히 이해시킬 필요가 있다. 그리고 화가 폭발할 때는 그 상황을 멈추는 게 중요하다. 심호흡을 하거나 스트레칭 등으로 마음의 안정을 취해 분노의 감정을 먼저 가라앉혀야 한다. 화는 표현하면 할수록 강화되는 경향이 있다. 따라서 화가 난 이유가 무엇인지, 내가 원하는 게 무엇인지 등 스스로 질문하며 생각을 정리하다 보면 화라는 감정도 제대로 통제할 수 있는 대상이 된다.

다짜고짜 수시로 화를 내면 건강에도 좋지 않기 때문에 자신과 화라는 감정 사이에 거리를 두고 생각할 필요가 있다. 자신의 입장이 아닌 상대방의 사정도 배려하면서 감정 자체에 빠져들지 않도록 스스로 생각하는 시간을 갖는 것도 필요하다. 혼자 있는 시간을 통해 자신의 머릿속에서 만들어 낸 화가 난 근본 원인을 정확히 파악하고 제대로 표현하는 법을 알아야 화를 풀 수 있다.

(1) 분노를 현명하게 대처

인생을 살아가면서 한 번쯤 타인에게 상처를 준 경험들이 있을 것이다. 이때 나는 어떤 생각했는지 기억하자. 상대가 악의를 가지고 했던 행동이었을 수도 있지만, 피치 못하게 저지른 실수일 수도 있다. 마음을 넓게 가지고 상대방을 이해하려고 노력해 보자. 이때 내가 앞으로 받게 될 수많은 관용에 대해 생각하면 이해하기가 좀 더 수월할 것이다. 관용이란 우리가 받은 것을 되돌려 주는 것이고, 갚아야 할 것으로 생각하면 남을 더 쉽게 배려할 수 있는 것이다. '잊어버리는 것'과 '관용'은 다른 개념이다. 많은 사람이 '관용과 '잊어버리는 것'을 혼동하는 사람도 있다.

망각은 고통을 피하기 위해 상처받은 감정을 잠시 묻어 버린 것이다. 마음속에 분노와 미움을 모두 털어버리는 참된 관용를 행한 것이 아니다. 이렇게 파묻혀 있는 감정은 또다시 기억이 되살아나며, 시간이 지나면 부정적으로 표출되기 쉽다. 예전과 같은 일이 반복되지 않게 하려면 그것을 기억하여 과오를 범하지 말아야 한다.

우리가 화내는 상황을 보면, 자기가 싫어하고 관심이 없는 사람한테 내는것 보다는 자신과 가깝고 뭔가를 기대하는 사람한테 화를 낸다. 분노는 대부분 다른 사람에 의해서 고의적으로 유발된 불쾌하고 공정하지 못한 상황에서 경험하는 것이다. 자신이 공정하게 대우받지 못한다는 느낌이 분노를 일으키는 주요 원인이 된다. 피할수 있든 없든 위기 상황을 맞으면, 우울병 등 심한 정신적 증상으로 이행되지 않기위해 스트레스 관리를 잘해야 한다.

① 편안하고 안정된 마음을 느낄 수 있도록 하는 것이 중요하다. 집과 같이 익숙하고 편안한 곳으로 가거나, 마음에 안정을 주는 음악이나 글을 자주 접하는 등의 방법으로 마음의 안정을 찾는 것이 우선이다.

② 혼자 모든 걸 감당하려고 하지 말고, 주변 가족이나 친구 등을 찾아 도움을 청하는 것이 중요하다. 평소 주변에 도움 청하기를 주저했던 사람도 마찬가지다. 만약 아무도 없다고 느낀다면 상담기관 또는 의료기관에서 도움을 청하는 것도 도움이 된다. 위기 상황에서는 판단력과 집중력이 떨어지고 마음이 약해지기 때문에 누군가 내 이야기를 잘 들어주는 것으로 도움이 되는 경우가 많다.

③ 이미 발생한 사건의 원인을 따져 보는 것보다 문제 자체에 집중하는 것이 좋다. 위기 상황의 원인을 파고들면 더 큰 스트레스를 받기 쉽다. 또 과거의 일에 대해 분석하는 것은 현재 문제의 해결 방안에 대해 별다른 도움을 주지 못한다. 현실을 냉정하게 바라보고, 자신이 지금 할 수 있는 것에 집중해서 하나씩 해결해 나가는 것이 필요하다.

④ 능동적이며 적극적인 자세로 역경과 위기를 극복하자. 힘든 일을 만나면 포기하거나 적당히 타협하고 안주하려는 사람이 있고, 상황을 분석하고 의욕적으로 해결해 나가려는 사람이 있다. 후자의 경우는 위기 상황을 이겨 나가는 과정에서 많은 것을 얻는다. 스트레스를 겪으면서 이를 극복하려는 의지가 강해지고, 정신적인 성장과 인내심이 길러지기도 한다.

위기 상황에서 우선은 나를 진정시킨 후 상황을 객관적으로 보고, 능동적인 자세로 내가 변화시킬 수 있는 것에 초점을 맞추어 한 조각씩 퍼즐을 맞추어 나가듯이 문제를 해결해 나가자. 단번에 그림이 다 맞추어지지 않는다고 불안한 마음으로 초조해하면 더 잘 안 된다. 차분하게 그러나 지속적으로 문제를 해결할 수 있도록 노력하는 것이 필요하다.

(2) 분노를 다스리는 행동 치료

인지 치료가 '생각'을 변화시켜 감정을 조절하는 방법이면, 행동 치료는 '행동'을 변화시켜 감정을 조절하는 방법이다. 이전과 다른 새로운 경험을 시도하거나 낡은 습관을 바꾸는 방법을 이용하는 것이다. 기분이 나아질 수 있는 행동을 하면 불편한 감정을 치료할 수 있다.

예를 들어 보자. 기분이 울적할 때 만사가 귀찮아지면서 아무 데도 나가고 싶지 않지만, 막상 억지로라도 밖으로 나가 걸어다니든가 친구를 만나면 의외로 기분이 좀 나아지는 경험을 몇 번쯤 해봤을 것이다. 이처럼 행동은 감정에 직접적으로 영향을 준다.

① 행동 치료 효과

행동을 바꾸면 감정이 달라진다. 이런 현상은 행동주의 심리학자 조셉 볼피 (Joseph Wolpe)가 발견한 '상호 억제(reciprocal inhibition)' 원리로 설명할 수 있다. 상호 억제란 사람 생각의 감정, 신체 반응이 두 가지 상태로 공존하게 되면, 일관성을 유지하기 위해 두 가지 상태 중 하나가 나머지 한쪽 상태에 맞춰 변하는 현상을 의미한다. 예) 마음이 불안하면 근육이 긴장되고 호흡이 빨라진다. 불안한 마음과 긴장된 근육, 빠른 호흡 수는 동시에 공존할 수 있다. 의도적으로 근육을 이완시켜 호흡 수를 느리게 만들면 상호 억제 현상에 의해서 마음이 불안한 쪽에서 보다 편안한 쪽으로 변화하게 된다. 이런 원리로 우울증에서 '행동 활성화(behavioral activation) 기법', 불안장애에서는 '이완 훈련(relaxation training)' 등의 행동 치료를 활용한다. 우울증으로 몸의 의욕이 저하되었을 때 운동 등을 통해 의도적으로 많이 움직이는 행동 활성화 기법으로 의욕을 되살리고, 불안장애가 있으면 의도적으로 근육을 이완시켜 호흡 수를 느리게 하는 이완 훈련으로 마음을 편안하게 해서 감정 상태를 개선시키는 방식이다.

② 두려움 극복

행동 치료의 효과가 가장 잘 발휘되는 영역이 '두려움'이다. 발표 불안, 대인공포 등의 '사회 불안증'이나 고소공포증, 폐쇄공포증, 동물공포증 등의 '특정 공포증', 공황장애, 강박증 등 두려움과 관련된 증상을 극복하는데 행동 치료가 많이 활용된다. '두려움'은 어떤 특정한 상황과 두려움이라는 감정 사이에 연결고리가 생겨서 나타나는 증상으로 이 연결고리를 끊으면 두려움이나 불안이 줄어든다. 행동 치료 기법 중 '노출(exposure) 기법'이 바로 이를 활용한 것이다. 노출 기법은 자신이 두려워 불안해하는 상황에 의도적으로 직면하는 것을 반복하면서, 상황에 익숙해지며 상황을 피하지 않아도 두려움이 줄어드는 것을 유도하는 방법이다. 노출 기법은 '단계적 탈감작(systematic desensitization) 기법'이 있다. 두려움과 불안이 유발되는 상황들을 난이도에 따라 순위를 매긴 뒤, 가장 만만한 상황부터 직면해 보는 방법이다. 너무 버거운 상황에 갑자기 직면할 경우 그 상황에 익숙해지는 것이 아니라, 오히려 엄청난 두려움이 유발되어 역효과가 날 수 있기 때문에 감당할 수 있는 것부터 도전하는 것이다. 체계적으로 낮은 단계부터 직면하게 되면 상황에 점점 무디어져 더 이상 같은 상황에 처해 있어도 별다른 두려움이 일어나지 않게 된다. 처음에는 한 사람과 대화하는 것도 힘들어 하던 사람이 점차 상황에 익숙해지면서 대중 앞에서 연설을 할 수 있게 되는 것 역시 같은 원리다.

③ 습관 바꾸는 방법

행동 치료는 습관을 바꾸기 위해 사용되기도 한다. 어떤 행동을 한 후에 긍정적인 반응이나 보상을 받으면 그 행동을 더 하게 되고, 부정적인 반응을 받으면 덜 하게 된다. 습관을 바꾸기 위한 방편으로 위와 같은 행동 치료 원리를 사용하면 효과적이다. 과격하고 부적절한 행동을 자주 하는 아이가 폭력적인 행동을 하면 미리 정해진 장소에서 일정 시간 동안 혼자 생각할 시간을 주는 '타임-아웃'이 행동 치료의 대표적인 예다. 타임-아웃이 끝난 후에는 적절한 행동을 할 수 있는 기회를 주어 적절한 행동에 대해서 보상을 주는 방법을 통해 행동을 교정하는 것이다.

④ 무의식 신체 반응 치료

틱 증상(tic disorder)도 행동 치료로 고칠 수 있다. 틱은 특별한 이유 없이 자신도 모르게 얼굴, 목, 어깨, 몸통 등의 신체 일부분을 아주 빠르게 반복적으로 움직이며(운동 틱), 이상한 소리를 내는 것(음성 틱)을 말한다. 틱 증상을 없애는데 '습관 반전 기법'이라 하는 특수한 형태의 행동 치료를 하면 도움이 된다. 틱을 잘 일으키는 상황을 분석하고 알아차려서 틱이 유발되는 순간, 틱과 양립할 수 없는 '대항 반응'을 하는 것이 치료의 원리이다. 예) 팔을 안으로 굽히면서 하는 운동 틱이 나타나는 상황에서 부드럽게 팔을 펴는 근육에 힘을 주는 식이다. 이런 방법으로 틱에 대한 저항력을 기르게 되면 틱 증상이 점차 줄어들거나 사라진다.

5 자가 진단 화병 체크리스트

스트레스가 오랫동안 누적되면 화병이 의심될 때 전문의 상담을 받아본다.
2가지 이상 해당되는 경우에는 화병의 가능성이 있다.

☐ 두통에 시달린다.
☐ 소화가 잘 되지 않는다.
☐ 쉽게 숨이 찬다.
☐ 화가 나면 얼굴과 온몸에 열이 오른다.
☐ 가슴이 답답하거나 두근거린다.
☐ 명치끝이 딱딱하게 느껴진다.
☐ 혓바늘이 돋고 입이 자주 마른다.
☐ 아랫배가 따가움을 느낀다.
☐ 목 안이 꽉 찬 느낌이 든다.
☐ 의욕이 없다.
☐ 가슴이 답답하거나 아프고 숨이 막히는 증상이 있다.
☐ 밤에 잠을 잘 못 이루거나 자고 나도 개운하지 않다.
☐ 신경이 예민해져서 사소한 일에도 짜증이 난다.

생활 환경과
미용 건강

생활 환경 및 주거 환경

1. 생활 환경의 개념

환경이란 넓은 뜻으로 인간을 둘러싼 모든 주변을 의미한다. 자연적 환경과 사회적 환경으로 대별된다. 자연적 환경은 더 나아가 물리화학적 환경과 생물학적 환경으로 나누어진다. 사회적 환경은 인간의 상호관계 및 경제, 문화, 정치 등 인간 활동의 모든 소산을 의미한다. 인간 생활에 밀접한 관계가 있는 재산과 동식물 및 그 생육 환경은 물리적, 화학적 환경, 생물적 환경으로 사회적, 문화적 환경 등 모든 환경이 생활 환경에 포함된다.

환경을 자연환경과 생활 환경으로 나눌 때, 자연환경에 속하지 않는 인공으로 형성된 처소, 인간을 둘러싸고 있는 주위의 유형·무형의 요소의 일체를 환경으로 할 때, 인간의 생활 환경은 재생산의 장소, 즉 처소를 말한다. 이런 개념으로 넓게 비추어 보면, 자연을 통하여 진화 과정에서 나온 여러 가지 문화 요소를 가지고 인간이 만들어 낸 모든 요소들의 행렬이라고 정의할 수 있다. 좁은 뜻으로 물리적인 환경에만 국한되는, 즉 인간의 생존을 위하고 인간의 건강과 삶의 향락에 긴요한 물리적 상황의 결합을 뜻한다.

이외 환경 정책 기본법에서 생활 환경을 대기·물·폐기물·소음·진동·악취 등 사람의 일상생활과 관계되는 환경이라는 정의를 내리고 있다(3조 3호). 아직도 생활 환경의 범위를 공해법적인 범주에서 한정된 정의를 내리고 있을 뿐만 아니라, 생활의 질을 중시하지 않고 있으나, 환경법에서 질을 중시하지 않으면 안 될 것이다. 인간과 관계 있는 공업용수·상하수도 등의 재산 보호와 농작물·가축·어류 등 자연 동식물의 생육 환경까지 광범위하게 포함하려는 뜻이 있다.

1) 사회적 환경 [social environment]

자연적 환경을 기반으로 해서 그 바탕 위 인간이 만들어 낸 환경으로 인간의 행동양식을 규제하는 관습·제도·규범 등 모든 문화유산을 말한다.

지역사회나 학교, 공장 등의 집단에서 구성원들의 질병 예방, 건강 유지, 생명 연장을 위해 행하는 조직적인 위생 활동, 공중위생의 대상, 집단은 지역사회, 학교, 직장, 등이다. 그 내용은 상수도·하수도에 대한 환경위생, 공해에 대한 대책, 전염병과 질병의 예방, 위생교육, 모자보건, 학교보건, 산업위생, 정신위생, 사회보장 등으로 광범위하다.

국민의 질병과 건강을 사회문제로 생각하고 국가의 책임하에 이를 개선해 나가려는 노력에 의해 발전되었다. 보다 구체적으로 국가나 시·읍·면 등 지역단위의 가족 구성, 인구밀도 직업이나 근로 내용, 주거의 상황 및 수입 등의 생활 정도, 교통시설 및 교육시설, 의료시설 등 문화·문명의 산물을 광범위하게 포함하고 있다. 일반적으로 인간의 행동은 환경에 대한 적응 과정으로 생각되고 있는데 보건의료·간호의 분야에서 사회적 환경이 질병의 발생이나 예방, 보건의 증진에 크게 영향을 주고 있다는 것이 지적되고 있다.

2) 환경위생[environmental health]

환경위생의 의의는 복합적인 생활 환경 요인을 건강의 유지·증진이라는 입장에서 조정 통제하고 사회의 기능이 충분히 발휘되는 것과 같은 조건을 준비하는데 있다. 따라서 환경 조건의 작용을 여러 가지 지표에 의해서 측정하고 또한 평가하는 것이 요구된다.

더 나아가 환경위생은 환경 조건의 변화를 예측하고 대응하는 시책을 제공한다. WHO의 정의에서는 "환경위생이란 인간의 물질적인 생활 환경에 있어서 신체 발육, 건강 및 생존에 유용한 영향을 주는 요소 또는 그 가능성이 있는 일체의 요소를 제어하는 것을 의미한다"고 말하고 있다.

환경위생은 공중위생의 한 분야의 물, 쥐, 곤충, 영업 시설 등에 의한 건강장애를 미연에 방지하는 것을 목적으로 하고 있다. 감시·지도의 대상으로는 영업시설로 유흥업소, 여관, 미용실, 세탁소 등이다. 바로 모든 생태계의 삶을 영위하는 주위의 여건을 포괄적으로 표현한 것이다. 인간을 둘러싸고 있는 생활 환경의 위생 유지, 즉 개인의 주위, 집 안팎, 마을·지역사회를 깨끗한 상태로 보전함으로써 주민들의 건강을 유지·증진하는 것이다.

환경위생의 대상은 생활 환경이며, 그 근간이 되는 기술은 상하수도·산업폐수·수질 보전 등을 취급하는 위생공학이다.

종래에는 토목공학에서 취급하였으나, 하수·산업폐수처리 분야에서 화학 및 미생물학 분야의 협력이 필요하게 되었기 때문에, 물의 위생에 관한 새 기술로서 위생공학이 탄생한 것이다. 또 생활 환경 정비의 대상으로 상하수도, 분뇨 처리, 쓰레기, 공해 방지 등이 환경위생의 대상이며, 위생공학적 기술의 활용이 필요하다.

1 가정오수: 가정에서 배출되는 오수로써 세면, 조리, 청소용수와 수세변소 수를 말한다.

2 공공 하수도: 하수도법에 의하여 정해지는 하수도로서 공공하수도 관리청이 설치 또는 관리하는 하수도를 말함

3 공장, 사업장 폐수: 공장, 사업장의 생산 활동에 의해 생긴 폐수

4 물받이: 하수를 집수하여 연결 관에 의해 관거에 유하시키기 위한 시설을 말하며, 오수 받이, 우수 받이 및 집수 받이로 나눈다.

5 유기화합물: 일산화탄소·이산화탄소·탄산염·시안화수소와 그 염 및 이황화탄소 등을 제외한 모든 탄소 화합물의 총칭이다.

6 침출수: 매립지 등 최종 처분장에 처분된 슬러지나 그 밖의 폐기물로부터 침출되어 나오는 오수로 침출오수라고도 한다.

7 축산 폐수: 오수·분뇨 및 축산 폐수의 처리에 의한 법률 제24조 1항에 따른 시설 규모 이상 가축 사육으로 인해 배출되는 액체성 또는 고체성의 오염물질을 말한다.

8 폐수: 인간 생활이나 생산 활동에서 사용하고 폐기한 물을 말하며, 공공 수역

으로 방류하기 전에 필요에 따라 처리하여야 한다.

⑨ 하수: 생활 및 사업에 수반되는 오수와 자연 강우에 의한 우수가 합해진 것이다.

⑩ 혐기성: 수중에 산소가 절대 부족한 상태

⑪ 배수관: 배수설비에서 배수관이란 옥내 및 옥외에서 발생하는 하수를 공공하수도로 배출하는 관을 말함

⑫ 배수설비: 배수를 공공하수도로 유입하기 위해 설치하는 건물 또는 부지 내의 배수관거 및 부대설비의 총칭이다.

⑬ 맨홀: 하수관거의 청소, 환기, 점검 및 조사 등을 위한 시설로써 일반적으로 하수관거가 합류하는 장소, 경사 및 일정 간격마다 설치된다.

3) 생물과 환경 변화

생물은 생존에 필요한 먹이와 살아가는 터전과 살아갈 수 있는 기후와 함께 번식을 방해받지 않는 환경이 되어야 생존할 수 있다. 생물은 생존 조건으로서 서식환경을 갖춰야 하므로, 즉 이 중에 어느 한 가지가 없거나 파괴된다면, 그 생물은 다른 대책이 없는 한 살아남지 못하고 멸종될 것이다. 따라서 이러한 환경 조건을 두루 갖춘 생물은 그곳을 삶의 터전으로 고착하는 토착 생물이라고 하고, 그러한 조건 중 어떤 결함이 있는 생물은 그 보충 수단으로 적성을 따라서 이동하기도 한다. 이 경우의 생물은 철새나 귀소성 물고기 등이 있고, 아프리카의 자연에서 대단위의 야생동물이 먹이를 따라서 대이동을 한다.

이와 같이 생물이 생존할 수 있는 환경은 그 생물의 생활을 충족할 수 있어야 하는 것이다. 따라서 지구상의 어떤 자연적 변화가 이르게 되면 그 시대의 생물은 변화된 환경에 대하여 적응하여 살아남거나 적응을 못 하면 멸종 또는 변종되고, 진화하기도 하여 새로운 삶의 질서를 만들게 되는 것이다. 지구 역사의 과정을 보면 이러한 환경 변화의 과정이 수없이 반복되고 있음을 알게 된다.

(1) 환경관리의 중요성

인간은 스스로 지구상의 생물을 지배하는 위치에 있음을 깨닫고, 자연재해로 인

한 환경 문제의 정화는 물론 인간이 스스로 환경을 파괴하는 행위가 있어서 안 될 것이다.

인류의 삶을 영위시키는 생물의 존속 환경이 건전하게 지속하지 못한다면 궁극에는 그 재앙이 인류에게 닥치게 되는 것이다. 인간은 필요하다고 판단되면 자연 환경을 임의로 조작하거나 변화를 초래시키는 행위를 서슴없이 하여 왔다. 그러나 무모한 자연 파괴는 환경적 재앙을 초래하여 인류 스스로 자멸하는 행위임을 뒤 늦게 깨닫고, 이제는 친환경 문제를 신중하게 생각하는 단계에 있는 것이다. 이미 파괴된 것 중에는 산업 발전만을 위한 무분별한 광업의 채굴 행위와 자연산물의 지나치게 착취하는 과도한 산업으로 환경을 오염시키는 것이다.

이 중에는 이미 경과된 재앙으로서 복원할 수 없는 지구의 상처가 되는 것도 있으나, 이제 더는 이런 파괴 행위를 해서는 안 된다는 국제적 공감대를 형성하여 중요한 사안에 따라서 국제적 협의체를 만들고 있다. 즉 '교토 의정서'는 지구의 온난화 원인을 제거하기 위한 협약이고, '람사르협약'은 생물의 터전을 보호하려는 국제협약이다. 이와 같이 인간은 이제 지구가 인간만의 터전이 아니며, 인간이 저지르는 환경 파괴는 모든 생태계의 파괴와 함께 인간 스스로 자멸 행위가 되는 것임을 깨닫게 된 것이다. 그중에 가장 중요한 과제가 바로 모든 생물의 삶을 영위하는 환경이 골고루 건강해야 한다는 중요성을 깨달은 것이다.

2. 주거 환경의 원리

가정생활이 영위되는 지역의 생활 환경에서 특히 자연적 환경과 물리적 환경을 가리키는 경우가 많다. 최근에 환경오염과 파괴가 진전되어 대기오염, 하천의 오염, 소음공해, 도로 공해 등에 의해 일상생활이 위협을 받거나 주택의 과밀화로 인해서 아이들의 놀이 공간이 없어지거나 일조 시간이 줄거나 해서 건강하게 문화생활을 영위할 권리가 침해되고 있다.

주거 환경에서는 휴양 · 수면 · 식사 · 가사 · 육아 등이 안전 · 쾌적 · 능률적으로 이루어져야만 한다. 그것은 건강을 위한 모든 서비스 · 시설 · 설비를 포함한 것이다. 세계보건기구(WHO)의 '주거의 공중 위생적 관점에 관한 전문위원회'라는 보고에서, '건강한 주거환경의 기초로서 좋은 주거'와, '건강한 생활을 가능케 하는 주변의 지역적·사회적 조건'을 들고 있다.

1) 주거의 적절한 규모

환기와 맑은, 실내 공기의 유지, 프라이버시의 확보, 충분한 침실, 적절한 급배수, 폐기물의 위생적 처리, 세탁과 욕실시설, 조리와 식사시설, 식품 등의 저장시설, 실온 조절, 방습, 방음, 적절한 채광과 조명 등을 제안하고 있다.

2) 여러 가지 사회적 시설

상하수도, 맑은 공기, 경찰과 소방, 각종 재해로부터의 안전 등, 이 때문에 공공녹지 정비, 하수도 정비를 비롯해서 교통시설, 교육·복지시설, 보건의료시설 등의 정비가 시급한 과제로 되고 있다.

3. 환경 호르몬

1) 환경 호르몬의 정의

학술용어는 내분비계 교란 물질이라 한다. 이것이 동물이나 사람의 체내에 들어가서 내분비계의 정상적인 기능을 방해하거나 혼란시키는 화학물질로 정의된다.

즉 환경 중에 배출된 화학물질이 생물체 내에 유입되어 마치 호르몬처럼 작용한다고 하여 '환경 호르몬'이라고 명명한 신조어이다.

1996년 세계자연보호기금(WWF) 고문인 미국인 동물학자 테오 콜본의 저서 『도둑맞은 미래(Our Stolen Future)』에서 미국 5대호에 서식하고 있는 야생조류 일부가 생식 및 행동장애 로 멸종 위기에 처해 있다고 경고하면서 크게 관심을 끌었다. 이 책에서 저자들은 환경성 내분비 교란 물질이 야생동물과 인류의 생식, 면역,

그리고 정신기능의 장애와 교란을 유발하는 주범일 수 있음을 체계적으로 지적하였다.

환경 호르몬은 일본 동경 주민들에게서 가장 먼저 발견되었다. 유난히 호르몬계에 이상 현상이 많이 발견되어 이 지역 사람들을 면밀히 조사해 본 결과, 식수와 공기를 통해서 물질들에 오염된 사실이 확인되었다.

우리 몸에서 정상적으로 만들어지는 물질이 아니라, 산업 활동을 통해 생성, 분비 되는 화학물질이다. 생물체에 흡수되면 내분비계 기능을 방해하는 유해한 물질이기도 하다.

인체 호르몬은 수많은 세포와 기관의 정보 교환을 돕는 물질로 혈액에 녹아 있다가 특정 세포의 수용체에서 작용한다. 이때 화학 구조가 체내 호르몬과 유사한 환경호르몬이 대신 이 수용체와 결합하거나 수용체의 입구를 막아 버려 인체에 이상을 초래한다. 체내에서 호르몬은 일종의 통신 역할을 하는데, 환경 호르몬이 잘못된 신호를 주게 되면 인체의 다른 조직이 잘못된 신호에 따라 조직을 만들어 내기 때문이다.

이처럼 환경 호르몬의 화학적 구조가 생체 호르몬과 비슷해 마치 천연 호르몬인 것처럼 작용하는 경우를 '모방'이라 하며, 이 환경 호르몬이 체내 세포와 결합해 비정상적인 생리작용을 낳게 되는 등 진짜 호르몬이 할 수 있는 역할 공간을 완전히 빼앗아 버리는 경우를 '봉쇄'라고 한다. 현재 알려진 대부분의 환경 호르몬은 모방 또는 봉쇄의 두 가지 작용을 하고 있다. 환경 호르몬은 생체 내 호르몬의 합성, 방출, 수송, 수용체와 결합, 수용체 결합 후의 신호 전달 등 다양한 과정에 관여하여 각종 형태의 교란을 일으킴으로 생태계 및 인간에게 영향을 주며, 성장 억제와 생식 이상 등을 초래하기도 한다.

환경 호르몬으로 추정되는 물질로는 각종 산업용 물질, 살충제, 농약, 유기 중금속류, 다이옥신류, 의약품으로 사용되는 합성 에스트로겐류 등을 들 수 있다. 이 중 다이옥신은 소각장에서 피복, 전선이나 페인트 성분이 들어 있는 화합물을 태울 때 발생하는 대표적인 환경 호르몬이다. 아울러 컵라면의 용기로 쓰이는 스티로폼의 주성분인 스틸엔 이성체 등이 환경 호르몬으로 의심받고 있다. 이러한 환경 호르몬은 생태계 및 인간의 생식기능 저하, 기형, 성장장애, 암 등을 유발하는 물질로 추정되고 있다.

환경 호르몬은 전 세계적으로 생물 종에 위협이 될 수 있다는 경각심을 일으켜 오존층 파괴, 지구 온난화 문제와 함께 세계 3대 환경 문제로 등장하였다.

2) 인체의 호르몬

그리스어로 호르메(horme)는 '자극하다', '움직이게 하다'라는 뜻이다. 1905년 에 영국의 생리학자인 에른스트 헨리 스탈링이 호르몬이란 말을 처음 쓰기 시작했다. 땀이나 눈물은 자신만의 관이 있어 몸 밖으로 나올 수 있지만, 호르몬은 아주 소량의 물질로 그냥 혈액 속으로 흘러나온다. 그래서 땀샘이나 눈물샘을 외분비 물질, 호르몬을 내분비 물질이라고 한다. 혈액 속에 녹아 우리 몸을 떠돌던 호르몬은 꼭 필요한 곳에 이르러서 역할을 다하게 되고, 키를 크게 하거나 체온을 조절하기도 하며, 백혈구를 만드는 일을 돕거나 감정을 조절하기도 한다. 뇌의 시상하부와 뇌하수 체에서, 목 부위는 부갑상샘과 갑상샘에서 호르몬을 만들어 낸다.

특히 시상하부는 호르몬 활동 전체를 조절하는 역할을 한다. 호르몬 양의 조절은 매우 중요하다. 아주 소량이긴 하지만 호르몬 분비가 너무 많거나 적으면 우리 몸에 이상이 생긴다.

신장 근처에 있는 부신과 이자를 비롯해 생식기관인 난소와 고환도 호르몬을 만드는 중요한 기관이다. 원래 호르몬은 분자량이 낮은 수용성 단백질, 즉 폴리아미노산이 주성분인 물질로서 동·식물의 생명이 원활하게 유지되도록 만드는 대단히 중요한 물질이다. 예를 들어 혈당을 조절하는 호르몬인 인슐린은 분자량이 약 8만 인 폴리아미노산이다.

(1) 환경 호르몬과 인체

원래 호르몬은 우리 몸이 필요로 할 때, 필요한 만큼만 작용하지만 환경 호르몬 은 필요하지 않을 때도 작용한다.

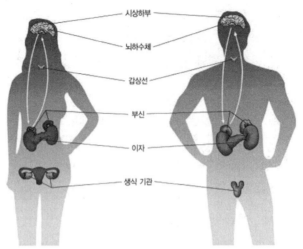

[그림 12-1] 인체의 호르몬

① 모체가 섭취하는 음식이 태아에게 영향을 미쳐 선천적인 기형아가 생길 수도 있다.
② 정자 수가 줄어든다. 생식 불능은 어른이 되면서 발견되기 때문에 그 영향이 나타날 때까지는 시간이 걸린다.
③ 면역성이 떨어지고 발육장애 및 신체기능이 저하된다.
④ 발암성이 강하다.

농산물에서 상추·깻잎 등 기준치 이상 검출되는 살충·살균제 농약의 상당수가 환경 호르몬으로 밝혀졌다. 환경 호르몬 농약에는 엔도술판(endosulfan), 클로로탈로닐(chlorothalonil), 빈클로졸린(vinclozolin) 등이 있다. 엔도술판에 장기간 노출될 경우 생식·성장장애를 일으킬 수 있고 동물 실험 결과 사산, 태아의 기형 등의 사례가 보고되었다. 그리고 클로로탈로닐에 다량 노출된 쥐는 대가 거듭될수록 몸무게가 줄었으며, 임신한 토끼의 경우 9마리 중 4마리가 유산했다.

또한, 살충제에 오염된 미국의 플로리다주 호수의 악어는 수컷의 생식기가 퇴화되어 악어의 숫자가 급격히 줄었다고 한다. 그리고 환경 호르몬 농약에 오염되어 수컷 갈매기가 여성화되고, 대머리독수리, 홍관조, 개똥지빠귀 등의 부화 능력이 감소되고 있다고 보고되었다. 환경 호르몬은 극미량으로도 생식기능에 이상을 가져올 수 있고, 급만성 독성과 달리 후손에 장기적으로 영향을 미칠 수 있다고 한다.

(2) 환경 호르몬의 피해 예방

① 컵라면은 10분 이내에 먹는다. 컵라면에 끓는 물을 붓고 20분이 지나면 스티렌다이머 등의 유해물질이 나오기 때문에 그 전에 먹는 것이 좋다.
② 전자레인지로 음식을 데울 때 플라스틱이나 랩으로 음식을 씌우지 않는다.
③ 플라스틱 컵에 뜨거운 물은 위험, 플라스틱 도시락에 뜨거운 밥을 담거나 플라스틱 컵에 끓는 물을 부어도 비스페놀 A가 나올 수 있다.
④ 쓰레기를 태우지 않는다. 쓰레기 봉투 비용을 아끼려고 쓰레기를 태우는 것은 독성 물질과 환경 호르몬을 '포식'하겠다는 뜻이다.

(3) 문제가 되는 환경 호르몬

① 아기가 사용하는 플라스틱 젖병과 장난감, 고무 젖꼭지, 치아 발육기
② 과일과 채소의 농약
③ 컵라면, 과일 통조림, 플라스틱(컵, 그릇, 도시락, 접시, 숟가락) 알루미늄 캔

(4) 생활과 환경호르몬

① 시금치, 배추, 오이, 대파, 깻잎에서 환경 호르몬으로 추정되는 엔도술판, 클로르피리포스, 농약이 검출
② 덴마크 유기농협회의 조사에 따르면 일반 근로자의 정자 수가 $1m\ell$당 55만 개인 것에 반해 유기농산물을 꾸준히 섭취해 온 농민과 근로자의 정자 수는 1억 개인 것으로 나타났다.
③ 우유병은 환경 호르몬인 비스페놀 A를 원료로 하는 폴리카보네이트로 만든다. 지난해 시민의 모임에서 플라스틱 우유병의 비스테놀 A의 양을 측정한 결과 소독시간과 상관없이 비스페놀 A가 검출됐다.
④ 염화비닐(PVC) 제품의 치아 발육기나 아기용 장난감으로부터 환경호르몬 작용이나 발암성이 있는 프탈산에스테르가 나온다.

활성산소와 황산화제

1. 변형된 활성산소의 원리

인간의 생존에 산소는 꼭 필요한 물질이다. 산소가 우리에게 아주 중요한 원소이지만, 모든 산소가 우리의 몸에 이로운 것은 아니다. 지각에 가장 많이 존재하는 산소는 무게로 약 50%에 육박한다. 우리 몸에서 산소의 비율은 약 65%를 차지하지만, 우리 몸에 해를 줄 수 있는 산소, 활성산소에 대해 더 깊이 알고 있어야 한다.

우리의 호흡 과정에서 몸속으로 들어간 산소가 산화 과정에 이용되면서 여러 대사과정에서 생성되어 생체 조직을 공격하고 세포를 손상시키는 산화력이 강한 산소, 즉 유해산소라고 하며, 우리가 호흡하는 산소와는 완전히 다르게 불안정한 상태에 있는 산소이다. 환경오염과 화학물질, 또는 자외선, 혈액순환장애, 스트레스 등으로 산소가 과잉 생산된 것이다. 이렇게 과잉 생산된 활성산소는 사람 몸속에서 산화작용을 일으킨다. 이렇게 되면 세포막, DNA 그 외의 모든 세포 구조가 손상당하고 손상의 범위에 따라 세포가 기능을 잃거나 변질된다.

이와 함께 몸속의 여러 아미노산을 산화시켜 단백질의 기능 저하도 가져온다. 그리고 핵산을 손상시켜 핵산 염기의 변형과 당의 산화분해 등을 일으켜 돌연변이나 암의 원인이 되기도 한다. 또 생리적 기능이 저하되어 각종 질병과 노화의 원인이 되기도 한다. 활성산소가 우리 몸에 무조건 해로운 것은 아니지만, 체내에서 과산화수소의 분해 결과 생성되는 수산화 라디칼은 병원체 등을 무차별적으로 공격하여 소독약 역할을 수행하고 있다. 다만 우리 몸이 필요한 분자들까지 무차별 공격하는 것이다.

나쁜 콜레스테롤, 즉 저밀도 지질단백질(LDL)을 산화시켜서 심장병 유발을 저해하는 일에 수산화 라디칼의 기여도가 제법 크다. 수산화 라디칼은 오존 또는 과산화수소보다 더 큰 산화력을 지닌 물질이다. 다른 물질을 산화시킬 수 있는 능력, 산화력이 크다는 것은 다른 물질을 쉽게 변형할 수 있는 능력을 가진 것이다. 라디칼은 쌍을 이루지 못한 전자를 포함하는 원자, 이온, 분자를 말한다. 일반적으로 전자는 쌍으로 존재하려는 경향 때문에 홀로 있으면 다른 분자들과 반응하려는 경향이 크다.

따라서 대부분의 경우 라디칼은 불안정하고 수명이 짧다. 그러나 라디칼이 단백질 같은 커다란 분자 속에 파묻혀 다른 물질과 접촉하기가 곤란하면 오랫동안 존재하는 것도 가능하다. 또한, 분자의 크기가 작더라도 라디칼을 안정시킬 수 있는 분자 구조(비타민 E 혹은 멜라닌)의 한 부분으로 있을 때는 오랫동안 수명을 연장할 수 있다.

현대인의 질병 중 약 90%가 활성산소와 관련이 있다고 알려져 있으며, 구체적인 질병에는 동맥경화증 · 당뇨병 · 뇌졸중 · 심근경색증 · 암 · 간염 · 신장염 · 아토피 · 파킨슨병, 자외선과 방사선에 의한 질병 등이 있다.

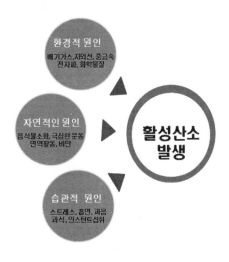

[그림 12-2] 활성산소 발생 요인

1) 활성산소가 일으키는 질병 원인

사람이 살아가면서 호흡을 하게 되고, 이러한 호흡의 과정에서 몸속으로 들어간 산소의 약 2~3% 정도가 대사 작용 가운데 산화작용에 이용되면서 우리 몸속의 조직을 공격하고 세포와 세포벽을 무너뜨리는 산화력을 지닌 산소를 말한다. 이러한 활성산소가 우리 몸속에서 많아지게 되면 세포와 조직의 산화가 더욱 많이 진행되기 때문에 많은 연구 결과에서 90% 이상의 질병에 관여하고 있다고 말한다.

대표적으로 피부암을 비롯하여 각종 암, 치매 등의 질환에도 이러한 활성산소가 관련되어 있는 것으로 알려져 있다. 혈관계질환이 발생하는 원인으로 원래 비만이 되어 체지방이 늘어나면, 혈액 내 콜레스테롤과 같은 지질의 양이 증가하게 되어 지질이 혈관 안쪽에 눌어붙거나 혈관 내 염증을 유발하여 혈전이 발생하게 되고, 이렇게 좁아진 혈관과 혈전 등으로 인하여 허혈성 심장질환과 허혈성 뇌질환을 발생시키는 주요 원인으로 작용하게 된다. 허혈성 심장질환은 협심증과 심근경색증 등을 말하는 것이고, 허혈성 뇌질환은 뇌경색과 뇌출혈 등 뇌졸중, 일명 중풍이라고 말하는 것이다.

이러한 악역을 활성산소도 한다는 부분에 대해 간과해서는 안 된다. 체내에서 생성된 활성산소는 우리 몸속의 지질과 결합하여 몸을 구성하고 있는 세포들을 공격하게 되면 그 결과로 과산화지질이란 물질이 생성되며, 이러한 과산화지질이 혈관에 축적되어 동맥경화를 유도하게 되고, 이러한 동맥경화증이 바로 심뇌혈관계 허혈성 질환의 주요 원인이 되는 것이다.

2) 활성산소와 건강관리

인체는 우리 몸을 유지하기 위하여 필요한 여러 종류의 화학물질을 지키기 위해 활성산소를 온몸으로 막아내는 희생정신이 강한 항산화제들이 있고, 그것을 무력화시키는 효소들이 존재하는 전쟁터와 같다고 비유할 수 있다. 전투에서 승리를 하려면 훌륭한 병사들이 많아야 하듯이, 활성산소로부터 건강을 지키기 위해서 평소에도 항산화제를 지속적으로 섭취하는 것이 필요하다. 그렇지만 항산화제를 만병

통치약처럼 생각하여 비타민 보충제처럼 복용하는 것은 생각해 볼 문제이다.

암을 예방하려고 베타카로틴(항산화제의 일종) 보충제를 규칙적으로 먹은 사람들의 폐암 발병률이 일반인들 보다 높다는 외국의 연구 결과는 항산화제의 역할에 대해 아직도 모르는 문제가 많다는 것을 시사해 준다. 활성산소가 너무 많아도 문제가 되지만, 없으면 나쁜 균을 물리치기가 우리 몸은 너무 힘들어진다. 의사들은 항산화제가 많이 포함된 음식을 자주 먹고 규칙적으로 운동하는 것을 추천한다. 활성산소의 양을 조절하면서 건강하게 살아가려는 의지가 각별히 필요하다.

3) 체내 활성산소의 활성도

지질은 포화지방산, 불포화지방산, 트랜스지방 등으로 구분되는 지방을 말하는 것이다.

활성산소가 세포를 공격하는 것은 지질과 함께 이루어져, 그 결과로 만들어지는 물질 역시 산화된 과산화지질이다. 많은 전문가가 과도하게 지방이 많은 육류나 트랜스지방이 많은 튀김 음식이 활성산소와 결합하여 혈관질환을 더욱 심하게 만드는 주요한 원인이 되고 있다고 파악한다. 일단 체내 활성산소의 활성도를 낮추기 위해서는 육류와 튀김 음식 등을 줄여 채식과 균형을 이루어 주는 것이 좋다.

또한, 활성산소를 없앨 수 있는 방법으로 어떤 것이 있는가 하면 활성산소는 육류나 인스턴트식품의 과도한 섭취, 과도하게 많은 양의 운동과 음주, 흡연, 스트레스 등에 의해서 그 생성량에 영향을 받게 된다. 일차적으로 생활 속에서 활성산소를 과량 생산 유도하는 원인들을 제거해 주는 것이 좋으며, 그다음에 중요한 것이 바로 식습관의 조절이다.

육류나 인스턴트 음식만 먹지 않으면 되는 것 아닌가 하고 의심할 수 있다. 하지만 활성산소는 대사 과정에서 자연스럽게 생성되는 것이므로 이를 적절히 제거하기 위해서는 개인적인 노력이 필요하며, 그러한 노력이 바로 식습관의 조절이다. 체내의 활성산소량 조절은 바로 이러한 식습관을 통한 '항산화작용'으로 이루는 것이 좋다.

2. 황산화제의 역할

산화를 방지하는 물질의 총칭이다. 유해 산소의 일종의 초과산화이온 역시 라디칼이다.

이는 각종 질환에 활성산소가 관여한다는 것이 알려져 주목을 받기 시작했다. 식품 중에는 폴리페놀, 비타민 C, 비타민 E, β-카로틴 등이 있는데, 경구적 섭취로 효과를 볼 수 있다는 논의가 있다. 불안정하여 주변의 물질에서 전자를 강제로 빼앗는 경향이 있다. 초과산화이온 주변에 존재하는 DNA, 단백질에서 전자를 빼앗으면 초과산화이온은 안정된다. 이 과정에서 이온은 환원이 되며, 주변에 있는 물질들은 산화가 된다. 만약 초과산화이온이 단백질, 탄수화물, 지방, 기타 필수 물질과 반응하기 전에 제3의 물질과 반응을 하여 안정이 된다면, 초과산화이온에 의한 피해를 줄일 수 있다. 이러한 물질을 항산화제(antioxidant)라고 부른다.

또한, 수용성 비타민 C, 지용성 비타민 E는 대표적인 항산화제이다. 그리고 항산화제가 포함되어 있는 음식을 많이 먹는 것은 몸속에 있는 활성산소와 항산화 물질이 반응하도록 하는 것이다. 즉 라디칼이 안전하고, 안정된 생성물로 변환되도록 항산화제가 돕고 있는 셈이다. 결국, 활성산소가 체내의 중요한 분자들을 공격하기 전에 항산화제와 반응이 더 많이 일어날 수 있도록 몸속 환경을 만들어 주면 건강을 유지할 수 있다. 동맥경화나 뇌·심장혈관계 장애, 노화나 발암에 활성산소가 관여한다는 사실이 밝혀져, 기존의 산화방지제 외에 경구적으로 섭취하는 항산화물질의 효과·효능 등이 최근 주목을 받고 있다.

식품 중에는 항산화 기능을 갖고 있는 여러 가지 물질이 포함되어 있다. 수산기를 2개 이상 갖고 있는 물질인 폴리페놀(polyphenol) 화합물도 그중 하나이다. 비타민 C, 비타민 E, β-카로틴 등은 항산화 기능을 갖고 있어 항산화성 비타민이라고 한다. 그러나 인체에는 활성산소를 제거하도록 된 복잡한 구조가 갖추어져 있다. 따라서 이런 생체 구조들과의 관계와 더불어 경구적으로 섭취하는 항산화 물질의 유효성에 대해서는 앞으로 많은 연구가 필요하다. 또한, 과다 섭취된 항산화 물질은 그 종류에 따라서 인체에 유해무익한 것이 될 수도 있기 때문에 섭취에는 신중한 검토가 필요하다. 그러므로 항산화제를 많이 포함하고 있는 음식을 자주 먹는 것이 좋다.

1) 체내의 항산화 반응

항산화작용은 활성산소가 세포나 조직을 공격하기 전에 대신 반응을 일으켜, 활성산소의 활동을 저해하고 이를 제거하는 작용을 말하는 것이다. 대표적으로 항산화 효소와 항산화 물질의 섭취를 통해 이룰 수 있다. 보통 우리 몸은 이 같은 활성산소에 대항하기 위하여 SOD 항산화 효소를 분비하게 된다. 하지만 이 효소는 20대가 넘어가면 점차 감소하게 되고, 여러 가지 활성산소 발생량을 증가시키는 원인들에 의하여 항산화 효소보다 활성산소의 양이 증가하여 온갖 질환의 원인이 되고 있는 것이다. 또한, 체내 활성산소를 제거하기 위하여 SOD 항산화 효소와 항산화 물질의 고른 섭취를 이뤄주는 것이 좋다. 항산화 물질들은 발아 곡물과 과일, 녹황색의 채소, 견과류 등에 풍부하다.

항산화 효소와 항산화 물질이라는 것은 약간 차이가 있다. SOD(Super Oxide Dismutase)는 우리 몸에서 지속적인 항산화 반응을 유지하는 반면에, 항산화 물질은 1회성 반응을 끝으로 역할을 마치게 된다. 따라서 원활한 항산화작용을 체내에서 이루기 위해서는 항산화 물질들의 작용을 조절하고 관리하는 SOD 항산화 효소와 비타민 A, C, E 카로티노이드, 글루타치온, 플라보노이드, 미네랄, 단백질, 베타카로틴, 셀레늄, 폴리페놀과 키토산 등 항산화 물질의 섭취를 균형 있게 규칙적으로 지켜 주는 것이 좋다.

SOD 항산화 효소의 섭취를 이루기 위해서 발아 곡물을 섭취하는 것이 좋지만, 이는 보통 자연계에 존재하는 SOD의 경우에 분자의 크기가 커서 체내로 잘 흡수되지 못하는 반면에, 싹튼 발아 곡물의 경우에는 발아 시에 생성되는 효소로 인하여, SOD가 저분자화 되어 세포에 흡수되는 과정을 겪기 때문에 우리 몸에 흡수 가능한 상태로 바뀌게 된다. 그러므로 발아 곡물과 함께 과일, 채소, 견과류 등을 고르게 섭취하면서 원료를 가열하지 않고, 항산화 물질의 효율적인 섭취가 가능한 발아 곡물 생식을 하는 것이 규칙적인 식습관 변화를 통하여, 몸속 활성산소를 제거하는 좋은 방법이 될 수 있을 것이다.

국산 생식 가운데 이러한 발아 곡물을 포함하고 있는 생식으로 농협 발아 산삼 배양근 생식이 있으며, 이러한 생식은 완전 식물성으로 첨가물 없이 12가지 발아곡물과 함께 항산화 물질인 사포닌이 풍부한 산삼 배양근과 과일, 채소, 견과류, 한방제 포함 60가지 이상의 원료들이 포함되어 있다. 결과적으로 항산화작용을 통한 우리 몸의 면역력 증강과 혈액순환, 세포 활성화와 체중 조절 등을 꾸준히 이뤄갈 수 있는 좋은 식사 방법이 될 수 있을 것이다.

이렇게 하루에 한 끼만 생식 식습관으로 유지하고, 나머지 식사를 항산화작용을 돕는 청국장이나 몸 안에서 항산화 물질을 만드는 해조류, 알리신과 비타민이 풍부한 마늘, 브로콜리, 양파, 미나리, 배추, 당근, 부추 등 채소와 포도, 토마토, 수박 등 과일로 유지하고, 육류도 지방이 적은 부위로 채식류와 균형을 이루어 섭취해 주는 것이 항산화와 건강을 유지하는 데 도움이 될 것이다.

2) 체내의 항산화 물질과 효소

체내에서 만들어지는 항산화 물질도 있다. 대사 혹은 호흡 과정에서 생성된 과산화수소는 분해되면서 더 강력한 산화력을 지닌 수산화 라디칼을 형성할 수 있지만, 다행히 과산화수소가 그것을 분해하는 효소(카탈라아제, catalase)를 먼저 만나면 수산화 라디칼이 형성되지 않는다. 또 다른 효소(글루타티온과산화효소, glutathione peroxidase), 글루타티온 분자를 매개체로 하여 과산화수소를 분해한다. 그 효소의 활성화 자리(active site)에는 셀레늄(Se)이 포함되어 있다. 셀레늄의 섭취로 몸속에서 과산화수소의 분해를 돕는 효소가 많이 생성된다면 그만큼 활성산소의 농도를 줄일 수 있다. 또한, 초과산화이온을 산소와 과산화수소로 변환해 주는 효소(SOD, Super oxide dismutase)가 세 종류 있다. 그들 효소에는 구리, 망간, 아연 등의 금속이온이 포함되어 있다. 수산화 라디칼은 다르다. 수산화 라디칼은 반응성이 매우 강하고, 반감기가 나노초(ns) 정도로 매우 짧다. 효소에 의해 제거되는 초과산화이온과는 달리 수산화 라디칼은 효소의 공격을 받지 않고 짧은 수명에도 불구하고 거의 모든 종류의 분자들을 공격하여 필수 분자들을 없애 버린다.

그러나 이런 질병에 걸리지 않으려면 몸속의 활성산소를 없애 주는 물질인 항산화물의 비타민 E · 비타민 C · 카로틴 · 글루타티온 · 빌리루빈 · 요산 등이 포함된다. 이러한 종류의 항산화물을 자연적 방법으로 섭취하면 큰 효과가 있다.

CHAPTER

13

미용 건강과
술과 담배의
역할

미용 건강과 술

1. 술의 개념과 유래

술이란 곡류, 과실들을 발효 및 증류시켜 만든 1% 이상의 알코올 성분이 함유된 음료로 정의할 수 있다. 우리가 마시는 술은, 술 속에 포함되어 있는 무색무취로 기화성의 에틸알코올과 맛과 향을 제공하는 미량의 성분들을 즐기는 것이라 할 수 있다. 즉 우리가 술을 마신다는 것은 술의 주성분인 물과 에틸알코올로 마신다는 것이다.

오랜 옛날부터 자연 발생적으로 생긴 술을 인간이 이용하게 되면서 술의 역사가 시작된 것으로 보인다. 알코올 발효는 자연계에서는 가장 보편적인 당분의 분해 과정이므로 인간의 개입을 필요로 하지 않으며 과실, 초목의 즙액, 봉밀과 같은 당분을 포함한 것에는 토양 속에 사는 효모가 들어가면 자연적으로 발효하여 알코올을 함유하는 액체, 즉 술이 된다. 이러한 발효 산물을 우연한 기회에 사람들이 마신 결과 우리의 기호에 적합하다는 것을 알게 되어 점차 발효 현상을 터득하고 자기가 원하는 술을 빚어서 마시게 되었을 것으로 추정된다.

술은 인류의 문명과 함께 발전하였으며, 수렵 채취시대에는 포도주와 같은 과실주가 만들어지고, 유목시대에는 가축의 젖으로 젖술이 만들어졌으며, 농경시대부터 곡류를 원료로 하여 녹말을 당화시키는 기법이 개발된 후에 곡주가 빚어지기 시작하였을 것이다. 그리고 가장 후대에 와서 증류 기술이 개발되고 소주나 위스키와 같은 증류주가 제조되었다.

이 술에 대한 구체적 기록을 살펴보면, B.C 6000년에 바빌로니아에서는 축제 때

술이 사용하였고, B.C 4000년에는 약 16종류의 술이 있었다는 기록이 있다. 우리나라의 경우는 언제부터 술을 마시기 시작했는지 정확한 자료는 없으나, 고구려 동명성왕 건국 설화에 나오는 음료가 지금의 막걸리와 비슷한 술이라 해석되어 있는 것으로 보아, 최초의 기록으로 이 자료를 내세울 수 있다.

1) 알코올 발효의 이해

효모가 당을 섭취하여 알코올(에틸알코올)과 이산화탄소로 분해하는 원리이며, 효모가 당분을 섭취하여 자기 세포가 살아가기 위하여 당을 분해하고 에너지를 얻는 과정으로 이때 생성되는 분해 부산물이 알코올이다. 술은 효모를 사용해서 알코올 발효를 하는 것으로 과실 중에 함유되어 있는 과당 및 곡류 중에 함유되어 있는 전분을 전분 당화 효소인 디아스타제(Diastse)로 당화시켜 효모인 이스트(Yeast) 작용으로 알코올과 탄산가스를 만드는 원리이다.

효모는 산소가 있는 환경에서는 당을 소비하여 번식을 하지만, 산소가 없는 상태에서는 알코올을 생성한다. 즉 발효 초기에는 알코올을 생성하기보다는 주로 번식을 하며 산소가 소진되면 비로소 알코올을 생성하는 것이다. 알코올 발효가 진행되면 대부분 에틸알코올과 이산화탄소가 생성되지만, 부산물로 300여 가지 이상의 미량 성분들도 생성된다. 메탄올이나 아세트알데히드와 같은 독성물질과 각종 유기산, 퓨젤 오일(fusel oil), 에스테르류 등의 맛과 향 성분도 함께 생성되어 술의 맛과 품질을 결정하게 된다.

2) 술의 긍정적 영향

(1) 원활한 인간관계

한 잔의 술을 오가며 서로 흉금을 털어 놓는 것은 우리가 흔히 경험하는 것이다. 어색했던 사람이나 매끄럽지 못했던 사람과의 만남이 술자리를 통해서 친숙해진다.

(2) 스트레스 해소

스트레스로 인한 인체에 미치는 영향은 매우 크다. 한 두 잔 술을 마시면 긴장을 풀어 주고, 근심 걱정을 덜어 주며 마음을 가볍게 해 준다. 술은 가장 손쉽고 기분 좋게 스트레스를 푸는 방법 중의 하나이다.

(3) 정신 안정제 역할

적당한 양의 술을 마시면 마음의 여유가 있어 편안하게 도움이 된다.

습관이 되면 곤란하지만, 어쩌다 한 번쯤 불면증으로 시달릴 때 한 잔의 술은 기분 좋게 잠들 수 있게 해 준다.

(4) 몸의 체온 유지

흡수된 알코올이 즉시 칼로리원이 되어 연소작용을 일으켜 열을 발생하기 때문이다. 추위로 팔다리가 뻣뻣해졌을 때, 저혈압으로 인한 졸도, 냉방에서 자고 일어나서 몸이 마비된 사람들에게는 한 잔의 술이 효과가 있을 수 있다. 하지만 일사병으로 졸도나 고혈압으로 쓰러졌을 때는 술을 사용하는 것은 금물이다.

(5) 식욕 촉진 효과

알코올은 위를 자극하여 위액의 분비를 촉진시키는 작용을 한다. 포도주, 청주, 맥주처럼 알코올 농도가 약한 술이 식욕 촉진제로 사용되는 것도 이 때문이다.

가벼운 소화불량이나 소모성 질환의 회복기에 적당량의 술을 마시면 상당히 효과가 있다.

소위 강장제로서 이용할 때는 위스키나 브랜디처럼 독한 술을 그대로 마시지 말고 2~3배의 물을 타서 엷게 마셔야 한다.

3) 술의 부정적 영향

술을 마시면 주의력의 범위가 좁아져 섬세한 변화에 즉시 대응하기가 어렵게 된다. 또 순간적인 판단력도 약해지고 행동도 둔해진다. 그래서 술을 많이 마시면 매사에 정확성이 결여되어 긍정적 판단보다 부정적 이미지가 많이 노출된다.

(1) 중추신경작용 억제

뇌의 중추 부분 행동을 이성적으로 억제하는 부위의 신경작용을 방해한다.

또한, 술이 들어가게 되면 대부분 규제로부터 해방되어 마음이 느슨해지고 기분이 좋아지며, 말이 많아지는 등 명랑한 상태가 되는 것이다. 알코올 농도가 강해짐에 따라 억제작용의 범위가 점점 확대되어 원시적인 작용을 관할하는 부위에까지 영향을 미쳐 호흡이나 혈액순환의 기능까지도 저하시키게 된다. 혈중 알코올 농도가 높아지면 이러한 변화는 보다 격렬해져서 인체의 각 기관에 해를 끼치고 병을 유발시키기도 한다.

(2) 기억력 저하

술을 절제하지 않으면 기억력은 저하되고 학습에도 나쁜 영향을 끼친다.

2. 인체 내 알코올의 작용

사회생활을 하다 보면 여러 가지 이유로 술을 피할 수 없다고 말하는 사람들이 많다. 술은 알코올 농도가 0.05 ~ 0.1(체중 60kg인 경우 맥주 1~2병, 위스키 2~5잔, 소주 1~2홉) 정도일 때는 각기 주량에 따라 다르지만, 대체적으로 긴장을 풀어 주고 심신을 느슨하게 해 주어 마음을 편안하게 해 주는 효과가 있다. 하지만 과음하게 되면 우리 몸의 각 기관에 해를 끼치는 것은 물론이고, 중추신경의 작용을 억제하여 판단력을 흐리게 한다.

※ 술을 마시는 것은 알코올을 생체 내에 섭취하는 것을 말한다. 술을 인체에 섭취함으로 인하여 살균작용, 자극작용, 에너지 공급, 중추신경 억제작용 등과 같은 작용을 한다.

1) 살균작용

알코올은 일차적으로 표면장력을 떨어뜨리고, 지방 등 여러 가지 유기물질을 용해하기 때문에 피부를 깨끗이 할 수 있다. 60~90%의 고농도 알코올은 단백질을 침전시키거나 탈수작용을 하기 때문에 세균에 대해서는 살균작용을 나타낸다. 옛날부터 상처 부위의 소독에 독한 소주가 많이 사용된 것도 이 때문이다.

2) 자극작용

알코올은 세포의 원형질을 침전과 탈수를 시킨다. 이러한 작용은 술을 마실 때 위 점막과 목을 따끔거리게 하고 갈증을 느끼게 만든다. 특히 강한 술을 마셨을 때 알코올의 위 점막에 대한 작용은 더욱 커지므로, 애주가 들은 대체로 위염이 있는 경우가 많다. 또한, 알코올은 지방질을 녹이는 성질을 갖고 있어 쉽게 세포벽을 뚫고 들어가는 추출작용도 한다.

3) 에너지의 공급

인체에서 알코올이 산화되면 그램당 7칼로리의 열량을 낸다. 이는 탄수화물이 4Kcal, 지방이 9Kcal의 상당히 높은 열량이다. 그러므로 독할 술 한 병을 마시면 식사를 적게 해도 살아갈 수 있다. 하지만 알코올은 인체 내에서 축적 없이 계속 산화만 되므로 오히려 인체 내에 존재하는 효소, 비타민, 무기질을 강제로 소모시켜 이런 물질의 부족 현상을 나타낸다. 이러한 알코올의 에너지는 실속 없는 칼로리로 술을 마시고 난 다음 허탈 상태가 되는 것도 바로 이런 현상에서 비롯된다.

4) 중추신경 억제작용

술을 마시면 기분이 좋아지면서 외부의 싫은 관계가 점차 약해지며, 편안하고 느긋한 기분이 된다. 이는 술이 중추신경계에 작용하여 뇌의 기능을 약화시켜 판단력을 흐리게 하고, 감정을 이완시켜 안전감을 느끼게 한다. 자기 만족감 및 기억력 저하, 체력의 저하 등 복잡한 생리작용을 하기 때문이다. 술을 섭취하게 되면 대뇌의 신피질에 작용하여 동작을 둔하게 하고, 구피질과 연결된 신경계통을 마취 상태에 빠뜨려 이성의 통제가 없어지고 심지어는 기억상실까지 일으킨다.

5) 술의 대사작용

알코올은 소화가 되지 않는다. 단지 혈장을 통해 세포나 신체조직 속으로 흡수될 뿐이다. 알코올이 체내로 들어가게 되면 20%는 위에서 위벽을 통해 즉시 혈관으로 흡수되고, 나머지 80%는 소장에서 이보다 늦게 천천히 흡수되고 혈액을 따라 뇌와 장기 및 체조직으로 퍼져나간다.

흡수된 알코올 성분은 간에서 알코올 대사에 의해 산화 분해되어 칼로리로 변하게 된다. 알코올 대사는 알코올 탈수소 효소에 의해 아세트알데히드로 전환된 후 알데히드 탈수소 효소에 의해 식초산(아세트산)으로 산화되고, 이것이 분해되어 에너지, 이산화탄소, 물로 변하는 일련의 사이클을 말한다.

술의 흡수 속도는 위내 음식의 양, 술의 종류, 술의 양, 술 마실 때의 분위기, 감정 등에 따라 많은 차이가 있고, 조금만 마셔도 빨리 얼굴이 붉어지는 사람들은 체내에 알코올 대사에 필요한 알코올 탈수소 효소와 아세트알데히드 탈수소 효소가 상대적으로 작거나 혹은 없거나, 시스템에 문제가 있는 것이므로 가급적 알코올 섭취를 자제하여야 한다.

흔히 술이 깬다는 것은 알코올이 체내에서 알코올 대사를 통해 산화되어 배출되는 것을 말한다. 이 과정에서 처리되지 못한 아세트알데히드는 체내에 순환하면서 세포를 자극하여 붉게 충혈시키고, 두통을 유발한다.

(1) 과음과 구토

술은 다른 식품과는 달리 위에서 혈액 내로 직접 흡수될 수 있으므로 위 내부의 술의 농도가 높으면 위 내 점액이 분비되어 유문마개가 닫히게 된다. 유문마개가 닫히면 점점 마신 술은 위에 머물러서 소장으로 이동하여 흡수되지 않고 계속 위 내에 머물다가 유문부 경련을 일으켜 구토를 하게 된다.

(2) 음주에 의한 변화

뇌에는 다른 신체 기관보다 많은 혈액이 공급되기 때문에 혈관에 흡수된 알코올 성분은 뇌에 즉시 영향을 미치게 된다. 알코올의 흡수량에 따라 처음에는 기분 좋은 이완 상태를 느끼다가 차차 말이 많아지고 자제력이 떨어지기 시작한다. 이런 상태에서 술이 더 들어가면 청력도 둔감해지고 발음도 부정확해지며 물체도 흐릿하게 보인다. 뒤이어 시야가 가물가물해지고 몸의 균형을 잃으며 잠시 후에는 의식을 잃게 된다.

3. 술과 인체 변화

알코올은 중추신경계인 뇌간망양체에 직접 작용한다. 이 속에 있는 상행성 망양 억제계는 통상 대뇌피질의 작용을 억제하고 있는데, 알코올에 의해 그 작용이 마비되기 시작하면 대뇌피질은 기능적으로 항진한 상태가 된다.

이런 때에 사람들은 기분이 좋아지기도 하고 말이 많아지거나, 혹은 감정이 고양되어 행동이 거칠어지기도 한다. 그 밖에 알코올은 후각이나 미각, 냉각, 통각을 약화시키는 작용도 한다. 또한, 알코올의 산화에 의한 대사작용 중 산화 1차대사 산물인 아세트알데하이드는 알코올의 수백 배 이상으로 생체작용이 강한 것으로 알려져 있다.

1) 아세트알데하이드 생체 내 작용

말초혈관의 확장작용으로 술을 마시면 얼굴이 붉어지는 것으로 몸의 피부 말초혈관이 확장하기 때문이다. 또는 반대로 술을 마셨을 때 얼굴이 붉어지는 사람이 있는가 하면, 오히려 창백해지는 사람도 있다. 알코올을 섭취하면 일시적으로 혈압이 상승하였다가 다시 하강하여 원래의 생태를 되돌린다.

이것은 알코올 섭취에 의한 말초혈관이 확장되면 자연히 혈압이 내려가고 내장계의 혈류가 나빠지므로 이를 보완하기 위하여 생체는 아드레날린을 분비하여 혈관을 수축시켜 심장의 박동 수가 상승된다. 이러한 말초혈관을 수축시키는 작용에

의해 말초혈관의 혈류가 나빠져 얼굴이 창백해지는 것이다

2) 술의 대사와 숙면

흡수된 알코올 성분은 간에서 알코올 대사에 의해 산화분해되어 칼로리로 변하게 된다. 간이 대사작용에 의하여 알코올을 해독할 수 있는 분량으로는 사람마다 차이는 있으나 대게 1시간에 맥주 약 1/4병 정도이다. 사람의 간은 술의 알코올 성분만 해독하는 것이 아니라 약물, 식품 속의 독, 기타 해로운 물질의 성분도 분해해야 한다.

술을 지속적으로 혹은 많은 분량을 한꺼번에 마시게 되면 간에 큰 부담을 주게 된다. 간도 잠자는 사이에는 쉬어야 한다. 그러나 자기전의 과음은 알코올 분해량을 늘게 해 간을 쉴 수 없게 한다. 당연히 간에 큰 무리를 주며 숙면을 방해한다.

술로 인하여 간에 생기는 병은 지방간, 알코올성 간염, 간경변, 감암 등이 있고, 간의 손상은 곧 생명에 위협이 되기 때문에 건전한 음주 습관으로 간이 정상적으로 해독과 회복이 가능하도록 하는 것이 무엇보다 중요하다.

3) 술의 잘못된 상식

옛날부터 사람들은 "술은 술로 풀고, 독은 독으로 푼다"는 검증되지 말을 자주한다. 그래서 사람들은 흔히 과음한 다음날 숙취를 해소하기 위해 해장술을 한다. 해장술 한잔에 의해 일시적으로 불편하던 숙취가 가라앉고, 신체의 불편함에서 벗어날수 있었다. 그러나 음주의 해독작용으로 인해 간과 위장이 지쳐 있는 상태로 간과 위장의 기능을 상실하고 있는 상태에서 또 다시 알코올을 투여하는 것으로 그 피해는 엄청나다고 할 수 있다.

해장술은 뇌의 중추신경을 마비시켜 숙취의 고통조차 느낄 수 없게 하고, 철저히 간과 위를 파괴한다. 일시적으로 두통과 속 쓰림이 가시는 것처럼 느낄 수 있다. 단지 마취제나 마약의 투여와 다름없이 일시적 고통을 느끼지 못하게 마비시킬 뿐이다. 다친 곳을 또 때리는 것과 같은 해장술이란, 우리가 가장 잘못 알고 있는 것이고, 지극히 위험한 음주 상식이므로 절대 해장술은 마시지 말아야 하겠다.

4) 여성의 알코올 대사

여성 음주가 늘면서 여성 알코올성 질환이 증가하고 있다. 여성이 상습적으로 음주를 하면 남성보다 매우 빠른 속도로 중독된다. 그 까닭은 알코올 분해효소를 남성의 절반 밖에 갖지 못하고 태어났기 때문이다. 당연히 같은 양의 술이라도 알코올의 해를 더 많이 받게 되어 간장질환의 발병률이 높다.

특히 임신부가 술을 마실 경우 태아에게 알코올증후군(FAS) 등 치명적인 피해가 생길 수 있는 것으로 알려져 있다. 마시지 않겠다는 여성에게 자꾸 술을 권하는 악취미를 가진 남성분들은 여성의 신체적 특성을 고려하시고 자제하시는 것이 올바른 음주 상식이다. 술 깨면 정상이 되곤 하지만 지속적이고 반복되는 음주는 고질적인 임포텐스가 될 수 있다.

몇 년이고 계속하여 술을 마시게 되면 남자의 경우 남성호르몬 생성을 방해하여 정자 수의 감소나 불임을 유발하고 여성 음주자는 월경이 없어지고, 난소의 크기가 감소하며, 황체가 없어져 불임증을 초래하고 불감증에 빠지거나 생리를 어렵게 만들기도 한다.

5) 술 마신 뒤 먹는 약물 부작용

약 품 명	인체 작용
타이레놀, 쿠울펜, 아세트아미노펜	간장해 증대
아스피린, 로날	위장장애 증대
시그나틴 정, 에취투, 타가메트	위궤양 발생위험 증대
덱사소론 정, 덱사코티실정	위궤양 발생위험 증대
덱시프론판 정, 러미라정	과도한 진정작용
바류제팜 정, 바리움	과도한 진정작용
레니텍 정, 알프린 정, 에나프린 정	과도한 혈압강화
라식스, 후릭스	탈수, 숙취 등의 부작용 증대
모트린정, 부루펜, 콜쓰린	위장장애 증대
폰스텔, 폰탈	위장장애 증대
로도질, 후라시닐	부작용 증대

(1) 숙취 해소 음식

선짓국	선지에는 흡수되기 쉬운 철분이 많고 단백질이 풍부하다. 콩나물, 무 등이 영양의 밸런스를 이루어 피로한 몸에 활력을 주고 주독을 풀어 준다.
콩나물국	콩나물은 최고의 해장국! 콩나물 속에 다량 함유되어 있는 아스파라긴은 간에서 알코올을 분해하는 효소의 생성을 돕는다. 숙취에 탁월한 효과가 있으며, 특히 꼬리 부분에 집중 함유되어 있다.
북엇국	다른 생선보다 지방함량이 적어 맛이 개운하며 혹사한 간을 보호해 주는 아미노산이 많아 숙취 해소에 도움을 많이 준다.
조갯국	조개국물의 시원한 맛은 단백질이 아닌 질소화합물 타우린, 베타인, 아미노산, 핵산류와 호박산 등이며, 이 중 타우린과 베타인은 술 마신 뒤의 간장을 보호해 준다.
굴	굴은 비타민과 미네랄의 보고이다. 옛날부터 빈혈과 간장병 후의 체력회복에 이용되어 훌륭한 강장식품으로, 과음으로 깨어진 영양의 균형을 바로 잡아 도움을 준다.
채소즙	산미나리, 무, 오이, 부추, 시금치, 연근, 칡, 솔잎, 인삼 등의 즙은 우리 조상들이 애용해 왔던 숙취 해소 음식이다. 간장과 몸에 활력을 불어넣어 준다. 오이 즙은 특히 소주 숙취에 좋다.
감나무잎차	감나무 잎을 따서 말려 두었다가 달여 마시면 '탄닌'이 위점막을 수축시켜서 위장을 보호해 주고 숙취를 덜어준다.
녹차	녹차 잎에 폴리페놀이란 물질이 있다. 이것이 아세트알데히드를 분해하는데 많은 도움을 주어 숙취 효과가 크다. 진하게 끓여 여러 잔 마신다.
굵은 소금	굵은 소금을 물에 타 마시면 술 마신 뒤 숙취 해소도 도와주고 변비도 줄여준다. 유산마그네슘이란 성분이 담즙의 분비를 도와주기 때문이며, 굵은 소금(천일염) 만이 효과가 있다.
군밤	단백질, 지방, 탄수화물, 비타민 B, C 등의 영양분을 풍부하게 함유한 밤은 그 속의 당질이 위장기능을 강화해 주고, 비타민 C가 알코올을 분해하는 작용을 한다.

(2) 음주 시 주의사항

① 유전적 술 조절 능력을 갖고 태어나지 못한 사람

② 항상 좋은 습관을 나 자신이 만드는 것이 중요

③ 한 잔만 마셔도 계속 술이 당기면 결과적 술을 마시면 안 되는 사람

④ 술은 사회적 음주를 할 수 있는 단계에서 멈출 것

⑤ 술을 마시고 나타난 현상은 간에서 해독을 못한 경고신호

⑥ 술로 세상 불만은 풀리지 않는다.

⑦ 이 세상에서 술과 싸워 이기는 사람은 없다. 모두 다 진다.

⑧ 죽어라 술과 싸우면 끝내 내가 망가진다. 그것이 술이다.

우리나라 사람들은 참 술을 좋아한다. 한국인의 음주율이 90%에 육박한다. 보건복지부 조사에 따르면 하루에 약 600만 명이 맥주와 소주 1,800만 병을 소비하며, 그리고 일 년에 소주 30억 병, 맥주 40억 병을 소비한다. 많은 사람이 술을 마셔 보았고, 알코올의 영향력에 대해 경험해보았다고 자신이 술에 대해 잘 알고 있다고 생각한다. 술이 얼마나 무서운지 제대로 알고 있는 사람은 별로 없다.

알코올은 우리의 의식, 감정, 기분을 변화시킨다. 우리는 스트레스를 해소하거나, 안 좋은 기억을 잊거나, 누군가를 축하하거나, 즐거워지고 싶을 때 술을 마신다. 반면 술은 행동에 문제를 일으키기도 한다. 과도한 음주는 다양한 사건 사고와 음주운전, 다양한 폭력 범죄와 관련이 깊다. 건강을 해치며 간질환, 심혈관질환, 암과 같은 신체적 질병은 물론 알코올 중독과 같은 정신과적 질환을 일으킨다.

술을 마시는 모든 사람들은 술로 인해 신체적, 정신적, 사회적 폐해를 일으킬 수 있다는 위험성을 알고 마셔야 한다. 순간의 방심과 실수로 자신의 인생을 낭비하고 허비하게 되기 때문이다.

(3) 건강을 상실시킨 음주법

건강에 도움 주는 올바른 '음주법'은 애당초 존재하지 않는다. 왜냐하면, 소위 적정 음주를 한다고 해도 그것이 건강에 도움이 된다는 뜻은 아니다. 와인 한두 잔이

심혈관질환을 예방한다는 근거도 최근에 조작된 것으로 밝혀져 큰 파문이 일어나고, 적정 음주를 한다고 해서 음주로 인한 암 발생률이 낮아지고, 뇌 손상이 예방되지도 않는다. 그럼에도 불구하고 음주 자에게 적정 음주 수준을 정하고 열심히 권하는 이유는, 음주로 인한 폐해를 최소화시키려는 노력으로 이해한다.

적정 음주에서 제일 중요한 것은 음주 속도와 음주의 양이다. 개인에 따라 알코올을 분해하는 능력은 천차만별이기 때문에 모든 사람에게 적정 음주의 기준은 달라질 수밖에 없다. 얼굴이 쉽게 빨개지는 사람은 분해 능력이 떨어져서 쉽게 취하는 반면, 술이 센 사람들은 알코올이 빨리 분해되기 때문에 상대적으로 훨씬 많은 양의 술을 마시게 된다.

그런데 사람의 알코올 분해 능력의 재미있는 특징은 마시는 양에 상관없이 한 시간 동안 분해되는 알코올 양은 항상 일정하다는 것이다. 술을 마시는 양에 비례해서 분해하는 알코올의 양이 증가하는 것이 아니다.

(4) 술과 운동 관계

운동 전·후 알코올의 영향에 대한 심리 상태의 호전이나 운동 기능 향상에 대한 구체적인 연구 보고서는 없다. 오히려 건강에 부정적인 결과를 초래할 수 있다고 믿기 때문에 운동 전·중·후에 알코올 섭취를 금하고 있는 실정이다.

실제로 운동 시 소량의 알코올이라도 단순 반응 시간, 반응 시간, 동작 시간, 스피드, 감각 운동 조절력, 정보 처리 과정 등을 손상시킬 수 있다. 하지만 선수 자신은 심리 상태의 흥분으로 인하여 운동 기능이 손상되고 있는 사실을 알지 못한다.

알코올은 에너지(7kcal/g)를 제공하기 때문에 음식과 영양소로 분류될 수 있으나, 다른 영양소의 신진대사를 방해하여 항영양소로 간주되기도 한다. 또한, 중추신경계에 대한 진정 효과와 흥분 효과를 동시에 가지고 있으므로 약물로 분류된다.

술을 마시면 자신감이 생기고 불안감이 해소되며 신경과민 증상이 완화된다. 또한, 고통과 근 떨림 현상을 감소시킨다고 한다. 이러한 심리적인 효과를 기대하면서 선수들이 경기력 향상을 위해서 사용하기도 하는 악영향이 있다. 알코올은 뇌하수체 후엽에 작용하여 항이뇨 호르몬(antidiuretic hormone: ADH)의 분비를 억제한다. 그래서 소변을 통해 체내 수분을 더 많이 배설하도록 한다. 그렇게 되면 혈압은 저하되고 탈수 현상이 일어난다.

특별히 더운 환경에서 운동할 때 술을 마시면 심각한 결과를 초래할 수 있다. 이것은 많은 수분을 인체 내에 보유하여 수분의 확산과 증발을 통해서 체온을 저하시켜야 하는데, 그러한 역할을 담당할 수분이 부족해지기 때문이다.

(5) 술과 비만 증세

비만증은 섭취한 식사 중에서 소모되고 남는 열량이 중성 지방으로 전환되어 인체의 여러 부분, 특히 피하조직과 배 부분에 축적되는 현상으로 그 자체도 문제지만 고혈압, 당뇨병, 동맥경화증(심장병, 중풍) 등 성인병의 원인이므로 예방과 치료에 많은 노력을 기울여야 한다.

비만증은 유전과 환경 인자가 부합될 때 나타난다. 이 중에서 유전적 소인은 아직 인위적으로는 개설할 수 없으나 환경 인자인 과식이나 운동 부족은 인간의 노력으로 극복할 수 있다. 따라서 과식을 피하고 알맞은 운동을 하는 것은 비만증의 예방과 체중 감량에 있어서 가장 좋은 방법이다. 술은 필수영양소가 결핍된 고열량 식품이다. 과음하면서 안주를 많이 먹으면 살이 찐다.

고열량 식품에는 농축된 당질(설탕, 엿, 과자), 지방질(동물성 및 식물성 기름) 및 술(알코올)이 포함되며 이들 중 특히 알코올은 우리의 건강 유지에 필수적인 영양소가 결핍된 고열량 식품이다. 한국인의 식사에 포함된 3대 영양소의 비율은 각 개인의 식성이나 사회 계층에 따라 차이가 있지만, 일반적으로 당질 70~75%, 지방질 10~15%, 단백질 10~12%로 영양학에서 권장하는 당질 60%, 지방질 25%, 단백질 15%에 비하여 당질의 섭취량이 많고 단백질과 지방질의 섭취량이 적은 것이 특징이다.

따라서 과음을 하면서 고기 등의 안주를 너무 많이 먹으면 영양의 균형에는 좋으나 열량의 과잉 섭취로 체중이 증가하고 반대로 안주를 먹지 않으면 영양의 불균형으로 단백질과 비타민 부족을 초래하여 체력의 감퇴, 간장질환(지방간, 간염, 간경변증), 위장병(위염, 소화성 궤양) 또는 감염증을 일으킬 수 있다.

술은 종류에 따라서 포함되어 있는 열량이 다르다. 흔히 맥주를 먹으면 살이 찌고 당뇨병에도 해로우나 소주를 먹으면 괜찮다는 말을 한다. 그러나 알코올 함량을 보면 맥주는 4%이고 소주는 22%이다. 같은 분량에서는 소주가 맥주보다 알코올함량이 많으므로 많은 열량을 섭취하게 된다. 의학자들은 직장인 뱃살의 주범은 술이라고 입을 모으고 있다. 지금까지는 술자리에 초점이 맞춰져 있었다.

즉 술자리에서 안주를 푸짐하게 먹게 되는 데다 알코올이 뇌의 식욕 억제 기능을 방해하기 때문에 더욱 무엇인가 먹게 된다는 것이다. 또 안주를 먹지 않아도 과음하면 인체는 근육에서 아미노산이나 지방을 끄집어내 에너지원으로 쓰기 때문에 근육이 부실해지며 단기적으로 체지방은 빠져도 몸속 지방의 비율은 더 높아진다고 한다.

※ 최근 애주가 중에서 힘든 것을 참고 운동하는 사람은 살이 빠지고 근육질로 바뀐다. 반면 술 마신 다음 날 퍼져 누어 있으면 활동량이 감소되며, 이것이 직장인 비만의 원인이 된다

4. 술 중독의 원인

1) 술 남용과 의존

알코올 남용은 과도한 음주로 인한 정신적, 신체적, 사회적 기능에 장애가 오는 것을 말한다. 알코올 남용이 심한 경우 알코올 의존에 집착하며, 흔하게 알코올 중독이라 하지만, 이는 정확한 정의가 결여되어 있다고 한다. 미국 정신의 학회(American Psychiatric Association)의 『정신장애 진단 통계편람(DSM-IV-TR)』에서는 알코올 중독이라는 용어를 사용하지 않는다. 알코올 남용 및 의존은 다른 정신질환과 마찬가지로 한 가지 원인으로 설명할 수 없으며, 심리사회적, 유전적, 그리고 행동적 요소가 복합적으로 작용하여 생기게 된다.

각 요소의 중요도도 개인마다 차이가 있을 것으로 추정된다. 그 원인에 관해서는

정신역동 이론, 사회문화적 이론, 그리고 행동 및 학습 이론 등이 원인 모델로서 연구 보고되어 있다. 생물학적 이론으로는 유전적 요소가 관심의 대상인데, 심한 알코올 남용의 가족력이 있는 경우 3~4배 위험도가 증가하는 것으로 되어 있고, 쌍생아 연구나 입양 연구 결과도 이러한 유전적 요인을 지지하고 있다.

한 개인이 정상적인 기능을 유지하기 위해서 상당한 양의 음주를 매일 해야만 하는 경우, 주말 등 특정 시간에 집중하여 과음을 하는 패턴을 규칙적으로 보이는 경우, 수주에서 수개월 폭음을 한 후 일정 기간 금주를 하는 패턴을 반복하는 경우 등은 알코올 남용이나 의존을 의심해 보아야 한다. 음주 습관이 특정 행동과 연관되어 시작하면 통제하지 못하고 폭음하게 되며, 금주를 위해 반복되는 노력을 하지만, 최소 이틀 이상 온종일 취해 있는 흔히 필름이 끊긴다고 말하고 음주와 연관된 기억장애를 보이며, 심각한 신체질환이 있음에도 지속적으로 음주를 하는 경우 등이 이에 포함된다.

알코올 남용 및 의존 상태에 이르게 되면 직업 사회적 기능에 저하가 오고 법적인 문제나 교통사고를 자주 일으키고, 가족 구성과의 마찰이 커지게 된다. 알코올중독을 육체적 질병으로 간주하고 질병에 대한 치료로 그 자체에 관심을 갖는 '의학적 모델'과 일탈의 속성이 특정한 행동에 적용되는 사회적 조건을 조사하는 '사회학적 모델' 사이에는 뚜렷한 구분이 존재한다.

※ 사회는 어느 정도 음주를 고무하고 있으며, 알코올중독을 정의하기 어렵기 때문에 알코올중독의 문제는 일탈의 '낙인 이론'의 주요한 사례가 되었다.

(1) 현대의 사회적 환경에서 음주

현대 사회 내의 서로 다른 사회 집단들은 누가 알코올중독, 혹은 '문제의 음주자' 인가에 대한 전적으로 다른 태도와 정의를 가지며, 어떤 사람이 집단에 참여하는 것을 나타내는 하나의 방식으로 간주된다. 사회적 음주가 '문제 음주'가 되는 지점은 '알코올중독'의 일탈적 속성이 가해질 때이다.

사회학자들이 관심을 갖는 것은 그러한 지점이 '자연적'이거나 '심리적'인 것이 아니고 사회적 인습의 문제라는 것이다. 이러한 태도와 정의는 특수한 집단의 로비 활동과 공중교육에 기인하며, 그들의 이해는 종종 사회학자들에 의해 정치적인 것으로 파악된다. '알코올중독'은 어떤 집단이 자신을 주장하는 하나의 방식으로 고수되고 있다. 사회학적 관심은 이러한 집단적 주장의 과정에 있다. 사회는 어느 정도의 일탈 행동을 필요로 하고, 일탈이라 간주되는 범위가 확대되는 것은 바로 사회 통제 기관의 관심사라는 것을 제시한다.

이러한 조직 그 자체는 더욱 큰 중요성을 확대해 가고 있다. 그러나 이러한 사회학적 시각이 육체에서의 알코올의 효과라는 의학적 쟁점이나 알코올중독이 실업, 사고, 가정 파탄과 같은 사회적 문제에서 불행에 빠뜨리는 효과를 낳는 원인이 된다는 사회적 파장을 일으킨다고 본다.

(2) 음주 습관이 특정 행동과 연관

지금까지 많은 의학자는 술을 마시면 수분과 전해질이 빠져나가 음주 시의 탈수 현상에 상승작용을 일으킨다고 음주 전 운동에 대해 부정적 입장을 표시했다. 그러나 현실적으로 등산, 운동 뒤 술이 덜 취하는 것이 사실이며, 최근 의학자들은 피치 못할 술자리라면 음주 전에 운동을 하는 것이 좋다는 설명을 주장을 하기도 한다.

많은 사람이 과음한 다음에는 충분한 영양을 섭취하면서 쉬는 것이 좋다고 여긴다. 그러나 의학적으로는 평소의 80~90%라도 운동을 하는 것이 몸에 훨씬 좋다.

인체는 상황과 필요에 따라 신체 각 부위에 도달하는 혈액의 양과 속도를 조절하는 '혈류 재분배 시스템'을 갖고 있는데, 운동을 하면 온몸의 혈액 순환량이 많아진다. 알코올 분해 정도는 혈액순환의 횟수와 비례하므로 운동을 하면 술이 빨리 깬다.

또 전체 혈액 중 소화기관으로 가는 혈액의 비율은 줄지만, 원체 빨리 혈액이 흐르기 때문에 소화기관이 이용할 수 있는 총혈액량은 늘어난다. 이에 따라 혈액이 알코올 대사 과정에서 생기는 독성물질인 퓨젤 유(Fugel Oil)를 빨리 없앤다.

특히 근육세포로 흐르는 혈액이 급증해 음주 때문에 아미노산이나 지방이 부족해진 근육세포가 생기를 되찾게 된다. 반면 지방세포에 쌓인 글리코겐을 에너지원으로 쓰면서 칼로리를 소비하므로 뱃살 해소에도 도움이 된다. 음주 후에는 무조건 쉬어야 간도 쉰다고 여기지만, 운동 시 혈류 재분배를 통해 독소를 배출하는 것이 간에도 훨씬 도움이 된다. 그러나 술을 마신 직후 운동하는 것은 좋지 않다.

미용 건강과 흡연

1. 세계와 우리나라의 담배 역사

담배는 남아메리카 열대가 원산지이다. 아메리카 신대륙에서 유럽을 거친 후에 인도양을 건너 일본과 중국을 통해 우리나라에 들어 왔다. 담배는 미 대륙 인디언들이 종교의식으로 또는 질병의 치료를 위해 사용했었다고 한다. 1492년 스페인의 콜럼버스가 미 대륙을 탐험하고 담배를 선물로 받아 귀국한 후 담배를 만병통치약으로 소개한 것을 계기로 담배가 유럽 전역에, 주로 상류층을 대상으로 널리 퍼지게 되다. 초기 유럽에서는 담배가 한때 정신과 치료요법으로 사용되기도 했다.

우리나라에는 100년 후인 1590년 임진왜란 때 일본군에 의하여 담배가 처음 소개되었으며, 그 이후 1602년경 광해군 초에 담배씨를 일본에서 도입 재배하기 시작함으로써 담배가 퍼지기 시작한 것으로 알려지고 있다. 담배가 유럽 대륙에 확산될 때 담배가 해롭다는 논쟁이 일부 일어난 적이 있다. 그러나 1600년도에 들어와 영국의 황실에서 세수 확보의 일환으로 담배를 전매하기 시작하고, 유럽 대부분의 황실에서 담배 전매가 시작되면서 담배의 해로움에 대한 논쟁은 자취를 감추었다.

1890년대부터 1900년대 초에는 유럽과 미국에서 흡연율이 급속하게 증가하기 시작했는데, 그 이유는 궐련을 마는 기술이 발명되어 다량 생산이 가능하게 되어 담배 가격이 낮아졌고, 어디서나 쉽게 구할 수 있기 때문이다. 미국에서는 1900년도에 흡연율이 급격하게 증가하기 시작하여 1940~50년대에는 흡연율이 최고조에 달하였다.

우리나라에서는 담배가 도입된 초기에는 양반 계급에서부터 퍼지게 되었고,

1980년대 20세 이상 성인 남자 흡연율이 79.3%로 최고조에 달했으며, 1990년대 중반까지 70% 정도로 세계 최고 흡연율을 유지했다.

1999년대는 64.9%로 흡연율이 떨어졌다고 하지만 여전히 세계 최고 수준이다. 1970년대까지만 해도 청소년과 여성 흡연에 대한 사회적 금기 문화 때문에 흡연율이 높지 않았지만, 1980년대부터 그러한 사회적 금기가 무너지면서 청소년과 여성 흡연율이 급증하여 왔다. 청소년 흡연율도 선진국의 2배 정도이고, 세계 최고 수준인 심각한 나라가 되었다. 담배의 역사는 인디언의 역사 속에서는 길지 몰라도 서양이나 우리의 역사 속에는 지극히 짧은 것이라 하겠다.

2. 담배의 성분과 유해물질

담뱃잎에서 12종류의 알칼로이드(유기화합물)가 발견되었다. 담배 연기에는 약 4,000여 종의 화학물질이 들어있다. 이 중 3대 유해물질 니코틴, 일산화탄소, 타르가 연기에 포함되어 있다. 그중에서 니코틴의 함량이 가장 많고 놀리코틴·아나바신·피페리딘 등을 함유하며, 그 밖에도 루틴·유기산·수지·무기질이 들어 있다. 흡연에 의해서 사람의 호흡기로부터 체내에 흡수되는 물질은 연기 속에 함유된 기체와 작은 입자 속에 있다. 담배가 건강에 해롭다는 것을 자타가 공인하고 있다.

1) 담배의 니코틴 중독

니코틴은 일시적 진정 효과를 통해 습관성 중독을 유발시키는 물질로서 위산분비의 과다, 혈관수축, 혈압상승, 심장박동의 촉진 등의 작용을 일으켜 고혈압, 동맥경화, 골다공증의 원인이 된다. 담뱃잎에 함유한 성분 중에서 가장 대표적인 것은 니코틴으로 궐련 1개비 속에 0.6~0.2mg이 들어 있다. 담배를 처음 피우거나 너무 많이 피웠을 때 가벼운 구토증·현기증·두통이 생기는 것은 니코틴이 신경을 마비시키기 때문이다.

담배 연기 속에 있는 니코틴은 소량이면 중추신경을 자극하고 모세혈관을 수축시켜 혈압을 높이며 심장운동을 촉진한다. 그 결과 맥박이 빨라져 심장에서 나오는 혈액의 양이 증가한다. 또 침의 분비가 늘고 위의 운동이 증가한다. 이것은 니코틴이 노르아드레날린 호르몬의 분비를 촉진하기 때문이다. 그러나 니코틴의 양이 증가하면 역효과가 일어나 위의 운동을 줄이고 임산부의 경우에 태반의 혈액 흐름을 방해한다. 니코틴의 양이 매우 많을 경우에는 신경이 마비되어 죽는다.

(1) 흡연을 계속하는 이유

장기 흡연자를 대상으로 고니코틴 담배와 저니코틴 담배를 번갈아 주면서 두 담배가 동일하게 보이도록 하여 자신이 어떤 종류의 담배를 피우는지 모르게 했더니, 고니코틴 담배보다 저니코틴 담배를 25% 더 많이 피웠으며, 저니코틴 담배를 피울 때는 더 여러 모금 들이마셨다. 결국, 담배를 피운 개수와 관계없이 중독된 흡연자는 니코틴 양을 스스로 조절하고 있음을 알 수 있다. 중독된 흡연자들은 특별한 상황에서도 니코틴을 섭취하려는 노력을 기울이는데, 담배를 식초에 넣은 후 말려서 담배 맛을 떨어뜨렸더니, 중독되지 않은 흡연자는 맛이 없는 담배를 선호하지 않았지만, 중독된 흡연자는 일반 담배와 비슷한 개수를 피웠다

2) 타르의 성분(담뱃진)

타르는 담배를 피우고 나면 필터나 파이프가 검게 변하는 것이 담뱃진 때문이다. 타르는 200종 이상의 화합물을 함유하고, 담배가 약 880℃로 연소할 때, 담배 연기에 포함된 미세입자로서 호흡 기관을 통과하는 동안에 배출이 쉽지 않다. 전자현미경으로 관찰하면 연기 1ml 속에 0.01~1.0μm의 입자가 100만 개 이상 들어 있는 것을 볼 수 있다.

사람이 호흡을 할 때 기관지 표면에 있는 점막의 섬모는 먼지를 잡아 밖으로 내보내는 작용을 하는데, 크기가 10μm 이상인 입자는 가래와 함께 밖으로 나오지만, 입자의 크기가 1μm 전후이면 60% 이상이 폐 속으로 그대로 들어간다. 그러므로 호흡기 점막의 섬모상피 세포와 폐포에 손상을 입혀 기관지염, 폐렴, 폐암의 원인이

된다.

타르 속의 발암 물질은 현재 15종류가 밝혀졌는데, 그중 가장 해로운 것은 3,4-벤츠피렌 또는 벤츠 a 피렌이라는 탄화수소로서 유명한 발암 물질이다.

3) 산소 결핍 상태의 유해가스

담배가 탈 때 일산화탄소와 이산화탄소가 나온다. 담배 연기 속에 일산화탄소가 최고 4만 5,000ppm이나 들어 있다. 공기 중에는 대기 오염이 심하다고 하더라도 50ppm 이하이다. 담배를 피우면 평소보다 매우 많은 양의 일산화탄소가 폐 속으로 들어간다. 일산화탄소는 산소 대신 적혈구에 있는 헤모글로빈과 결합하여 산소가 몸속의 여러 기관으로 운반되는 것을 방해하며, 헤모글로빈과의 결합 능력이 산소의 210배에 달하여 산소와 헤모글로빈과의 결합을 방해한다.

또한, 흡연자는 만성적인 저산소증에 시달리며, 호흡 곤란, 시력 감퇴, 두통, 기억력 감퇴 등을 유발한다. 따라서 가벼운 일산화탄소 중독을 일으킨다. 이산화탄소는 보통의 대기오염 상태에도 0.02ppm 이상을 넘지 않는다. 담배 연기 속에는 250ppm이나 들어 있다.

3. 흡연에 따른 피해

담배 연기는 여러 가지 유해물질이 포함되어 있다. 담배를 피우는 행위와 습관성 흡연이 유발하는 질환은 암 종류만도 폐암, 구강암, 인두암, 췌장암, 후두암, 방광암, 신장암 등 8가지에 달한다. 또 폐결핵, 폐렴, 독감, 기관지염, 폐기종, 천식, 만성기도장애와 같은 호흡기질환, 류머티즘성 심장질환, 고혈압, 폐성 심장질환, 뇌혈관질환, 동맥경화, 대동맥류와 같은 심혈관질환을 일으키고 저체중아, 신생아 호흡장애증후군, 신생아 돌연사증후군 등 소아 질환도 유발한다.

전 세계 흡연자는 5명 중 1명꼴로 11억 명에 달하며, 이 중 5억 명 이상이 담배로 인해 사망할 것이라고 세계보건기구(WHO)가 밝혔다. WHO 보고서는 현재 남자는 세계 인구의 47%, 여자는 12%가 담배를 피우고 있으며, 매년 350만 명이 흡연 관련 질병으로 사망한다고 집계 되었다. 2020년에는 흡연자 비율이 전체의 12%를 넘어서 매년 1천만 명이 희생될 것으로 전망하였다.

이는 AIDS, 결핵, 교통사고, 자살, 분쟁 학살 등에 의한 사망자를 모두 합친 것보다 많은 수치다. 또한, 전 세계 어린이 중에 2억 5,000만 명이 흡연으로 목숨을 잃을 것이라는 예측도 제시되고 있다. 현재의 흡연자의 추세로 볼 때, 2020년이 되면 흡연은 세계인의 사망에 있어서 가장 큰 원인이 되고 8명 중 1명이 흡연으로 사망한다는 것이다. 흡연의 건강 피해로서 사망자 중 70%는 개발도상국에서 나올 것으로 예상하고 있다. 10대에 담배를 피우기 시작한 사람은 흡연으로 사망할 확률이 50%, 절반은 정상적 수명보다 평균 22년이 단축된 70세 이전 중년에 죽게 된다.

1) 체중 증가에 대한 두려움

많은 여자 청소년들은 흡연이 체중 조절에 도움이 될 것이라고 믿고 담배를 피우기 시작한다. 청소년뿐 아니라 성인도 체중 증가를 두려워하기 때문에 흡연을 지속적으로 유지한다. 그리고 체중 조절과 흡연 간의 관계는 성인의 나이에 따라 차이가 있는데, 초기 성인기 사람들은 중년들보다 흡연을 체중 조절 수단으로 더 많이 사용한다.

체중 조절에 신경을 쓰는 30세 이하 성인은 신경을 쓰지 않는 성인보다 더 많이 흡연하는 경향이 있다. 하지만 30세 이상 성인은 체중에 신경을 쓰는 사람과 쓰지 않는 사람 간의 흡연 차이가 나타나지 않았다. 즉 금연에 따른 체중 증가의 두려움은 연령대에 따라 다르다는 것을 시사한다.

2) 간접 흡연과 건강 피해

최근에 간접 흡연에 대한 관심이 늘면서 음식점, PC방 등이 금연 구역에 포함되었다. 타인의 담배 연기 때문에 불쾌감을 느낄 뿐 아니라 건강에 위험할 수 있다는 증거들이 1980년대 이후부터 축적되면서 간접 흡연에 대한 경각심이 커지고 있다.

(1) 간접 흡연과 아동 건강

부모의 흡연은 자녀가 호흡기 질환의 기관지염이나 폐렴에 걸리게 할 수 있으며, 출생 시 저체중을 유발되며 일반적으로 간접 흡연의 부정적 결과는 생후 2년이 지나면 감소 추세로 가지만, 계속된 부모의 흡연으로 취학 후 간접 흡연에 노출되어도 폐기능이 저하될 가능성이 높아지며 아동기 암을 초래할 수 있다

(2) 간접 흡연과 심장질환 및 폐암 발생

미국에서는 간접 흡연에 노출될 수 있는 직장을 '5B'라고 하여 술집(bar), 볼링장(bowling alleys), 당구장(billiard halls), 도박장(betting establishments), 빙고 게임장(bingo parlors)을 제시한다. 직장에서 간접 흡연에 노출된 사람은 폐암에 의한 사망률이 높고, 이러한 직장에서 일하는 사람은 다른 직장의 종사자들에 비해 혈중 니코틴 농도가 약 18배 더 높으며, 폐암 발생과 심장질환의 사망률도 더 높다.

3) 우리의 간접 흡연 위험

담배 피우는 사람의 곁에서 같이 생활하며 수동적으로 담배 연기를 마시게 되는 직장 동료나 가족에게도 각종 질병의 위험이 증가할 수 있다. 특히 간접 흡연은 담배필터를 거치지 않고 담배 끝에서 피어나는 연기를 주로 직접 마시게 되므로 화학물질과 발암물질의 농도가 매우 높다. 건강하게 살고 싶은 것은 모든 사람의 꿈이다.

따라서 흡연자들이 흡연의 권리를 주장한다면 비흡연자들도 간접 흡연의 피해 없이 건강한 환경에서 일을 할 수 있는 기본적인 권리 또한 중요한 것이므로 공공장소, 특히 직장에서 강력하게 흡연을 제한하는 정책이 시급하다고 본다.

주류 담배 연기와 비주류 담배 연기 흡입 등 2가지로 구분한다. 주류 담배 연기는 담배 피우는 사람이 연기를 흡입했다가 다시 내뿜을 때 나오는 연기를 말하며, 비주류 담배 연기는 담배 끝에서 나오는 연기를 말한다.

보통 실내공기 중에 섞이는 담배 연기 중 75~85%가 비주류 담배 연기인데, 주

류 담배 연기에 비해 암모니아와 탄산가스, 일산화탄소 농도가 더 높고 발암물질도 더 많이 들어 있기 때문에 매우 해롭다. 사람들 대부분은 평생 실내에서 생활하는 시간이 더 많기 때문에 이것이 심각한 사회문제로 떠오르고 있다.

직접 흡연을 했을 때와 마찬가지로 각종 질병 발생과 사망 위험성도 증가한다. 흡연자의 배우자는 비흡연자의 배우자보다 폐암에 걸릴 확률이 약 30% 높고, 심장병에 걸릴 위험성은 50% 더 높다. 특히 어린이와 태아는 세포와 조직이 성숙되지 않아 어른에 비해 그 피해가 더욱 크다. 부모가 담배를 피워 간접 흡연을 한 어린이는 감기·기관지염·폐렴 등 상기도염에 감염될 확률이 약 2배 정도이고, 암에 걸릴 확률은 100배 이상 높다. 천식과 중이염 발생, 성장 지연, 지능 저하 등의 문제를 일으키기도 하며, 성인이 되었을 때 흡연자가 될 확률이 95%에 달한다.

임산부가 담배를 피우면 그 독성물질이 태반을 통해 태아에게 그대로 전달되어 저산소증으로 인한 저체중아와 기형아, 자연 유산, 태아의 지적 성장 지연 등의 문제가 나타나므로 임신 중 흡연은 삼가야 한다.

간접 흡연의 위험성을 낮추기 위해서는 흡연자에게 실외나 흡연 구역에서만 담배를 피울 것을 요청한다. 재떨이를 모두 치우거나 흡연자에게 적극적인 금연 권고하고, 흡연을 할 때 건강상 해로운 점을 상기시키는 것도 좋은 방법이다.

① 좁은 집안에서 남편이 담배를 피우면 부인에서 폐암이 발생할 위험성이 1.3배, 약 30% 증가한다.
② 심장질환이 발생할 위험성도 증가한다.
③ 어린아이, 특히 1세 미만의 아기에서는 급성 호흡기 질환이 발생할 위험성이 증가한다.
④ 어린아이들에서 폐기능장애가 발생할 위험성이 증가한다.

4. 금연의 건강 효과

담배를 끊으면 건강에 얼마나 효과적인지에 대해 많은 사람이 궁금해 한다. 흡연을 하다 금연을 할 경우 건강 회복 효과는 생각보다 크다. 금연 1년이 경과하면 심장병으로 발전하는 관상동맥질환 발생 위험이 50% 줄어들고, 15년이 지나면 폐암과 뇌졸중 위험도 줄어든다. 앞으로 10~16년 후에는 암으로 사망할 가능성이 평생 비흡연자와 차이가 없을 정도로 건강을 되찾을 수 있다.

한 연구에 따르면 금연 집단과 흡연 집단을 비교했더니, 금연이 흡연으로 인한 사망의 36%를 낮추는 것으로 나타났다. 그렇다면 담배를 피우던 사람이 금연하면 비흡연자와 수명이 비슷해질 수 있는지, 그리고 금연 후 어느 정도의 시간이 지나면 흡연의 부정적 영향에서 벗어날 수 있는지 궁금하다.

미국에서 실행된 연구에 의하면 하루 20개비 이하를 피운 흡연자가 16년 동안 금연하면 이전에 흡연 경험이 없는 비흡연자의 사망률과 비슷해진다. 이러한 결과는 성별에 따른 차이 없이 남녀 모두에게 적용된다. 여성으로서 15년 이상 금연하면 비흡연자와 사망률이 비슷해지며, 금연 즉시 시작되어 건강에 미치는 영향으로 보면 3년이 지난 후부터 상당한 효과가 나타나기 시작한다.

남성으로서 담배를 많이 피우는 흡연자는 비흡연자보다 사망 위험이 2.5배 정도 높지만, 금연 후 1년부터 사망률이 안정적으로 감소했다. 또한, 금연 후 16년이 지나면 흡연자 사망률의 절반으로 감소하고 비흡연자 사망률보다 약간 정도만 높게 나타났다. 가벼운 수준의 남성 흡연자는 16년 동안 금연하면 비흡연자의 사망률과 비슷해진다. 암이나 심장질환을 가진 사람들은 금연 3년 후까지 건강상 이득이 나타나지 않았지만, 이는 질병이 있는 사람들이 사망하기 바로 몇 년 전에야 비로소 금연하기 때문인 것으로 추정된다.

1) 금연 시 몸의 개선 효과

금연의 효과는 다양하지만 대표적으로 사망률 감소와 암이나 심장질환 위험 감소 등이다. 금연의 부정적인 효과로 체중 증가가 있다. 이는 상대적으로 일시적인 현상이며, 금연으로 인해 얻을 수 있는 건강상의 이득과 비교할 때 체중 증가로 인한 문제는 상대적으로 적다고 할 수 있다.

금연자는 체중에 대한 걱정보다 흡연으로 인한 건강의 손실을 더 걱정해야 한다.

건강에 해로운 포화지방을 총열량 중 10% 이하로 섭취하는 저지방 다이어트를 하면 3일에서 3개월 정도 수명이 연장되지만 35세에 금연하면 수명이 7~8년 늘어나며, 65세에 금연하더라도 1~2년은 더 살 수 있다. 즉 금연으로 얻는 건강의 이득은 적정 체중을 유지해서 얻을 수 있는 이득과는 비교할 수 없을 만큼 크다.

(1) 피부질환 개선

금연 후 매우 다양한 피부 변화가 일어난다. 특히 여성들이 금연 후 뽀루지, 반점 등을 비롯해 피부 트러블로 고생하지만, 여성에게 피부 트러블이 더 많은 이유는 담배독과 화장독이 함께 배출되기 때문으로 추정된다. 반복적으로 피부 트러블을 거치며, 이전보다 피부가 더 맑아지고 피부톤이 더 올라간다. 일시적인 피부 변화에 겁먹지 말고 확신을 갖고 금연해 주기 바란다.

(2) 구강 및 치아변화

입안이 헐거나 혓바늘이 돋기도 하며, 잇몸이 붓고 고름 같은 이물질이 나온다는 사람들이 많다. 오랜 기간 잇몸과 치아에 쌓인 담배독이 배출되며 경우에 따라 피가 나오기도 한다. 금연 후 일어나는 현상으로 시간이 갈수록 좋아진다.

(3) 가래, 기침 동반

금연 전에 폐 등에 쌓인 담배 잔해물이 섬모운동으로 인해 배출되며 가래가 많아진다. 점막 형태, 검은색, 갈색 등 종류가 다양하여 이물감이 느껴지며 기침이 동반되기도 한다. 금연 초기에 많은 양이 배출되며 이후에 차차 호전되어 간다. 사람에 따라 배출 시기가 늦거나 혹은 배출이 안 되는 경우도 있다.

(4) 수면장애

불면증에 시달리거나 반대로 심한 졸음이 쏟아지는 두 가지 경우가 있다. 사람의 체질에 따라 불면증이나 졸음이 심해질 수도 있으며, 이 두 가지를 반복하기도 한다. 일종의 신경안정제 역할을 하던 흡연을 멈춤으로 이러한 현상이 일어날 수도 있다. 다양한 몸의 자정작용으로 피로감이 동반되거나 각성작용이 사라져 잠이 많아질 수 있다. 시간이 지나갈수록 정상적인 패턴으로 돌아온다.

(5) 체중 변화

체중이 증가 현상이 많이 일어난다. 흡연 시 일어났던 에너지 대사작용이 사라져 살이 찐다고 하지만, 반면 몸의 기능이 좋아져서 지방 분해작용이 원활해지는 점도 있다. 체중이 증가하는 가장 큰 이유는 금연 스트레스를 잊기 위해 음식을 많이 섭취하거나 미각이 살아나 입맛이 좋아지기 때문이다. 금연과 함께 식단 변화, 알맞은 운동, 사우나, 반신욕을 하면 좋다.

(6) 변비 증상

변비로 고통을 겪는 사람들이 많다. 변비가 생기는 이유로 흡연 시 담배 성분이 직장을 자극해 강제 배변되는 현상이 사라지기 때문이라 한다. 변비를 해소하는 방법으로 섬유질이 풍부한 채소와 과일을 섭취하고 인스턴트 음식, 밀가루, 자극성 음식을 멀리하고 우리 전통 음식을 가까이하면 자연스럽게 해소된다.

【참고문헌】

1) 배영식, 동양전통의학기초 도서출판 좋은 땅, 2017

2) 김영설, 약 바로 알고 처방하자,주)대한의학서적, 2018

3) Abraham M. Nussbaum, 권진수, 진단평가를 위한 포겟가이드, 주) 학지사, 2018

4) 로버트S 골드, 정현희, 약 제대로 알고 복용하기, 한영 문화사, 2018

5) 김혜연, 누구나 살찌지 않는 체질이 될 수 있다, 주) 라온아시아, 2018

박용천 외, 정신역동적 정신치료, 임상 매뉴얼 주) 학지사, 2018

7) 오오츠 후미코, 정성훈, 알기쉬운 약물부작용 메커니즘, 주)동명북미디어도서출판정다와, 2017

8) 전형곤, 회복을 방해하는 12가지 어리석음, 한사랑 병원 중독연구소, 2018

9) Robert J.Hih, 강진영, 아동·청소년 정신건강가이드북, 주)학지사, 2018

10) Kate Rheaume Bleue, 이영철외, 바타민 K2와 칼슘 파라독스, 도서출판 엠디월드, 2017

11) 박병준외, 쉽게 배우는 한방 간호학, 도서출판 의학서원, 2016

12) 정강우, 팔체질 자가 치료법 남사침 일상처방, 렛츠북 2018

13) 주석원, 병원 안가고 사는 법 8체질식, 세림출판, 2017

14) 정윤구, 8체질 건강 기적, 도서출판 맑은 샘, 2018

15) 주원석, 체질이란 무엇인가, 세림 출판, 2007

16) 이강재, 8체질의학의 키 체질맥진, 행림서원, 2017

17) 이명복 외, 사상의학, 도서출판 서영사, 2007

18) 유준상. 사상체질과 건강, 의학사, 2015

19) 김영설 외 인체와 미네날, 엠디벨스 의학사업부, 2003

20) 한국임상영양학회 www.korscn.or.kr

21) 대한가정의학회 (www.kafm.or.kr)

22) 한국민족문화대백과 (http://encykorea.aks.ac.kr)

23) 한국학중앙연구원 (http://www.aks.ac.kr)

24) 대한핵의학회(www.ksnm.or.kr)

25) 한국임상영양학회(www.korscn.or.kr)

26) 사)한국영양학회 (www.kns.or.kr)

27) 대한피부과학회 http://www.derma.or.kr/

28) 대한임상피부관리학회(http://www.kmscs.org)

29) 대한비만학회(http://www.kosso.or.kr)

30) 대한비만체형학회(http://www.ons.or.kr)

31) 대한비만미용치료학회(http://www.kaot.kr)

32) 대한비만대사외과학회(http://ksmbs.or.kr)

33) 다이어트 가이드 (http://ndiet.knple.com)

34) [네이버 지식백과] 다이어트 바로알기(다이어트 가이드)

35) [네이버 지식백과] (https://wwwnaver.com)

36) 세계8체질자연치유협회(http://ecmed.modoo.at)

37) 권도원 박사 글과 논문 & 강연 녹취문
- 체질을 압시다-소금과 빛에 연재된 글과 8체질침법 강연 녹취문
- 연세대 새천년관 강의(2002. 5. 16)
- 서울대학교 강연(2005. 5. 26)
- 수선재 강연(2007. 10. 13)]
- 2013년 8체질 치료에 관하여(민족의학신문, 2013년 4월)

미용과 건강

| 2019년 | 3월 | 12일 | 1판 | 1쇄 | 인 쇄 |
| 2019년 | 3월 | 18일 | 1판 | 1쇄 | 발 행 |

지 은 이 : 최영희 · 전영선 · 현경화 · 최화정 · 이화정
펴 낸 이 : 박정태

펴 낸 곳 : **광 문 각**

10881
경기도 파주시 파주출판문화도시 광인사길 161
광문각 B/D 4층
등   록 : 1991. 5. 31 제12-484호
전 화(代) : 031) 955-8787
팩   스 : 031) 955-3730
E - mail : kwangmk7@hanmail.net
홈페이지 : www.kwangmoonkag.co.kr

ISBN : 978-89-7093-941-4   93590

값 : 24,000원

한국과학기술출판협회회원

■ 저자 소개

• 최 영 희
  서경대학교 경영대학원 경영학박사졸업
  건국대학교 학점은행제 미용과 학과장 역임
  가천대학교 경영대학원 뷰티예술경영학과 주임교수 역임
  (현) 한국뷰티경영학회 회장
  (현) 가정 건강사

• 전 영 선
  (현) 정화예술대학교 미용예술학부 교수

• 현 경 화
  서울벤처정보대학원 대학교 박사수료
  (현) 사) 한국뷰티산업진흥원 원장
  (현) 서정대학교 뷰티아트과 교수

• 최 화 정
  광주대학교 뷰티미용학과 피부미용 전공 박사
  (현) 사) 국제뷰티문화아트협회 수석부회장
  (현) 광주여자대학교 미용과학과 교수

• 이 화 정
  성신여자대학교 식품영양학과 미용건강 전공 이학박사
  (현) 한국미용건강학회 부회장
  (현) 성신여자대학교 평생교육원 미용학 주임교수